U0351020

# 高锰酸盐氧化降解水中有机污染物的研究

## ——动力学、氧化产物及反应机理

庞素艳　江　进　著

科学出版社

北　京

# 内 容 简 介

利用绿色化学氧化剂——高锰酸钾（$KMnO_4$）对水环境中普遍存在的有机污染物进行氧化处理，是一项国际前沿性研究课题，也是一种去除水中有机污染物的有效途径。

本书是一部系统介绍$KMnO_4$氧化降解水中有机污染物的动力学规律、氧化产物及反应机理的专著，阐述$KMnO_4$氧化降解有机污染物动力学常数的变化规律、氧化产物的生成机制与反应路径，揭示原位生成溶解性中间价态锰[Mn(III)]和固态纳米二氧化锰（$MnO_2$）在$KMnO_4$氧化过程中的作用，重点介绍$KMnO_4$氧化降解有机污染物的反应机理，为$KMnO_4$除污染技术的工程应用提供重要理论依据。

本书具有较强的专业性、科学性和指导性，可供环境科学、环境工程、市政工程专业的高校教师、科研人员、研究生参考。

**图书在版编目(CIP)数据**

高锰酸盐氧化降解水中有机污染物的研究：动力学、氧化产物及反应机理/庞素艳，江进著.—北京：科学出版社，2018.8

ISBN 978-7-03-056077-3

I. ①高… II. ①庞…②江… III. ①高锰酸盐-氧化降解-水污染-有机污染物-研究 IV. ①X52

中国版本图书馆 CIP 数据核字（2017）第 315457 号

责任编辑：张 震 孟莹莹/ 责任校对：蒋 萍
责任印制：吴兆东 / 封面设计：无极书装

科学出版社 出版
北京东黄城根北街 16 号
邮政编码：100717
http://www.sciencep.com
北京厚诚则铭印刷科技有限公司印刷
科学出版社发行 各地新华书店经销
*
2018 年 8 月第 一 版 开本：720×1000 1/16
2018 年 8 月第一次印刷 印张：10 3/4
字数：252 000
**定价：98.00 元**
（如有印装质量问题，我社负责调换）

# 前　　言

随着人口的增长、工业规模的不断扩大，生活污水和工业废水的大量排放导致有毒有害污染物（如农药、内分泌干扰物、个人护理用品、药物等）进入水体，造成了水质的严重污染，并对人们的生产和生活产生了巨大威胁，也给饮用水处理工艺带来了极大挑战。为此，我国于 2007 年 7 月 1 日全面实施新版《生活饮用水卫生标准》（GB 5749—2006），其中极大程度增加了对有机污染物的控制指标，旨在通过增加检测指标来改善水质不断恶化的现状，保证生活饮用水中各种有毒有害因素不影响人类健康和生活质量。在过去很长一段时间内，世界环境领域的研究主要集中在某些优先控制污染物上，例如农药、重金属和放射性污染物等。然而，随着环境分析技术的提高和人们环境意识的增强，新兴微量有机污染物——内分泌干扰物与药品和个人护理用品正日益受到世界范围内科研人员和公众的广泛关注。因此，研发高效、经济、便捷的水处理技术去除和控制水中有机污染物正成为水处理行业面临的巨大挑战和重要任务。$KMnO_4$ 作为一种绿色化学氧化剂，易氧化降解含有不饱和官能团的有机污染物（如酚类有机物、芳胺类有机物、烯烃类有机物等），且氧化后不易产生有毒有害氯代、溴代副产物，从而摆脱次氯酸（HClO）与臭氧（$O_3$）氧化受限于氯代副产物和溴酸盐的问题，而且 $KMnO_4$ 在氧化过程中产生的还原产物可能会进一步强化其除污染作用。

本书是作者对自己博士和博士后研究工作的归纳和总结，也是对所主持的三项国家自然科学基金项目和四项中国博士后科学基金资助项目研究成果的整理与提炼，提出了一些新观点和新理论，也是对 $KMnO_4$ 氧化去除水中有机污染物理论的重新认识。

全书共 6 章。第 1 章主要介绍新兴有机污染物在城市水循环过程中的迁移转化及 $KMnO_4$ 和 $MnO_2$ 氧化除污染特性；第 2 章研究 $KMnO_4$ 氧化降解有机污染物的动力学常数随 pH 的变化规律及建立的反应动力学模型；第 3 章建立一种具有高选择性、高灵敏度、快速、简单测定卤代酚类有机物的新型子找母质谱检测方法，研究 $KMnO_4$ 氧化降解有机污染物的氧化产物和反应路径；第 4 章介绍原位生成 $MnO_2$ 在 $KMnO_4$ 氧化降解有机污染物过程中的促进作用，并进一步揭示 $MnO_2$ 强化 $KMnO_4$ 氧化降解有机污染物的反应机理；第 5 章介绍常见络合剂对 $KMnO_4$ 氧化降解有机污染物的影响规律和降解效率，揭示络合剂强化 $KMnO_4$ 氧化降解有机污染物的反应机理；第 6 章建立一种快速、简便、高灵敏度测定低浓度 $KMnO_4$ 的方法，介绍腐殖酸对 $KMnO_4$ 氧化降解有机污染物的影响规律及 $KMnO_4$ 在实际水体中的氧化除污染效率。全书分别从动力学规律、氧化产物、反应路径及原位生成 $MnO_2$ 和络合中间价态 Mn(III)等方面阐述了 $KMnO_4$ 氧化降解酚类和芳胺类有机物的异同，揭示了 $KMnO_4$ 氧化降解有机污染物的反应机理。全书内容丰富，注重系统性、科学性、前沿性、实践性和指导性。

由于作者水平有限，书中难免有疏漏和错误，诚恳地请有关专家和广大读者不吝指正。

作 者

2017 年 12 月

# 目　录

# 1 绪　论

水是自然界最宝贵的资源之一，是人类的生命之源。水资源直接影响着人类的生存、社会的稳定以及经济的发展。随着全球化经济的发展，人类大量地开发和利用水资源。工业化初期粗犷式的发展导致了世界范围（特别是我国）水资源的短缺，因此保护和循环利用水资源成为世界关注的焦点，特别是我国目前处于经济的快速发展阶段，水污染问题尤为突出。伴随着人口的增长、工业规模的扩大，生活污水和工业废水大量排放导致有毒有害物质，如持久性有机污染物、农药、重金属和放射性污染物，进入水体，造成了严重的水质污染，对人民的生活和生产造成了巨大威胁，也给水处理工艺带来极大的挑战。

水资源的短缺已严重制约着城市、国家和世界经济的可持续发展。因此，除了加强保护现有水资源外，还要充分、科学地利用水资源。城市水资源的循环利用是 21 世纪全世界水资源的发展战略，也是城市可持续发展的必由之路。在城市水源污染严重、水质不断恶化的同时，2007 年 7 月我国颁布了新的《生活饮用水卫生标准》（GB 5749—2006），新标准中水质指标由原标准（GB 5749—1985）的 35 项增至 106 项，增加了 71 项。其中，毒理指标中关于有机化合物的指标由 5 项增至 53 项，增加了 48 项，占新增指标的 60%以上。因此，了解和掌握城市水循环过程中有机污染物的迁移转化规律，研究开发高效、经济、易行的去除与控制技术，保障城市水循环过程中水质安全，是水处理研究者面临的艰巨任务。

## 1.1　新兴有机污染物在城市水循环过程中的迁移转化

在过去很长一段时间内，世界环境领域的研究主要集中在某些优先控制污染物上，例如农药、重金属和放射性污染物等。最近，随着环境分析技术的提高和人们环境意识的增强，新兴微量有机污染物——内分泌干扰物、药品和个人护理用品正日益受到世界范围内科研人员和公众的广泛关注[1-5]。

### 1.1.1　新兴有机污染物的来源及其环境影响

#### 1.1.1.1　内分泌干扰物

环境内分泌干扰物（endocrine disrupting chemicals，EDCs）是指一类干扰生物体生殖、发育所需正常激素的合成、储存、分泌、运输、结合及清除等过程的外来物质。依据作用功能 EDCs 可分为环境雌激素（estrogen）、环境雄激素（androgen）、环境甲状腺激素（thyroid）等，环境雌激素是目前研究的热点问题。其中环境雌激素又可分为天然的与合成的雌激素（如雌二醇、雌酮、雌三醇、己烯雌酚、17$\alpha$-乙炔基雌二醇等），植物、真菌性雌激素（如异黄酮、玉米赤霉烯酮等），环境化学污染物［如烷基酚类、多氯联苯类、二噁英类、有机氯农药、邻苯二甲酸酯、双酚 A 及金属（Pb、Hg、Cd）等］。

酚类内分泌干扰物因具有雌激素效应强、生产量大、应用范围广和环境检测频率高等特点，引起了国际学术界、产业界和环境行政部门的高度重视和广泛关注，有关这类物质在环境中的分布、迁移、转化、归趋以及它们的环境生态风险评价成为近年来的研究热点之一[4,6-17]。在众多的酚类内分泌干扰物中，双酚 A（bisphenol A，BPA）受到了普遍的关注，BPA 被广泛用于生产聚碳酸酯、环氧树脂、聚砜树脂、聚苯醚树脂等多种高分子材料，也用其生产增塑剂、抗氧化剂、热稳定剂、橡胶防老剂、农药、杀菌剂、涂料和燃料等精细化工产品。除此以外，BPA 还与人类的日常生活密切相关，常用于产品包装的塑料制品和金属材料的涂层中。由于其用途极为广泛，BPA 在水体中被频繁检出，因而逐渐受到人们的广泛关注[14-20]。

雌激素是一类有广泛生物活性的类固醇有机物，它不仅有促进和维持女性生殖器官和第二性征的生理作用，并对内分泌系统、心血管系统、肌体的代谢、骨骼的生长和成熟、皮肤等各方面均有明显的影响[4,8,11,12]。口服避孕药和一些用于家畜助长的同化激素中含有大量的人工合成雌激素，如己烯雌酚、己烷雌酚、炔雌醇、炔雌醚等。这类雌激素对雄性生殖系统有不良影响，其中有些是与雌二醇结构相似的类固醇衍生物，有些是结构简单的同型物（非甾体雌激素）。作为人工合成的雌激素药物，如乙炔雌二醇，在体内的稳定性高于雌二醇等天然雌激素，但低于杀虫剂等人工合成雌激素[16,18,20]。

#### 1.1.1.2 药品和个人护理用品

药品和个人护理用品（pharmaceutical and personal care products，PPCPs）最早在 1999 年出版的 *Environmental Health Perspectives* 中由 Daughton 等[21]提出，随后 PPCPs 就作为药品和个人护理用品的专有名词而被广泛接受。PPCPs 是一类包含处方和非处方类医药品（如抗生素、类固醇、消炎药、镇静剂、抗癫痫药、显影剂、止痛药、降压药、避孕药、催眠药、减肥药等）、香料、化妆品、遮光剂、染发剂、发胶、清洁剂、杀菌剂等大量源于日常使用和排泄的化学用品在内的污染物的总称。虽然 PPCPs 的半衰期不是很长，但是个人和畜牧业大量而频繁地使用，导致 PPCPs 形成假性持续现象。

抗生素（antibiotic）一般是指由细菌、霉菌或其他微生物在繁殖过程中产生的，能够杀灭或抑制其他微生物的一类物质及其衍生物，用于治疗敏感微生物（常为细菌或真菌）所致的感染。抗生素在畜牧业应用很多，可以作为助长剂和治疗药物。抗生素并不能被人体或者动物完全吸收，有很大一部分以原形或者代谢物的形式随粪便和尿液排入环境中。这些抗生素作为环境外援性有机物将对环境生物及生态产生影响，并最终可能对人类的健康和生存造成不利影响。磺胺类药物是老牌抗菌消炎药，至今已有 70 多年历史，现已发展成为一个十分庞大的“家族”，其中合成磺胺类药物已达数千种，临床常用的也有 20 余种。磺胺类药物具有抗菌谱广、口服方便、吸收较迅速、性质稳定等优点。磺胺的分子中含有一个苯环，一个对位氨基和一个磺酰胺基，可以通过各种化学基团取代磺酰胺基上的氢原子来合成大量有效衍生物。

三氯生（triclosan，TCS）是一种被广泛应用于个人护理用品（如香皂、除臭剂、牙膏、化妆品等）中的广谱高效抗菌剂，近年来关于在地表水和土壤中检出 TCS 的报道越来越多[22,23]，甚至在河鱼和人乳中都曾检出[24,25]。研究结果表明，低浓度痕量 TCS 就能够诱发细菌的抗药性且危害藻类等水生生物[26]，而且在太阳光的照射下，能够转变形成毒性更强的 2,8-二氯代二苯并-对-二噁英（2,8-DCDD）[24,27]，对水生生态环境和饮用水水质安全造成了严重的危害。

### 1.1.2 新兴有机污染物在城市污水处理过程中的转化规律

人类日常生产、生活大量使用的新兴有机污染物 EDCs/PPCPs 最终归趋是排入城市污水处理系统。表 1-1 总结归纳了文献报道的不同国家或城市污水处理厂检测出的典型 EDCs/PPCPs，其中主要包括抗生素、消炎止痛药、雌激素、增塑剂和杀菌消毒剂等。从表中可以看出，新兴有机污染物 EDCs/PPCPs 在世界范围内普遍存在，而且种类、浓度分布各不相同，主要是与该国家或城市的生产、生活和用药习惯等因素有关。从表 1-1 城市污水处理厂进出水浓度的变化和图 1-1 EDCs/PPCPs 在城市污水处理厂的去除效率中可以看出，不同国家的城市污水厂处理工艺一般能够有效去除 EDCs/PPCPs。增塑剂邻苯二甲酸酯类的去除率基本上可以达到 80%以上；雌激素的去除率可以达到 40%以上，BPA 和雌三醇（E3）的去除率可以达到 80%以上；大多数抗生素药物的去除率在 40%～80%，磺胺甲二唑的去除率可以达到 90%以上；抗菌消毒剂 TCS 通过污水处理，去除率可以达到 70%以上；但是污水处理工艺对作为消炎止痛药的双氯芬酸（DCF）的去除效果不好，去除率不到 30%。

表 1-1 城市污水处理厂检测出的典型 EDCs/PPCPs

| 有机物中文名称 | 有机物英文名称 | 进水浓度/(μg/L) | 出水浓度/(μg/L) | 用途 | 国家或城市 | 参考文献 |
|---|---|---|---|---|---|---|
| 雌酮（E1） | estrone | 0.0295 | 0.0076 | 雌激素 | 加拿大 | [28] |
| | | 0.044 | 0.017 | | 意大利 | [29] |
| | | 0.030～0.064 | 0.011～0.032 | | 武汉 | [30] |
| | | — | 0.0004～0.47 | | 荷兰 | [31] |
| 17β-雌二醇（E2） | 17β-estradiol | 0.013～0.041 | ND～0.0086 | | 武汉 | [30] |
| | | — | 0.0006～0.01 | | 荷兰 | [31] |
| 17α-乙炔雌二醇（EE2） | 17α-ethinylestradiol | — | 0.0002～0.01 | | 荷兰 | [31] |
| | | — | 0.015 | | 荷兰 | [32] |
| 雌三醇（E3） | estriol | 0.044～0.086 | ND | | 武汉 | [30] |
| 壬基酚（NP） | nonylphenol | 4.068～8.955 | 1.008～2.473 | | 武汉 | [30] |
| 辛基酚（OP） | octylphenol | 0.0825～0.12 | 0.0348～0.07 | | 武汉 | [30] |
| 双酚 A（BPA） | bisphenol A | 0.41～0.459 | 0.0362～0.06 | | 武汉 | [30] |
| | | 0.15 | 0.045 | | 希腊 | [33] |

续表

| 有机物中文名称 | 有机物英文名称 | 进水浓度/(μg/L) | 出水浓度/(μg/L) | 用途 | 国家或城市 | 参考文献 |
|---|---|---|---|---|---|---|
| 阿司匹林 | aspirin | 13.7 | 0.106 | 消炎止痛药 | 加拿大 | [28] |
| 布洛芬 | ibuprofen | 0.49 | 0.11 | | 意大利 | [34] |
| | | 3.59 | 0.15 | | 瑞典 | [35] |
| | | 0.75 | 0.05 | | 日本 | [8] |
| 双氯芬酸（DCF） | diclofenac | 1.2 | 1.1 | | 瑞士 | [36] |
| | | 0.35 | 0.27 | | 芬兰 | [37] |
| 酮洛芬 | ketoprofen | 0.58 | 0.18 | | 巴西 | [38] |
| 萘普生 | naproxen | 3.28 | 1.75 | | 西班牙 | [39] |
| | | — | 1.97 | | 意大利 | [40] |
| 邻苯二甲酸二甲酯（DMP） | dimethylphthalate | 0.0026 | ND | 增塑剂 | 北京 | [41] |
| 邻苯二甲酸二乙酯（DEP） | diethylphthalate | 28～60 | ND | | 北京 | [42] |
| | | 0.0126 | 0.00105 | | 北京 | [41] |
| 邻苯二甲酸二丁酯（DBP） | dibutylphthalate | 4.2～4.8 | ND | | 北京 | [42] |
| | | 0.013 | 0.00195 | | 北京 | [41] |
| 卡马西平（CBZ） | carbamazepine | 356.1 | 251.0 | 镇痛药 | 加拿大 | [43,44] |
| | | — | 21 | | 德国 | [44,45] |
| | | 0.112 | 0.048 | | 意大利 | [34,44] |
| 咖啡因 | caffeine | 147 | 0.19 | 兴奋剂 | 德国 | [9] |
| | | 57.4 | 33.7 | | 挪威 | [46] |
| 三氯生（TCS） | triclosan | 0.8 | 0.25 | 杀菌消毒剂 | 美国 | [47] |
| | | 0.51 | 0.026 | | 日本 | [8] |
| | | 2.190 | 0.110 | | 英国 | [48] |
| | | 0.966 | 0.321 | | 西班牙 | [49] |
| | | 1.93 | 0.108 | | 加拿大 | [28] |
| | | 0.1585 | 0.0225 | | 中国 | [50] |
| 氧氟沙星 | ofloxacin | 0.137 | 0.041 | 抗生素 | 广州 | [51] |
| | | 0.359 | 0.137 | | 广州 | [51] |
| | | 0.08 | 0.048 | | 香港 | [51] |
| | | 0.368 | 0.165 | | 香港 | [51] |
| 诺氟沙星 | norfloxacin | 0.229 | 0.044 | | 广州 | [51] |
| | | 0.179 | 0.062 | | 广州 | [51] |
| | | 0.054 | 0.027 | | 香港 | [51] |
| | | 0.263 | 0.085 | | 香港 | [51] |
| 磺胺甲基异噁唑（SMX） | sulfamethoxazole | 1.20±0.45 | 1.40±0.74 | | 北京 | [52] |
| | | — | 0.08 | | 法国 | [40] |
| | | — | 0.01 | | 意大利 | [40] |
| 磺胺吡啶 | sulfapyridine | 0.29±0.25 | 0.22±0.19 | | 北京 | [52] |
| 磺胺甲基嘧啶 | sulfamerazine | 0.048±0.012 | 0.021±0.008 | | 北京 | [52] |
| 磺胺嘧啶 | sulfadiazine | 0.35±0.52 | 0.22±0.21 | | 北京 | [52] |
| 磺胺甲二唑 | sulfamerdiazole | 0.33±0.21 | 0.01 | | 北京 | [52] |

注：“ND”表示未检出；“—”表示没有标出；“出水浓度”均为二沉池出水

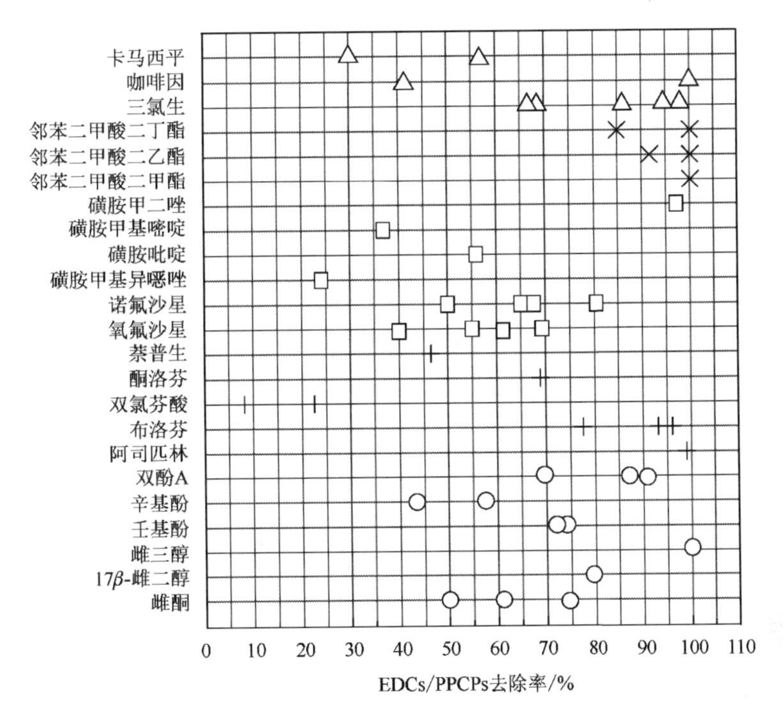


图 1-1 EDCs/PPCPs 在城市污水处理厂的去除效率

常规城市污水处理工艺对 EDCs/PPCPs 去除主要是依靠生物化学单元。目前国内外城市污水处理厂大多数采用的是活性污泥法生物处理工艺，其对 EDCs/PPCPs 的去除机理为生物氧化与生物吸附[8,13]。活性污泥中含有丰富的微生物群可以通过生物代谢将 EDCs/PPCPs 降解，同时当有机物在固相中的分配系数较高时，活性污泥的物理化学吸附作用也很重要，部分未被生物降解的 EDCs/PPCPs 可以通过活性污泥的吸附作用从水相转移至污泥固相中。表 1-2 总结归纳了不同国家或城市污水厂污泥中 EDCs/PPCPs 的种类和浓度。从表 1-2 中可以看出，EDCs/PPCPs 在污泥中的浓度非常高，主要包括抗生素、雌激素、增塑剂和杀菌消毒剂等。因此，在污泥资源化回用农业的过程中，吸附在污泥中的 EDCs/PPCPs 很可能会在雨水的冲刷下流入地表水体或渗入地下水中。

**表 1-2 污泥中检测出的典型 EDCs/PPCPs**

| 有机物中文名称 | 有机物英文名称 | 浓度/(μg/kg) | 用途 | 国家或城市 | 参考文献 |
|---|---|---|---|---|---|
| 氧氟沙星 | ofloxacin | 227～886 | 抗生素 | 广州 | [51] |
| | | 165～835 | | 香港 | [51] |
| 诺氟沙星 | norfloxacin | 301～402 | | 广州 | [51] |
| | | 187～372 | | 香港 | [51] |
| 环丙沙星 | ciprofloxacin | 1860～2440 | | 瑞士 | [53] |
| 磺胺甲基异噁唑（SMX） | sulfamethoxazole | ND～20 | | 广州 | [51] |

续表

| 有机物<br>中文名称 | 有机物<br>英文名称 | 浓度<br>/(μg/kg) | 用途 | 国家<br>或城市 | 参考<br>文献 |
|---|---|---|---|---|---|
| 三氯生（TCS） | triclosan | 90～16790 | 杀菌消毒剂 | 澳大利亚 | [54] |
| 壬基酚（NP） | nonylphenol | 10000 | 雌激素 | 丹麦 | [55] |
| | | 1500000 | | 美国 | [56] |
| | | 10480 | | 中国 | [57] |
| 辛基酚（OP） | octylphenol | 500～12600 | | 美国 | [58] |
| 双酚A（BPA） | bisphenol A | 31500 | | 北京 | [59] |
| 邻苯二甲酸二甲酯 | dimethylphthalate | 86～511 | 增塑剂 | 北京 | [60] |
| 邻苯二甲酸二乙酯 | diethylphthalate | 41～150 | | 北京 | [60] |
| 邻苯二甲酸二丁酯 | dibutylphthalate | 735～1606 | | 北京 | [60] |
| 邻苯二甲酸二正辛酯 | dinoctylphthalate | 147～592 | | 北京 | [60] |

注："ND"表示未检出

通过表1-1和表1-2对城市污水处理厂中EDCs/PPCPs分布与转化规律的归纳总结可以看出，虽然城市污水处理厂依靠生物化学单元能够有效去除这些有机物，但是仍然会有相当大一部分残留，随着二沉池出水排入受纳水体或通过污水、污泥的回用而进入土壤和地下水中。

### 1.1.3 地表水中存在的新兴有机污染物

新兴有机污染物EDCs/PPCPs在水环境中被频繁检出引起了人们对饮用水水质安全的担忧(表1-3)。从表1-3中可以看出，世界各地的地表水中都频繁检出了EDCs/PPCPs，虽然这些有机物的浓度都在纳克每升至微克每升水平，但由于其种类繁多，且具有复合污染的趋势，它们对环境的长期影响不容忽视。

**表1-3 地表水中典型的EDCs/PPCPs**

| 有机物<br>中文名称 | 有机物<br>英文名称 | 浓度<br>/(μg/kg) | 用途 | 国家<br>或地区 | 参考<br>文献 |
|---|---|---|---|---|---|
| 卡马西平<br>（CBZ） | carbamazepine | 5 | 镇痛药 | 德国 | [62] |
| 咖啡因 | caffeine | 0.016 | 兴奋剂 | 北海 | [62] |
| | | 1.9 | | 德国 | [62] |
| 雌酮<br>（E1） | estrone | 20～50 | 雌激素 | 加拿大 | [62] |
| | | 10 | | 美国 | [62] |
| 17β-雌二醇<br>（E2） | 17β-estradiol | 20～50 | | 西班牙 | [62] |
| 壬基酚<br>（NP） | nonylphenol | 20～6850 | | 中国嘉陵江 | [63] |
| | | 7～52 | | 德国 | [64] |
| | | 23～187 | | 韩国 | [65] |
| | | 11～3080 | | 日本 | [66] |
| | | 13.6～141.6 | | 中国滇池 | [67] |

续表

| 有机物中文名称 | 有机物英文名称 | 浓度/(μg/kg) | 用途 | 国家或地区 | 参考文献 |
|---|---|---|---|---|---|
| 辛基酚（OP） | octylphenol | 0.4～1.3 | | 德国 | [64] |
| | | 9 | | 日本 | [66] |
| | | 56.5 | | 中国滇池 | [67] |
| 双酚 A（BPA） | bisphenol A | 10～268 | | 日本 | [68] |
| | | 4813.6 | | 中国滇池 | [67] |
| 阿司匹林 | aspirin | 100 | 消炎止痛药 | 德国 | [62] |
| 双氯芬酸（DCF） | diclofenac | 30～200 | | 德国 | [62] |
| | | 300 | | 日本 | [62] |
| | | 10000 | | 美国 | [62] |
| | | 12 | | 瑞士 | [62] |
| 萘普生 | naproxen | 500 | | 奥地利 | [62] |
| | | 10000 | | 美国 | [62] |
| 布洛芬 | ibuprofen | 600 | | 奥地利 | [62] |
| | | 5000 | | 美国 | [62] |
| | | 87 | | 德国 | [62] |
| | | 100～1000 | | 瑞士 | [62] |
| 邻苯二甲酸二甲酯 | dimethylphthalate | 0.73～2.0 | 增塑剂 | 北京 | [69] |
| | | 0.05～8.0 | | 广州 | [69] |
| 邻苯二甲酸二乙酯 | diethylphthalate | 40～83 | | 北京 | [69] |
| | | Nd～2.5 | | 中国台湾 | [70] |
| | | Nd～1.9 | | 欧美 | [71] |
| | | 0.1 | | 意大利 | [72] |
| 邻苯二甲酸二丁酯 | dibutylphthalate | 3.0～36.0 | | 北京 | [69] |
| | | 3.62 | | 太湖 | [69] |
| | | 3～33 | | 杭州 | [69] |
| 邻苯二甲酸二正辛酯 | dinoctylphthalate | 3.0～83.0 | | 北京 | [69] |
| | | 0.08～0.13 | | 墨西哥湾 | [73] |
| 三氯生（TCS） | triclosan | 104～431 | 杀菌消毒剂 | 美国 | [74] |
| | | 25～1023 | | 中国 | [50] |
| | | 2～95 | | 英国 | [75] |
| 环丙沙星 | ciprofloxacin | 294～405 | 抗生素 | 瑞士 | [62] |
| 氧氟沙星 | ofloxacin | 40～120 | | 德国 | [76] |
| | | 35 | | 中欧 | [76,77] |
| | | 14～108 | | 中国香港 | [78] |
| 诺氟沙星 | norfloxacin | 45～120 | | 瑞士 | [62] |
| | | 13～166 | | 中国香港 | [78] |
| 磺胺甲基异噁唑（SMX） | sulfamethoxazole | 2～193 | | 中国香港 | [78] |
| | | 3-336～55.24 | | 中国黄浦江 | [79] |
| | | 1.4～157 | | 中国珠江 | [80] |
| | | 173 | | 中国辽河 | [81] |
| | | 211 | | 中国海河 | [82] |
| 磺胺嘧啶 | sulfadiazine | 3～336 | | 中国香港 | [78] |
| | | 1.39～40.45 | | 中国黄浦江 | [79] |
| 磺胺甲基嘧啶 | sulfamerazine | 4～323 | | 中国香港 | [78] |
| | | 775.5 | | 福建九龙江 | [83] |
| | | 29.5～120 | | 中国珠江 | [80] |
| 磺胺吡啶 | sulfapyridine | 1.14～57.39 | | 中国黄浦江 | [79] |
| 磺胺二甲基嘧啶 | sulfamethazine | 2.05～623.27 | | 中国黄浦江 | [79] |

续表

| 有机物中文名称 | 有机物英文名称 | 浓度/(μg/kg) | 用途 | 国家或地区 | 参考文献 |
|---|---|---|---|---|---|
| 磺胺氯哒嗪 | sulfachlororyridazine | 3.25～58.29 | | 中国黄浦江 | [79] |
| 四环素 | tetracycline | 15.07～113.89 | | 中国黄浦江 | [79] |
| 土霉素 | oxytetracycline | 12.99～84.54 | | 中国黄浦江 | [79] |
| 氯四环素 | chlortetracycline | 9.01～16.80 | | 中国黄浦江 | [79] |
| 多西霉素 | doxycycline | 5.61～46.93 | | 中国黄浦江 | [79] |
| 罗红霉素 | roxithromycin | 0.13～9.93 | | 中国黄浦江 | [79] |
| 甲氧苄啶 | trimethoprim | 2.23～62.39 | | 中国黄浦江 | [79] |
| 氟苯尼考 | florfenicol | 7.61～46.63 | | 中国黄浦江 | [79] |

EDCs 能够干扰生物体生殖、发育所需正常激素的合成、储存、分泌等，导致生物体的内分泌特征受到影响。PPCPs 被个人和畜牧业大量而频繁地使用，在水体中形成"假持久现象"，导致生物体抗药性增强，长此以往，将会达到有病无药可医的地步。2014 年 4 月 30 日，世界卫生组织发布报告称："抗生素耐药性正严重威胁全球公共健康。"[61]此外，EDCs/PPCPs 一旦进入水环境，会发生一系列迁移转化过程，如挥发、颗粒物（沉积物或悬浮颗粒）对有机物的吸附解析、水解、光降解、氧化还原反应和生物转化等，可能形成毒性更强的产物。

### 1.1.4 新兴有机污染物在城市饮用水处理过程中的转化规律

地表水中大量存在的新兴有机污染物 EDCs/PPCPs 在整个城市水循环过程中能够进入城市饮用水系统。因此，EDCs/PPCPs 在城市饮用水处理单元混凝、沉淀、过滤、消毒中的迁移转化直接影响饮用水的水质安全。

混凝、沉淀处理过程对微污染有机物的去除主要取决于它们在天然水环境中的存在形式。一般来说，微污染有机物并不会完全以自由态分子形式存在于水中，而是会部分吸附在胶体颗粒物表面或与溶解态大分子有机物络合，这部分的比例大小主要取决于微污染有机物和大分子有机物的物化、结构特性[84,85]。混凝沉淀工艺能有效地去除无机胶体颗粒和部分溶解态大分子有机物，因而在混凝沉淀过程中，微污染有机物会被携带去除。Rebhun 等[86]用数学模型定量描述了微污染有机物在混凝沉淀过程中的去除规律，他们认为只有络合态的微污染物才能在大分子有机物被无机盐混凝剂去除的同时被携带去除，整个过程可以用公式（1-1）描述：

$$\text{去除率}(\%)=\text{络合态所占比例}(\%)=\frac{K_{OC}[OC]}{K_{OC}[OC]+1}\times 100\% \tag{1-1}$$

式中，[OC] ——大分子有机物浓度；

$K_{OC}$——微污染有机物与大分子有机物的络合常数。

由于微污染有机物与大分子有机物之间的络合作用机理到目前为止还不是很清楚，因此 $K_{OC}$ 的数值大小还很难预测，但是一般与微污染有机物的疏水性呈正相关[83-86]。

图 1-2 形象地描述了公式（1-1）在特定条件下微污染有机物络合态所占比例及在混凝过程中的去除规律。所采用的条件是大分子有机物浓度[OC]为 0～50mg/L、微污染有

机物与大分子有机物的络合常数的对数 $\log K_{OC}$ 为 4～6。从图 1-2 中可以看出，当大分子有机物的浓度和性质固定时，微污染有机物的去除率随着络合常数 $K_{OC}$ 的增加而逐渐增大。这与 Robeck 等[87]和 Miltner 等[88]观察到的实验现象一致，他们发现在混凝沉淀过程中微污染有机物的去除率与其疏水性 $K_{OW}$（辛醇-水分配系数）呈正相关，疏水性越强去除率越高。例如：DDT（$\log K_{OW}$=6.36）的去除率可达 97%，而狄氏剂（$\log K_{OW}$=5.33）和甲草胺（$\log K_{OW}$=3.53）的去除率却只有 55%和 10%。

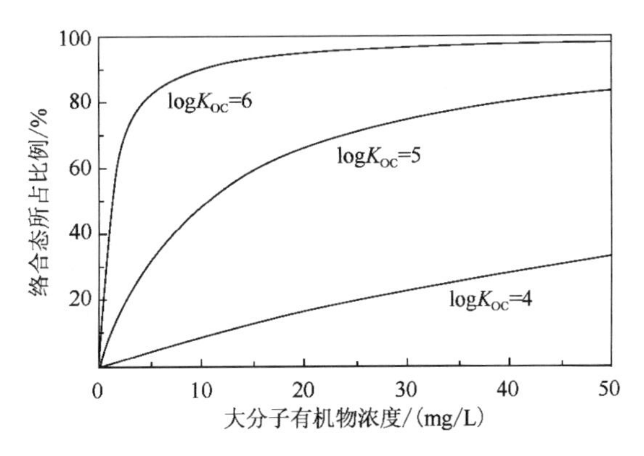


图 1-2　微污染有机物在混凝过程中被携带去除的理论分析

Westerhoff 等[89]考察了几十种有代表性的 EDCs/PPCPs 在常规水处理过程中的转化规律。结果发现，铝盐、铁盐混凝剂能有效地去除一些多环芳烃和杀虫剂，但对大多数 EDCs/PPCPs 去除作用较小。这主要是因为一些多环芳烃和杀虫剂的疏水性较强，与大分子有机物的络合常数 $K_{OC}$ 较大，因而在大分子有机物被混凝工艺有效去除的同时能够被携带去除。相比而言，EDCs/PPCPs 的水溶性较强，与大分子有机物的络合常数 $K_{OC}$ 值较小，因此，混凝沉淀工艺对它们的去除非常有限[90]。另外，由于城市饮用水厂普遍采用的石英砂滤料比表面积较小，所以微污染有机物在过滤单元中的吸附作用也很小，这也与 Westerhoff 等[89]研究结果一致，即滤料表面的物理吸附作用对 EDCs/PPCPs 去除作用很小。

因此，常规给水处理工艺中的混凝、沉淀和过滤单元对 EDCs/PPCPs 的去除非常有限，水源水中存在的微污染有机物 EDCs/PPCPs 会穿透滤池进入消毒环节。虽然液氯在消毒过程中产生副产物的问题从 20 世纪 70 年代起已经引起了普遍的关注，但它仍然是目前应用最为广泛的消毒剂。另外，一些城市污水处理厂二级出水在排入受纳水体之前也要进行液氯消毒处理。因此，EDCs/PPCPs 在液氯消毒过程中的转化规律包括反应机理、反应产物分布、生物活性变化等是目前的研究热点和重点，它一方面会直接影响城市管网的水质安全，另一方面也会影响天然水环境的生态安全。

在水处理过程中，液氯由于水解作用在水中的存在形态主要为次氯酸（HClO）和次氯酸根（$ClO^-$）。由于 HClO 的反应活性要远远高于 $ClO^-$，因此，微污染有机物 EDCs/PPCPs 在液氯中的转化规律可以简化为 HClO 与这些污染物之间的化学反应。

HClO 与有机物的反应一般有三种作用机理：①氧化反应；②不饱和官能团上的加成反应；③亲电取代反应。但是从反应动力学角度来看，HClO 的氧化与加成速度太慢，在水处理过程中可以忽略不计，而只有亲电取代反应比较重要。

胡建英等[14,91]与 Vikesland 等[92,93]研究了几种常见 EDCs/PPCPs[17$\beta$-雌二醇、壬基酚、BPA、TCS]与 HClO 的反应活性和机理，并用 GC/MS 与 LC/MS 对反应产物进行了定性定量分析。结果发现，与一般酚类有机物的反应特性相似，在反应初始阶段，HClO 与这些酚类的 EDCs/PPCPs 反应以亲电取代为主，反应历程如图 1-3[14]和图 1-4[92]所示，其中图 1-3 为 HClO 与 TCS 的主要反应路径，图 1-4 为 HClO 与 BPA 的主要反应路径。

从图 1-3 和图 1-4 HClO 与 EDCs/PPCPs 的反应路径可以看出，由于酚羟基供电子作用，HClO 与酚类有机物的起始反应一般为 HClO 中带正电的氯离子在带有较大负电荷的酚环邻、对位上发生取代，其结果是形成一系列的氯代酚。在某些特定的条件下（如 HClO 浓度很高或反应时间很长时），初始反应阶段形成的氯代酚会继续被氧化导致开环，形成一系列氯代烷烃副产物，其中包括人们所关心的三氯甲烷（$CHCl_3$），见图 1-3。另外，由于氧负离子的供电子能力远远大于羟基，因此，当酚电离后，酚氧负离子与 HClO 的反应速度比酚本身要快好几个数量级[94]。HClO 与酚发生的反应主要为取代反应，对母分子的化学结构改变不是很大，因此，HClO 氧化对酚类 EDCs 的内分泌干扰活性的影响也不是很大，而且某些氯代副产物的内分泌干扰活性还可能增强。

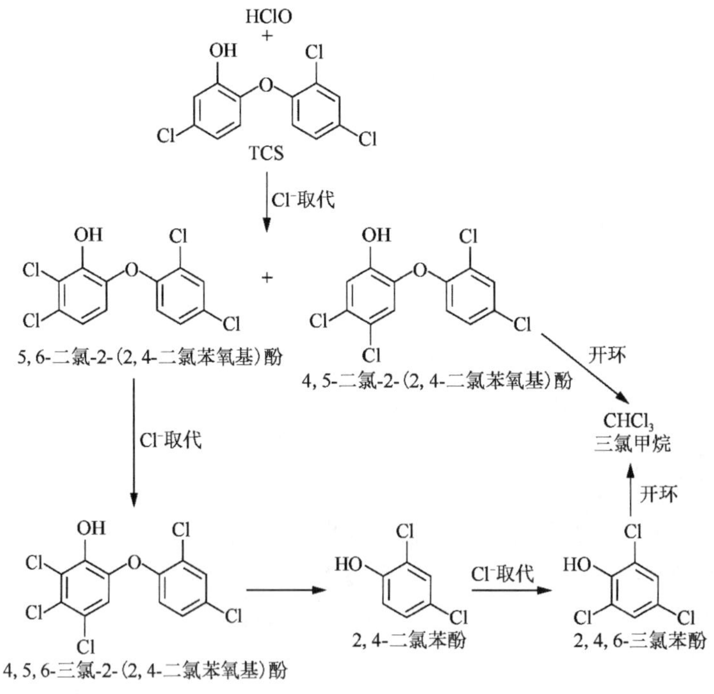

图 1-3 HClO 与 TCS 的反应路径

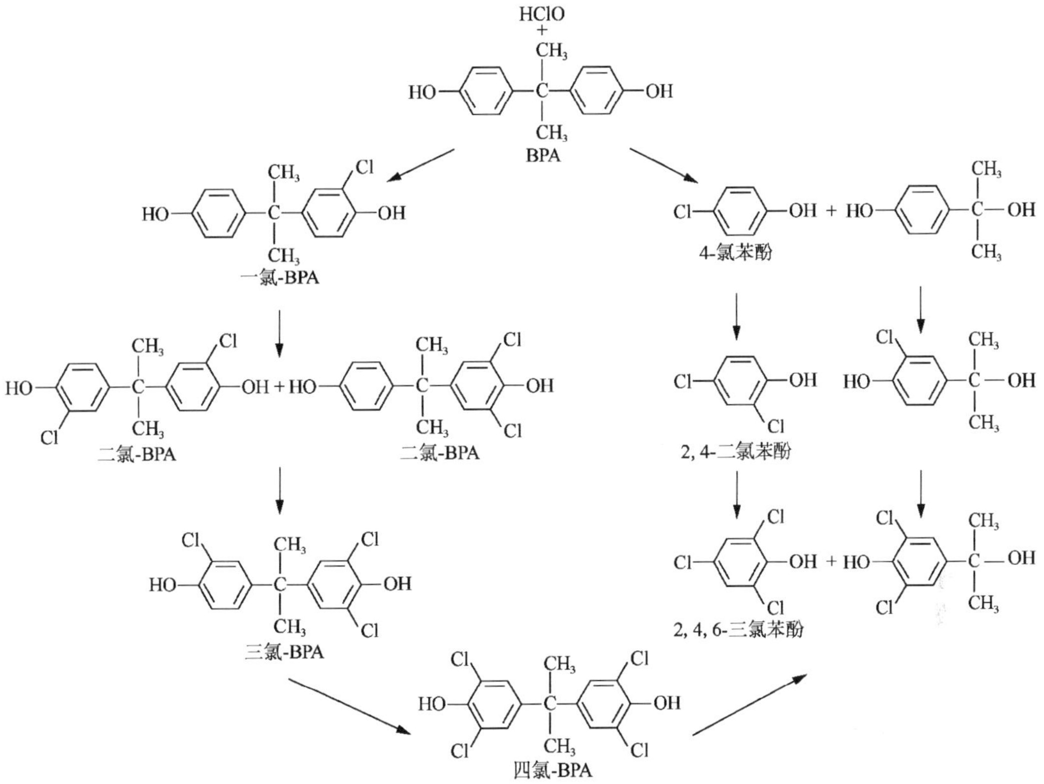

图 1-4 HClO 与 BPA 的反应路径

HClO 与一些官能团的反应活性的高低一般遵循以下规律：一级、二级胺>酚、三级胺>>双键、羰基、酰胺。可见，除了酚类 EDCs/PPCPs，HClO 与胺类 EDCs/PPCPs 的反应活性也会很高，因此，胺类 EDCs/PPCPs 在液氯中的转化规律也是人们关注的焦点。Dodd 和 Huang[95]对磺胺类药物——磺胺甲基异噁唑（sulfamethoxazole，SMX）与 HClO 的反应动力学和反应机理进行了详细的研究，发现 SMX 在 HClO 存在下能迅速被转化，二级反应速率常数在 $10^3\ L \cdot mol^{-1} \cdot s^{-1}$ 以上。与简单的脂肪胺反应机理相似，HClO 进攻 SMX 的活性位为分子中碱性胺基官能团，即苯胺结构的氮原子，生成有机氯氨，反应历程如图 1-5 所示。

从上面酚类、胺类 EDCs/PPCPs 在 HClO 存在下的转化规律分析可以看出，HClO 与有机物的取代反应机理决定了：①HClO 对 EDCs/PPCPs 的分子结构的破坏作用很小，因此，某些引起生物活性的官能团可能会被完整保存；②EDCs/PPCPs 氯代副产物的危害不容忽视，在某些情况下，其生物毒性甚至大于母分子本身。因此，为了保障天然水环境的生态安全和饮用水的水质安全，EDCs/PPCPs 在排入受纳水体和进入城市饮用水厂消毒工艺之前应该最大限度地被去除。为此，一方面可以强化城市污水处理厂的生物化学处理单元，另一方面则采用化学氧化预处理或深度处理技术来强化 EDCs/PPCPs 的去除。

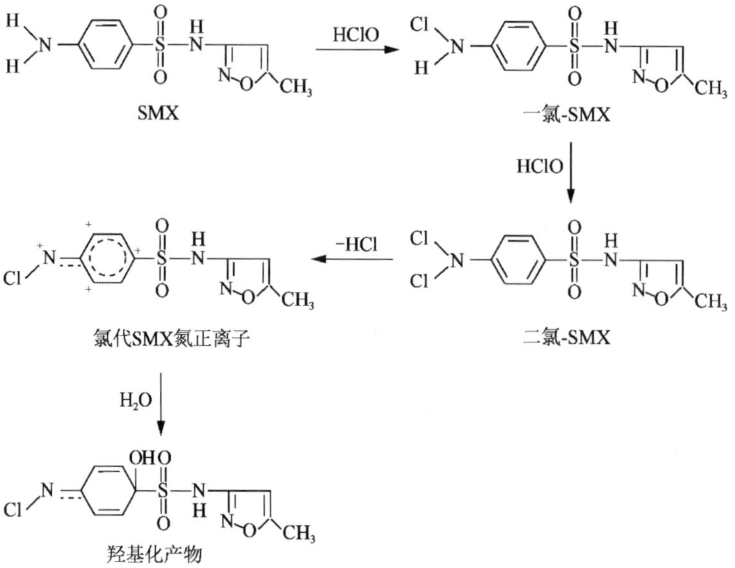

SMX

HClO

一氯-SMX

HClO

二氯-SMX

-HCl

氯代SMX氮正离子

$H_2O$

羟基化产物

图 1-5　HClO 与 SMX 的反应路径

$O_3$氧化是目前最被关注、研究最为广泛的化学氧化技术。$O_3$具有很强的氧化能力，其标准电极电位为 2.07V。与 HClO 一样，$O_3$也是一种亲电氧化剂，易于进攻有机物分子上电子云密度大的部位。$O_3$与有机物的二级反应速率常数 $k$ 一般为 HClO 的 $10^4$ 倍左右[94,96,97]，如图 1-6 所示。

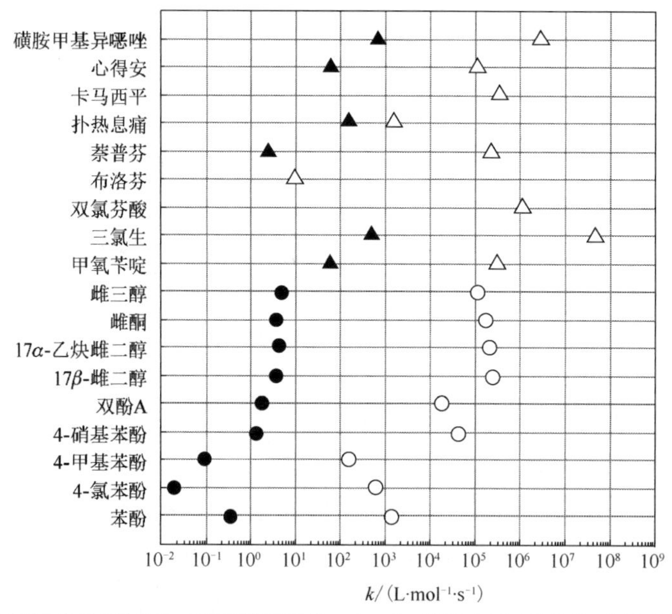


●HClO 与有机物分子态物种的二级反应速率常数；○$O_3$与有机物分子态物种的二级反应速率常数；
▲HClO 与有机物在 pH=7 时的二级反应速率常数；△$O_3$与有机物在 pH=7 时的二级反应速率常数

图 1-6　$O_3$和 HClO 与 EDCs/PPCPs 反应的二级反应速率常数对比

图1-7对比给出了HClO与$O_3$亲电进攻几种代表性EDCs/PPCPs官能团的位置[94,98]。与HClO的取代反应不同，$O_3$一般比较容易进攻双键、氨基官能团和酚羟基官能团，对EDCs/PPCPs产生生物效应的官能团破坏能力极强，因此，伴随着EDCs/PPCPs浓度的降低，$O_3$氧化能有效消除它们相应的生物活性。

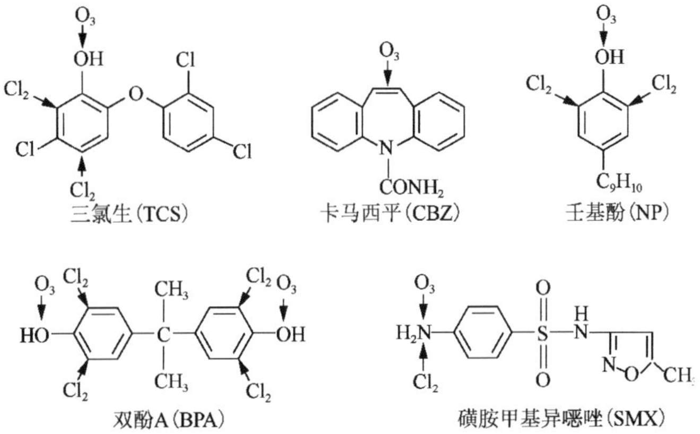

三氯生(TCS)　卡马西平(CBZ)　壬基酚(NP)

双酚A(BPA)　磺胺甲基异噁唑(SMX)

图1-7　$O_3$和HClO与EDCs/PPCPs反应进攻官能团的位置

$O_3$在氧化降解有机物的过程中由于自分解或水质背景成分（包括EDCs/PPCPs本身）的诱导作用会产生羟基自由基（·OH）。虽然羟基自由基是目前已知的最强氧化剂，其氧化电位高达2.8V，但羟基自由基对有机物的氧化作用一般并不是$O_3$氧化降解有机物的主要机理，特别是对一些与$O_3$反应速度很快的有机物，主要是因为羟基自由基的氧化没有选择性，与水中有机物的反应速率常数在$10^9$ $L\cdot mol^{-1}\cdot s^{-1}$左右，很容易被水质背景成分所消耗而很难用于低浓度的目标有机物的降解。相反，对于与$O_3$反应速度较慢的有机物，$O_3$氧化过程中产生的羟基自由基对有机物的降解贡献比较大。与HClO氧化EDCs/PPCPs形成氯代副产物不同，$O_3$氧化的副产物主要为易被微生物所利用的小分子有机物（如醛酮、酮酸、羧酸等）。但是当水中有溴离子存在时，$O_3$氧化（包括$O_3$的直接氧化和羟基自由基的间接氧化）会产生无机溴酸盐和有机溴代副产物[99]。溴酸盐已被国际癌症研究机构定为2B级潜在致癌物，WHO建议饮用水中溴酸盐浓度的最高允许值为25μg/L，美国EPA饮用水标准中规定溴酸盐浓度的最高允许值为10μg/L，我国2007年7月新颁布的《生活饮用水卫生标准》（GB 5749—2006）规定的阈值为10μg/L。另外，虽然有机溴代副产物的种类繁多，而且浓度较低，但是它们的毒性一般比有机氯代副产物要高，因此它们的毒理特性也不容忽视。正是由于上述溴代副产物的危害，在应用的过程中需要平衡$O_3$消毒或氧化效果与溴代副产物的生成关系。

## 1.2 $KMnO_4$的氧化除污染特性

$KMnO_4$ 是环境中应用最广泛的过渡金属化合物之一，为暗紫色、有金属光泽的棱状晶体；溶解度为 6.4kg/L，溶液呈紫红色。$KMnO_4$ 性质稳定，耐储存，使用方便，在水溶液中能以数种氧化还原形态存在，主要有 Mn(Ⅱ)、Mn(Ⅲ)、Mn(Ⅳ)、Mn(Ⅵ)、Mn(Ⅶ)等形态 [100,101]。

$KMnO_4$在常见水处理 pH 范围内氧化能力比较强，且氧化过程受 pH 的影响不大。$KMnO_4$ 在氧化降解有机物过程中不会产生有毒、有害卤代副产物，其最终还原产物为不溶性环境友好的 $MnO_2$，很容易从溶液中分离。另外，还原产物 $MnO_2$ 还可以通过吸附、氧化、助凝等作用[102]与 $KMnO_4$ 协同除污染。正是由于上述优良的除污染效能，再加之 $KMnO_4$ 使用方便、价格便宜等特点，在 20 世纪 90 年代 $KMnO_4$ 除污染技术被大规模应用于我国微污染源水的化学氧化预处理[103-108]。另外，$KMnO_4$ 氧化也被普遍认为是一种优良的土壤和地下水原位修复技术[109,110]。$KMnO_4$ 作为固体氧化剂，水溶性大，可以通过水溶液的形式很方便地导入土壤和地下水的受污染区域。而且 $KMnO_4$ 的还原产物 $MnO_2$[106,111]作为土壤和地下水的成分之一，不会造成二次污染。

$KMnO_4$ 氧化降解有机物具有选择性，与烯烃类有机物和酚类有机物的反应速度比较快，而对于不含有不饱和官能团的有机物（如甲苯和甲基叔丁醚等）氧化降解速度非常慢[112]。也正是由于 $KMnO_4$ 对有机物氧化具有选择性的特点，其氧化修复土壤和地下水的污染物主要为氯代烯烃有机物[100,106,113]［二氯乙烯（DCE）、三氯乙烯（TCE）、四氯乙烯（PCE）］。$KMnO_4$ 与烯烃类有机物的反应机理为双键加成反应，在反应起始阶段，$KMnO_4$ 与双键加成形成一个有机金属络合物，在环内锰元素以 Mn(Ⅴ)的形式存在，如图 1-8[110]所示。然后，生成的有机金属络合物再经过一系列的水解、自分解反应生成一系列小分子羧酸有机副产物（如草酸、甲酸和乙醇酸等），最后小分子羧酸有机物在 $KMnO_4$ 的进一步氧化下被矿化为 $CO_2$。$KMnO_4$ 与其他类型有机物的反应机理还包括脱氢反应和电子转移反应[107]。

Hu 等[108,114,115]研究发现，$KMnO_4$ 能够很好地氧化降解卡马西平（CBZ）和三种常见抗生素（环丙沙星、林可霉素、甲氧苄胺嘧啶），给出了不同 pH 下 $KMnO_4$ 氧化上述物质的二级反应速率常数，并利用 LC-MS/MS 检测手段测定氧化产物并推测反应路径。$KMnO_4$ 氧化卡马西平的反应路径（图 1-9[108]）：首先 $KMnO_4$ 与 CBZ 中双键发生加成反应形成一个含 Mn(Ⅴ)的环状有机金属络合物，生成的络合物再发生内电子转移，经过一系列的水解、自分解生成醇类、醛类或烯烃类产物。$KMnO_4$ 氧化环丙沙星的反应路径（图 1-10[115]）：首先 $KMnO_4$ 氧化哌嗪环上的三级胺生成中间产物烯胺，烯胺再发生一系列水解或被 $KMnO_4$ 继续氧化双键生成一系列酮、醛等产物。$KMnO_4$ 氧化林可霉素的反应路径（图 1-11[115]）：$KMnO_4$ 主要攻击甲基硫醚基和吡咯烷环上的脂肪胺，生成中间产物亚胺后发生一系列水解或氧化进而生成酮、醛等产物。$KMnO_4$ 氧化甲氧苄胺嘧啶的反应路径（图 1-12[115]）：$KMnO_4$ 主要攻击嘧啶环上的双键和连接两个杂环的甲基，进攻双键的反应与烯烃类似，与甲基反应形成碳正离子中间态之后，发生一系列水解形成酮等产物。

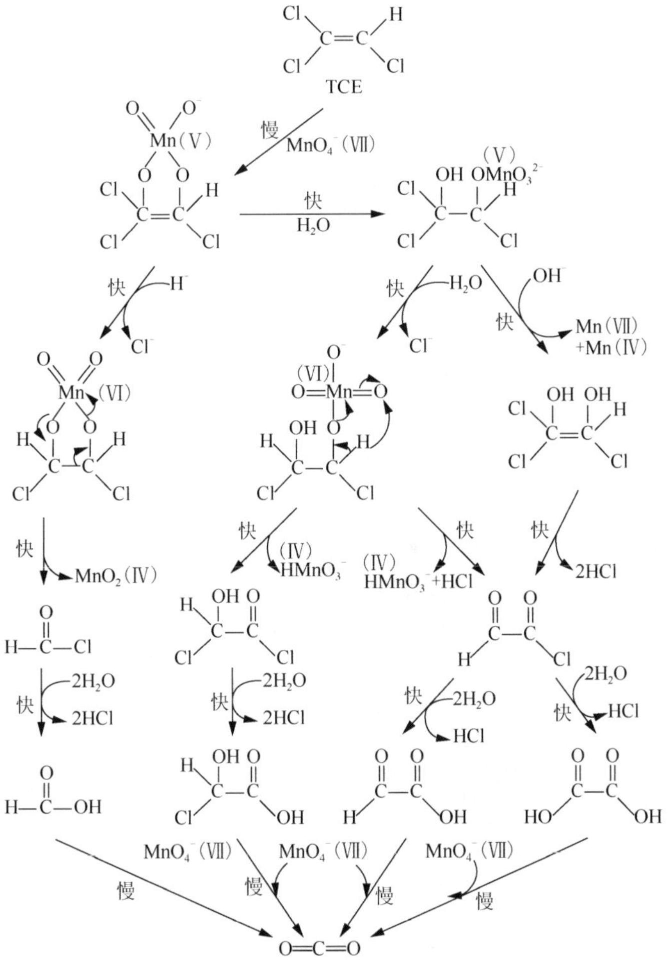

图 1-8 $KMnO_4$ 氧化降解三氯乙烯（TCE）的反应路径

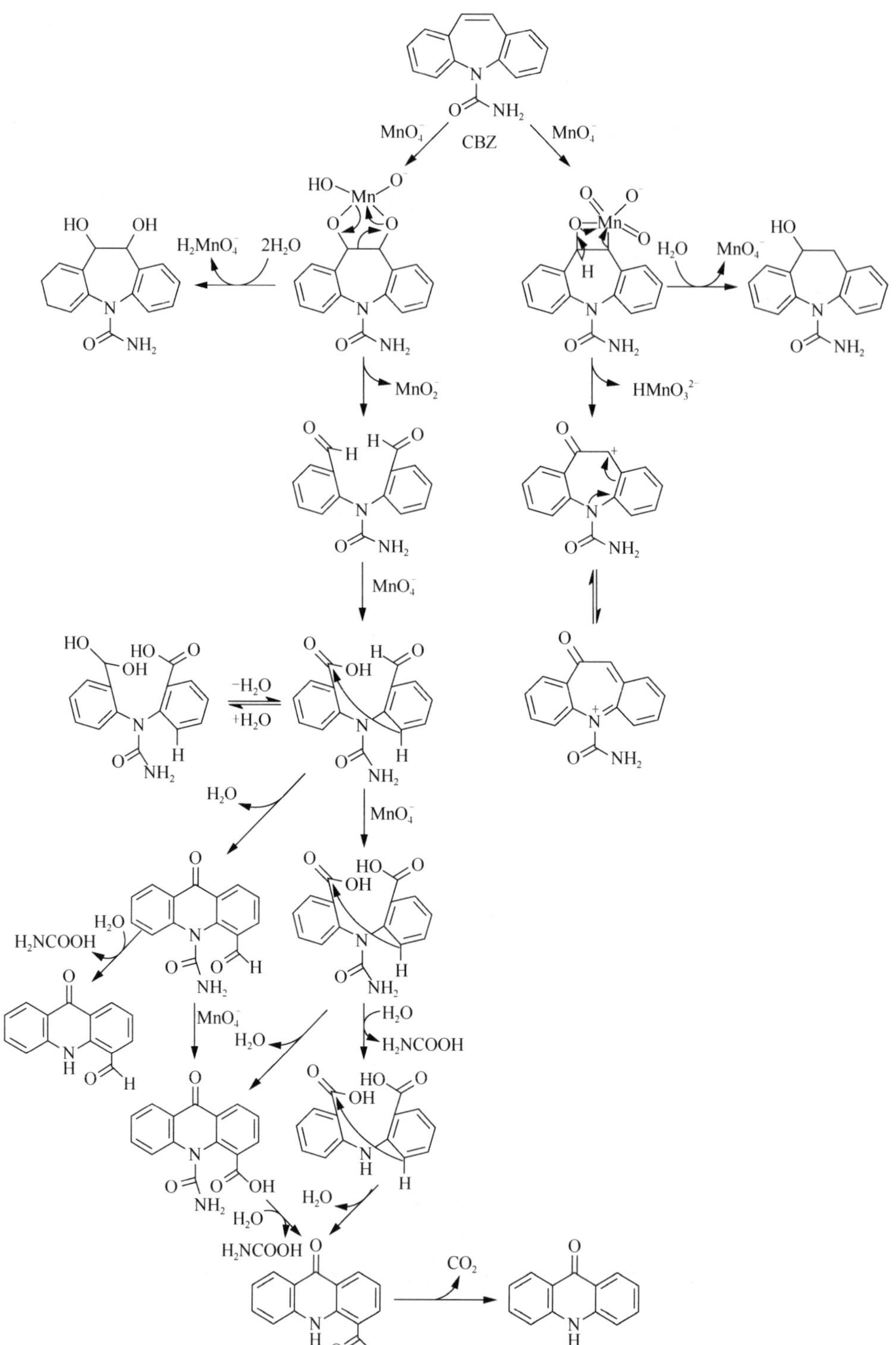

图 1-9　$KMnO_4$氧化降解卡马西平（CBZ）的反应路径

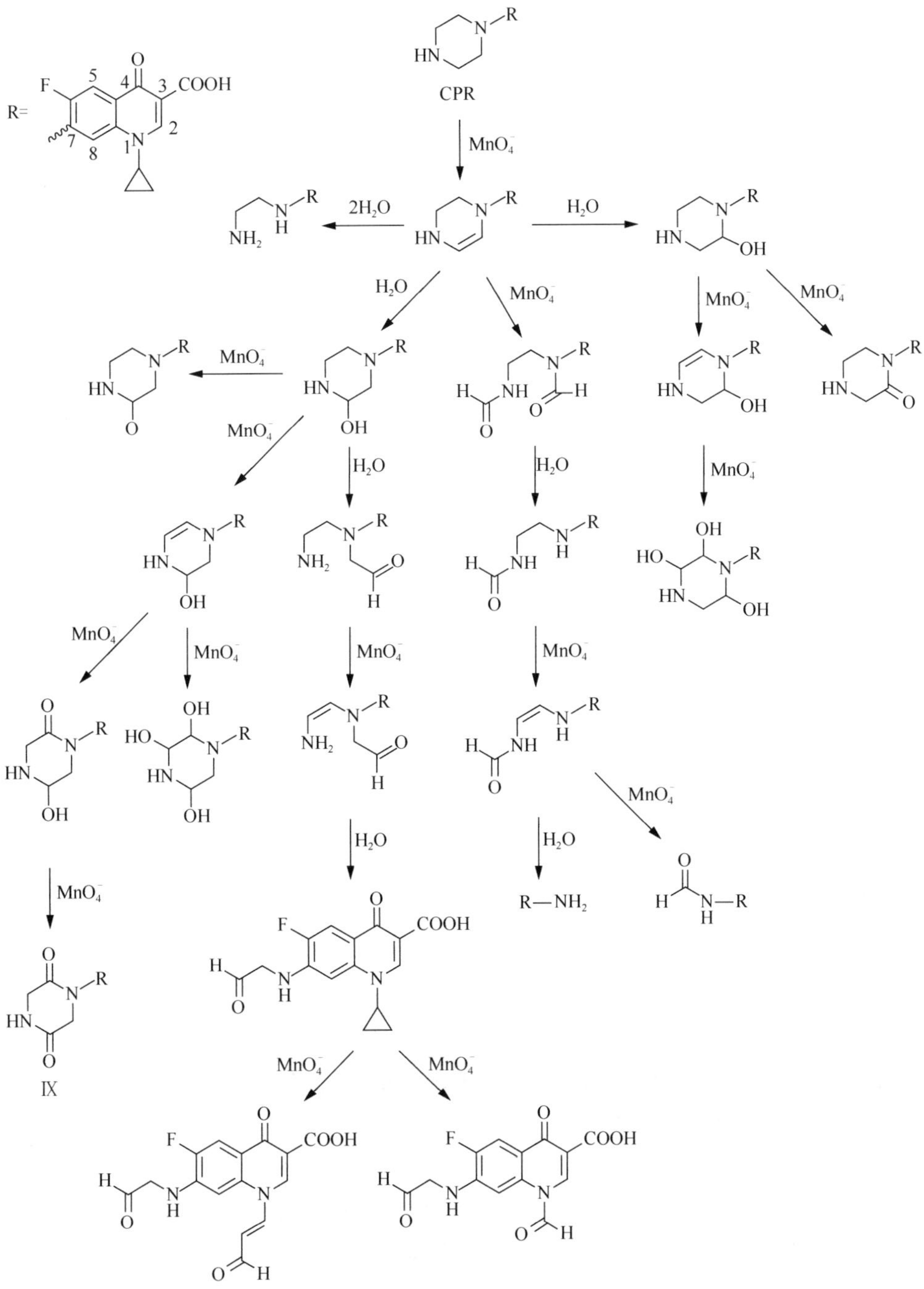

图 1-10 $KMnO_4$氧化降解环丙沙星（CPR）的反应路径

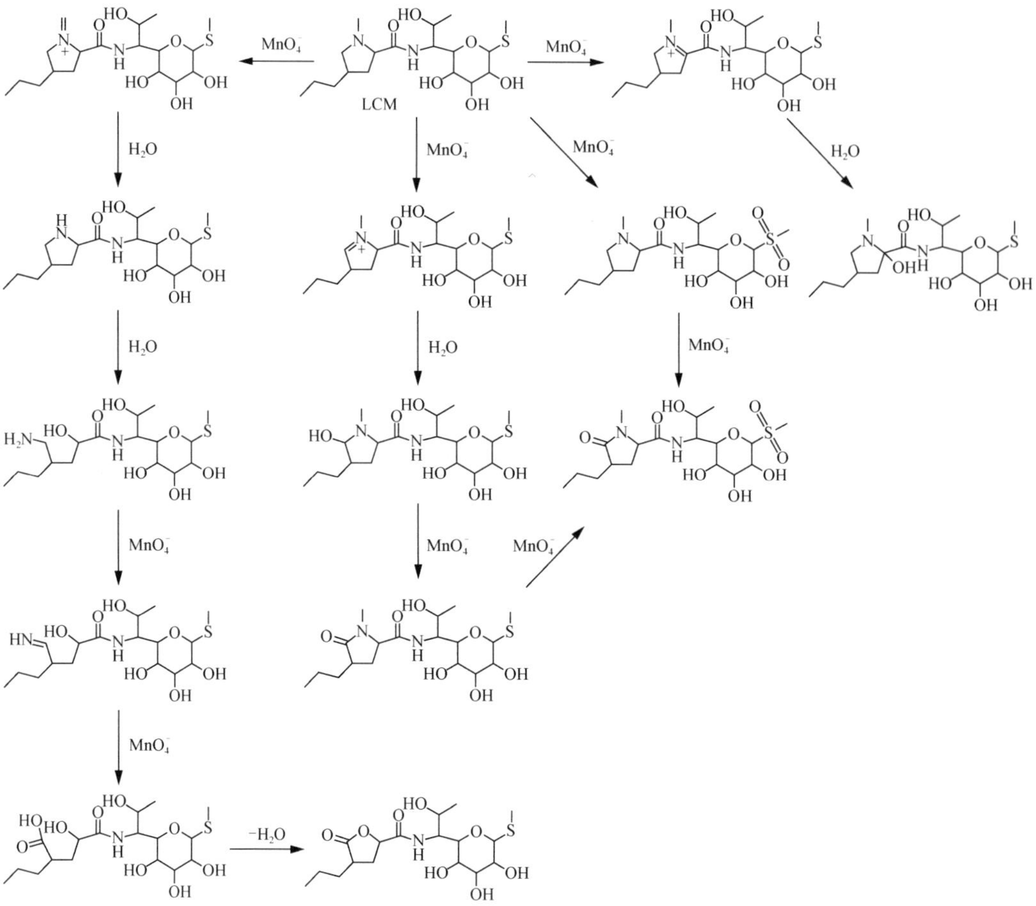

图 1-11　$KMnO_4$ 氧化降解林可霉素（LCM）的反应路径

由此可见，$KMnO_4$ 氧化去除水中含有不饱和官能团（如酚羟基、氨基、C═C 双键）的新兴有机污染物 EDCs/PPCPs 具有比较突出的优势，且反应过程中不产生有毒有害副产物。因此，在以后的章节中将进一步研究 $KMnO_4$ 氧化新兴有机污染物 EDCs/PPCPs 的动力学规律、氧化产物及反应路径，揭示中间价态锰和最终价态锰在 $KMnO_4$ 氧化过程中的作用，评价其对水环境中新兴有机污染物 EDCs/PPCPs 去除的可行性，为开发经济、高效、简单的 $KMnO_4$ 除污染技术提供理论依据。

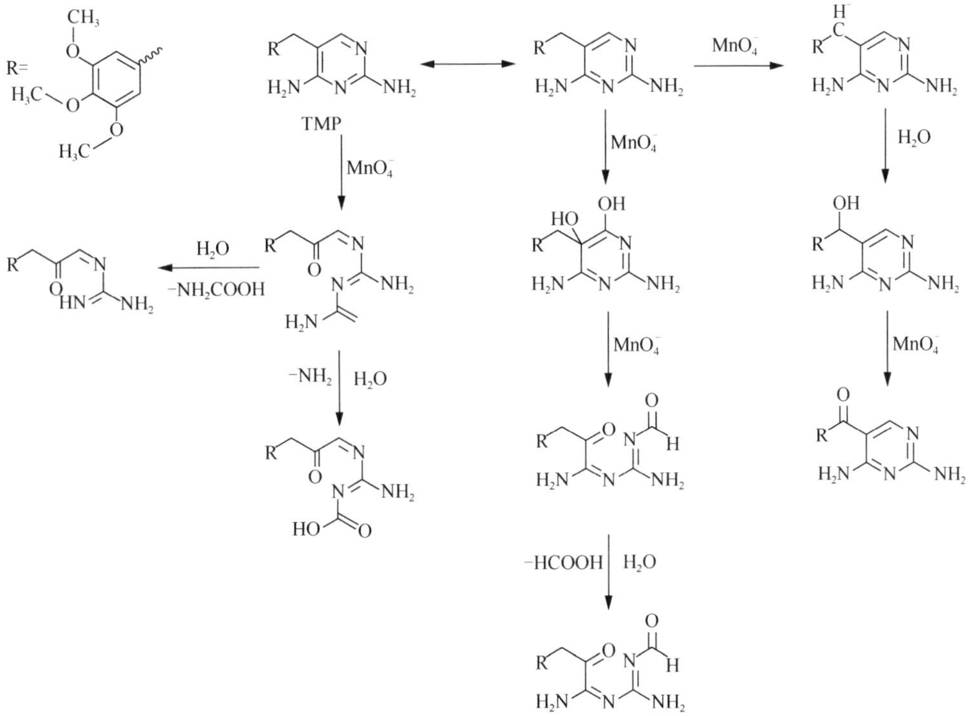

图 1-12 $KMnO_4$氧化降解甲氧苄胺嘧啶（TMP）的反应路径

## 1.3 $MnO_2$的氧化除污染特性

$MnO_2$ 是一种广泛存在于环境中的金属氧化物，自身具有很强的氧化性，可作为选择性氧化剂有效去除酚类、胺类等有机物，也可以参与到有机物的氧化还原过程中[116-119]。$MnO_2$具有较高的比表面积和羟基官能团，可以吸附去除重金属离子和有机物。鉴于上述特点，$MnO_2$ 作为吸附剂、氧化剂和催化剂已被广泛地应用于处理和修复自然水体、污水、土壤及沉积物中的无机和有机污染物。同时，$MnO_2$还是 $KMnO_4$氧化过程中的最终产物，与有机物的作用规律一定程度上决定了 $KMnO_4$的除污染效能。

$MnO_2$ 可以通过自由基氧、亲核加成、脱烷化等多种化学反应机理来转化环境中的有机污染物[120]。农药莠去津能在 $MnO_2$ 的作用下脱去一个乙基、一个异丙基或两个烷基形成脱烷基化降解产物[120]。$MnO_2$对酚类、芳胺类有机物的转化一般遵循表面氧化耦合规律[121-124]：首先有机物吸附到 $MnO_2$ 表面，与 $MnO_2$表面的某些活性位形成过渡金属络合物；然后络合物自身发生内电子转移，导致有机物被氧化形成自由基中间体，同时 Mn(Ⅳ)被还原成 Mn(Ⅱ)；最后形成的自由基从 $MnO_2$表面被释放进入溶液，发生进一步的聚合反应。其中，酚自由基易在邻位或对位形成，难以在间位生成，这与邻、对位电子密度较大有关。在上述 $MnO_2$表面氧化反应中，表面络合物的形成或络合物内电子转移为整个过程的限速步骤。与一般氧化剂氧化使目标有机物分解生成小分子副产物不同，$MnO_2$氧化使产物分子量增大，很容易形成沉淀从溶液中分离出去[121-124]。

$MnO_2$氧化受溶液 pH 的影响特别大。溶液 pH 的升高一方面会降低$MnO_2$的氧化还原电位和表面吸附量而降低氧化速度，另一方面也会促进有机物的电离加快氧化速度，但是二者综合的结果往往表现为随 pH 升高$MnO_2$的氧化效率降低[121-124]。在$MnO_2$表面氧化过程中，$MnO_2$表面活性位的数量起着决定性作用，但是其数量往往很有限，因此，其他一些共存离子（如金属阳离子、磷酸根阴离子、大分子腐殖酸等）都会在$MnO_2$表面吸附，与有机物竞争有限的吸附位，抑制 $MnO_2$ 的氧化。$MnO_2$在氧化的过程中还会表现出自抑制现象，这是因为$MnO_2$的还原产物$Mn^{2+}$在$MnO_2$表面的吸附能力很强，占据了$MnO_2$表面的活性位[125]。在$KMnO_4$氧化降解水中有机物过程中，有机物被氧化的同时，$KMnO_4$也被还原生成$MnO_2$，这种新生胶体$MnO_2$具有颗粒小、分散度高、比表面大的特点，因此，它们的吸附、氧化能力更强，能协同$KMnO_4$除污染[102,126]。

## 参 考 文 献


[1] Kang Y, Yan X, Li L, et al. *Daphnia magna* may serve as a powerful tool in screening endocrine disruption chemicals (EDCs) [J]. Environmental Science & Technology, 2014, 48(2): 881-882.

[2] Liu F, Zhao J, Wang S, et al. Effects of solution chemistry on adsorption of selected pharmaceuticals and personal care products (PPCPs) by graphenes and carbon nanotubes [J]. Environmental Science & Technology, 2014, 48(22): 13197-13206.

[3] Ort C, Lawrence M G, Rieckermann J, et al. Sampling for pharmaceuticals and personal care products (PPCPs) and illicit drugs in wastewater systems: Are your conclusions valid? A critical review [J]. Environmental Science & Technology, 2010, 44(16): 6023-6035.

[4] Benotti M J, Trenholm R A, Vanderford B J, et al. Pharmaceuticals and endocrine disrupting compounds in U. S. drinking water [J]. Environmental Science & Technology, 2009, 43(3): 597-603.

[5] 王丹, 隋倩, 赵文涛, 等. 中国地表水环境中药物和个人护理品的研究进展 [J]. 科学通报, 2014, 59(9): 743-751.

[6] Kolpin D W, Furlong E T, Meyer M T, et al. Pharmaceuticals, hormones, and other organic wastewater contaminants in U.S. streams, 1999～2000: A national reconnaissance [J]. Environmental Science & Technology, 2002, 36(6): 1202-1211.

[7] Glassmeyer S T, Furlong E T, Kolpin D W, et al. Transport of chemical and microbial compounds from known wastewater discharges: Potential for use as indicators of human fecal contamination [J]. Environmental Science & Technology, 2005, 39(14): 5157-5169.

[8] Nakada N, Tanishima T, Shinohara H, et al. Pharmaceutical chemicals and endocrine disrupters in municipal wastewater in Tokyo and their removal during activated sludge treatment [J]. Water Research, 2006, 40(17): 3297-3303.

[9] Ternes T A. Occurrence of drugs in German sewage treatment plants and rivers [J]. Water Research, 1998, 32(11): 3245-3260.

[10] Andreozzi R, Raffaele M, Nicklas P. Pharmaceuticals in STP effluents and their solar photodegradation in aquatic environment [J]. Chemosphere, 2003, 50(10): 1319-1330.

[11] Snyder S A, Westerhoff P, Yoon Y, et al. Pharmaceuticals, personal care products, and endocrine disruptors in water: Implications for the water industry [J]. Environmental Engineering Science, 2003, 20(5): 449-469.

[12] Ying G G, Kookana R S. Degradation of five selected endocrine-disrupting chemicals in seawater and marine sediment [J]. Environmental Science & Technology, 2003, 37(7): 1256-1260.

[13] Johnson A C, Sumpter J P. Removal of endocrine-disrupting chemicals in activated sludge treatment works [J]. Environmental Science & Technology, 2001, 35(24): 4697-4703.

[14] Hu J Y, Aizawa T, Ookubo S. Products of aqueous chlorination of bisphenol A and their estrogenic activity [J].

Environmental Science & Technology, 2002, 36(9): 1980-1987.

[15] Voordeckers J W, Fennell D E, Jones K, et al. Anaerobic biotransformation of tetrabromobisphenol A, tetrachlorobisphenol A, and bisphenol A in estuarine sediments [J]. Environmental Science & Technology, 2002, 36(4): 696-701.

[16] Suzuki T, Nakagawa Y, Takano I, et al. Environmental fate of bisphenol A and its biological metabolites in river water and their xeno-estrogenic activity [J]. Environmental Science & Technology, 2004, 38(8): 2389-2396.

[17] Rosenfeldt E J, Linden K G. Degradation of endocrine disrupting chemicals bisphenol A, ethinyl estradiol, and estradiol during UV photolysis and advanced oxidation processes [J]. Environmental Science & Technology, 2004, 38(20): 5476-5483.

[18] Deborde M, Rabouan S, Duguet J P, et al. Kinetics of aqueous ozone-induced oxidation of some endocrine disruptors [J]. Environmental Science & Technology, 2005, 39(16): 6086-6092.

[19] Gallard H, Leclercq A, Croue J P. Chlorination of bisphenol A: Kinetics and by-products formation [J]. Chemosphere, 2004, 56(5): 465-473.

[20] Deborde M, Rabouan S, Gallard H. Aqueous chlorination kinetics of some endocrine disruptors [J]. Environmental Science & Technology, 2004, 38(21): 5577-5583.

[21] Daughton C G, Ternes T A. Pharmaceuticals and personal care products in the environment: Agents of subtle change[J]. Environmental Health Perspectives, 1999, 107: 907-938.

[22] Singer H, Muller S, Tixier C, et al. Triclosan: Occurrence and fate of a widely used biocide in the aquatic environment: Field measurements in wastewater treatment plants, surface waters, and lake sediments [J]. Environmental Science & Technology, 2002, 36(23): 4998-5004.

[23] Lindstrom A, Buerge I J, Poiger T, et al. Occurrence and environmental behavior of the bactericide triclosan and its methyl derivative in surface waters and in wastewater [J]. Environmental Science & Technology, 2002, 36(11): 2322-2329.

[24] Anger C T, Sueper C, Blumentritt D J, et al. Quantification of triclosan, chlorinated triclosan derivatives, and their dioxin photoproducts in lacustrine sediment cores [J]. Environmental Science & Technology, 2013, 47(4): 1833-1843.

[25] Fritsch E B, Connon R E, Werner I, et al. Triclosan impairs swimming behavior and alters expression of excitation-contraction coupling proteins in fathead minnow (*Pimephales promelas*) [J]. Environmental Science & Technology, 2013, 47(4): 2008-2017.

[26] Drury B, Scott J, Rosi-Marshall E J, et al. Triclosan exposure increases triclosan resistance and influences taxonomic composition of benthic bacterial communities [J]. Environmental Science & Technology, 2013, 47(15): 8923-8930.

[27] Latch D E, Packer J L, Stender B L, et al. Aqueous photochemistry of triclosan: Formation of 2,4-dichlorophenol, 2,8-dichlorodibenzo-p-dioxin, and oligomerization products [J]. Environmental Toxicology and Chemistry, 2005, 24(3): 517-525.

[28] Lishman L, Smyth S A, Sarafin K, et al. Occurrence and reductions of pharmaceuticals and personal care products and estrogens by municipal wastewater treatment plants in Ontario, Canada [J]. Science of the Total Environment, 2006, 367(2-3): 544-558.

[29] Ternes T A, Kreckel P, Mueller J. Behaviour and occurrence of estrogens in municipal sewage treatment plants-Ⅱ. Aerobic batch experiments with activated sludge [J]. Science of the Total Environment, 1999, 225(1-2): 91-99.

[30] 金士威, 徐盈, 惠阳, 等. 污水中 8 种雌激素有机物的定量测定 [J]. 中国给水排水, 2005, 21(12): 94-97.

[31] Belfroid A C, Van der Horst A, Vethaak A D, et al. Analysis and occurrence of estrogenic hormones and their glucuronides in surface water and wastewater in the Netherlands [J]. Science of the Total Environment, 1999, 225(1-2): 101-108.

[32] Ternes T A, Stumpf M, Mueller J, et al. Behavior and occurrence of estrogens in municipal sewage treatment plants-I. Investigations in Germany, Canada and Brazil [J]. Science of the Total Environment, 1999, 225(1-2): 81-90.

[33] Stasinakis A S, Gatidou G, Mamais D, et al. Occurrence and fate of endocrine disrupters in Greek sewage treatment plants [J]. Water Research, 2008, 42(6-7):1796-1804.

[34] Baronti C, Curini R, D'Ascenzo G, et al. Monitoring natural and synthetic estrogens at activated sludge sewage treatment plants and in a receiving river water [J]. Environmental Science & Technology, 2000, 34(24): 5059-5066.

[35] Layton A C, Gregory B W, Seward J R, et al. Mineralization of steroidal hormones by biosolids in wastewater treatment systems in Tennessee U.S.A. [J]. Environmental Science & Technology, 2000, 34(18): 3925-3931.

[36] Stumpf M, Ternes T A, Wilken R D, et al. Polar drug residues in sewage and natural waters in the state of Rio de Janeiro, Brazil [J]. Science of the Total Environment, 1999, 225(1-2): 135-141.

[37] D'Ascenzo G, Di Corcia A, Gentili A, et al. Fate of natural estrogen conjugates in municipal sewage transport and treatment facilities [J]. Science of the Total Environment, 2003, 302(1-3): 199-209.

[38] Weigel S, Berger U, Jensen E, et al. Determination of selected pharmaceuticals and caffeine in sewage and seawater from Tromso/Norway with emphasis on ibuprofen and its metabolites [J]. Chemosphere, 2004, 56(6): 583-592.

[39] Zeng X Y, Sheng G Y, Xiong Y, et al. Determination of polycyclic musks in sewage sludge from Guangdong, China using GC-EI-MS [J]. Chemosphere, 2005, 60(6): 817-823.

[40] Andreozzi R, Raffaele M, Nicklas P. Pharmaceuticals in STP effluents and their solar photodegradation in aquatic environment [J]. Chemosphere, 2003, 50(10): 1319-1330.

[41] 郑晓英, 周玉文, 王俊安. 城市污水处理厂中邻苯二甲酸酯的研究 [J]. 给水排水, 2006, 32(3): 19-22.

[42] 林兴桃, 陈明, 王小逸, 等. 污水处理厂中邻苯二甲酸酯类环境激素分析 [J]. 环境科学与技术, 2004, 27(6): 97-101.

[43] Vieno N M, Tuhkanen T, Kronberg L. Analysis of neutral and basic pharmaceuticals in sewage treatment plants and in recipient rivers using solid phase extraction and liquid chromatography-tandem mass spectrometry detection [J]. Journal of Chromatography A, 2006, 1134(1-2): 101-111.

[44] 周海东, 黄霞, 文湘华. 城市污水中有关新型微污染物 PPCPs 归趋研究的进展 [J]. 环境工程学报, 2007, 1(12): 1-9.

[45] Lee H B, Peart T E, Svoboda M L. Determination of endocrine-disrupting phenols, acidic pharmaceuticals, and personal-care products in sewage by solid-phase extraction and gas chromatography-mass spectrometry [J]. Journal of Chromatography A, 2005, 1094(1-2): 122-129.

[46] Carballa M, Omil F, Ternes T, et al. Fate of pharmaceutical and personal care products (PPCPs) during anaerobic digestion of sewage sludge [J]. Water Research, 2007, 41(10): 2139-2150.

[47] Yu J T, Bouwer E J, Coelhan M. Occurrence and biodegradability studies of selected pharmaceuticals and personal care products in sewage effluent [J]. Agricultural Water Management, 2006, 86(1-2): 72-80.

[48] Sabaliunas D, Webb S F, Hauk A, et al. Environmental fate of triclosan in the River Aire Basin, UK [J]. Water Research, 2003, 37(13): 3145-3154.

[49] Canosa P, Rubí I R E, Cela R. Optimization of solid-phase microextraction conditions for the determination of triclosan and possible related compounds in water samples [J]. Journal of Chromatography A, 2005, 1072(1): 107-115.

[50] Wu J L, Lam N P, Martens D, et al. Triclosan determination in water related to wastewater treatment [J]. Talanta, 2007, 72(5): 1650-1654.

[51] 徐维海, 张干, 邹世春, 等. 典型抗生素类药物在城市污水处理厂中的含量水平及其行为特征 [J]. 环境科学, 2007, 28(8): 1779-1783.

[52] 常红, 胡建英, 王乐征, 等. 城市污水处理厂中磺胺类抗生素的调查研究 [J]. 科学通报, 2008, 53(2): 159-164.

[53] Di Francesco A M, Chiu P C, Standley L J, et al. Dissipation of fragrance materials in sludge-amended soils [J]. Environmental Science & Technology, 2004, 38(1): 194-201.

[54] Ying G G, Rai S K. Triclosan in wastewaters and biosolids from australian wastewater treatment plants [J]. Environment International, 2007, 33(2): 199-205.

[55] Fauser P, Vikelsφe J, Sφrensen P B, et al. Phthalates, nonylphenols and LAS in an alternately operated wastewater treatment plant-fate modelling based on measured concentrations in wastewater and sludge [J]. Water Research, 2003, 37(6): 1288-1295.

[56] Pryor S W, Hay A G, Walker L P. Nonylphenol in anaerobically digested sewage sludge from New York state [J]. Environmental Science & Technology, 2002, 36(17): 3678-3682.

[57] 乔玉霜, 张晶, 张昱, 等. 污水处理厂污泥中几种典型酚类内分泌干扰物的调查 [J]. 环境化学, 2007, 26(5): 671-674.

[58] Guardia L A, Hale M J. Alkylphenol ethoxylate degradation products in land-applied sewage sludge (biosolids) [J]. Environmental Science & Technology, 2001, 35(24): 4798-4804.

[59] 沈钢, 余刚, 蔡震霄, 等. 污水和污泥中两类酚类内分泌干扰物的分析方法 [J]. 科学通报, 2005, 50(17): 1845-1851.

[60] 郑晓英, 周玉文. 城市污水污泥中邻苯二甲酸酯的研究 [J]. 给水排水, 2005, 31(11): 27-30.

[61] 新华社. 抗生素耐药性威胁全球健康 [J]. 中国健康教育, 2014, 7: 604-604.

[62] Jolanta D, Wasik A, Jacek N. Fate and analysis of pharmaceutical residues in the aquatic environment [J]. Critical Reviews in Analytical Chemistry, 2004, 34(1): 51-67.
[63] 邵兵, 胡建英, 杨敏. 重庆流域嘉陵江和长江水环境中壬基酚污染现状调查 [J]. 环境科学学报, 2002, 22(1): 12-16.
[64] Heemken O P, Reincke H, Stachel B, et al. The occurrence of xenoestrogens in the Elbe River and the North Sea [J]. Chemosphere, 2001, 45(3): 245-259.
[65] Li D H, Kim M, Shim W J, et al. Seasonal flux of nonylphenol in Han River, Korea [J]. Chemosphere, 2004, 56(1): 1-6.
[66] Tsuda T, Takino A, Kojima M, et al. 4-Nonylphenols and 4-tert-octylphenol in water and fish from rivers flowing into Lake Biwa [J]. Chemosphere, 2000, 41(5): 757-762.
[67] 余方, 潘学军, 王彬, 等. 固相萃取-羟基衍生化-气相色谱/质谱联用测定滇池水体中酚类内分泌干扰物 [J]. 环境化学, 2010, 29(4): 744-748.
[68] Kawahata H. Endocrine disrupter nonylphenol and bisphenol A contamination in Okinawa and Ishigaki Islands, Japan—within coral reefs and adjacent river mouths [J]. Chemosphere, 2004, 55(11): 1519-1527.
[69] 李海涛, 黄岁. 水环境中邻苯二甲酸酯的迁移转化研究 [J]. 环境污染与防治, 2006, 28(11): 358-363.
[70] Yuan S Y, Liu C, Liao C S, et al. Occurrence and microbial degradation of phthalate esters in Taiwan river sediments [J]. Chemosphere, 2002, 49(10): 1295-1299.
[71] Van Wezel A P, van Vlaardingen P, Posthumus R, et al. Environmental risk limits for two phthalates, with special emphasis on endocrine disruptive properties [J]. Ecotoxicology and Environmental Safety, 2000, 46(3): 305-321.
[72] Vitali M, Guidotti M, Macilenti G, et al. Phthalate esters in freshwaters asmarkers of contamination sources-A site study in Italy[J]. Environment International, 1997, 23(3): 337-347.
[73] Giam C S, Chan H S, Neff G S, et al. Phthalate ester plasticizers: A new class of marine pollutant [J]. Science, 1978, 199(4327): 419-421.
[74] Morrall D, McAvoy D, Schatowitz B, et al. A field study of triclosan loss rates in river water (Cibolo Creek, TX) [J]. Chemosphere, 2004, 54(5): 653-660.
[75] Sabaliunas D, Webb S F, Hauk A, et al. Environmental fate of triclosan in the River Aire Basin, UK [J]. Water Research, 2003, 37(13): 3145-3154.
[76] Heberer T. Occurrence, fate, and removal of pharmaceutical residues in the aquatic enviroment: A review of recent research data [J]. Toxicology Letters, 2002, 131(2): 5-17.
[77] Moldovan Z. Occurrences of pharmaceutical and personal care products as micro pollutants in rivers from Romania [J]. Chemosphere, 2006, 64(11): 1808-1817.
[78] 徐维海, 张干, 邹世春, 等. 香港维多利亚港和珠江广州河段水体中抗生素的含量特征及其季节变化 [J]. 环境科学, 2006, 27(12): 2458-2462.
[79] Jiang L, Hu X L, Yin D Q, et al. Occurrence, distribution and seasonal variation of antibiotics in the Huangpu River, Shanghai, China [J]. Chemosphere, 2011, 82(6): 822-828.
[80] Yang J F, Ying G G, Zhao J L, et al. Spatial and seasonal distribution of selected antibiotics in surface waters of the Pearl Rivers, China [J]. Journal of Environmental Science and Health, 2011, 46(3): 272-280.
[81] Jia A, Hu J Y, Wu X Q, et al. Occurrence and source apportionment of sulfonamides and their metabolites in Liaodong Bay and the adjacent Liao River Basin, North China [J]. Environmental Toxicology & Chemistry, 2011, 30(6): 1252-1260.
[82] Gao L H, Shi Y L, Li W H, et al. Occurrence, distribution and bioaccumulation of antibiotics in the Haihe River in China [J]. Journal of Environmental Monitoring, 2012, 14(4): 1247-1254.
[83] Zhang D D, Lin L F, Luo Z X, et al. Occurrence of selected antibiotics in Jiulongjiang River in various seasons, South China [J]. Journal of Environmental Monitoring, 2011, 13(7): 1953-1960.
[84] Chin Y P, Aiken G R, Danielsen K M. Binding of pyrene to aquatic and commercial humic substances: The role of molecular weight and aromaticity [J]. Environmental Science & Technology, 1997, 31(6): 1630-1635.
[85] Perminova I V, Grechishcheva N Y, Petrosyan V S. Relationships between structure and binding affinity of humic substances for polycyclic aromatic hydrocarbons: Relevance of molecular descriptors [J]. Environmental Science & Technology, 1999, 33(21): 3781-3787.
[86] Rebhun M, Meir S, Laor Y. Using dissolved humic acid to remove hydrophobic contaminants from water by

complexation-flocculation process [J]. Environmental Science & Technology, 1998, 32(7): 981-986.

[87] Robeck G G, Dostal K A, Cohen J M, et al. Effectiveness of water treatment processes in pesticide removal [J]. Journal American Water Works Association, 1965, 57(2): 181-199.

[88] Miltner R J, Baker D B, Speth T F, et al. Treatment of seasonal pesticides in surface waters [J]. Journal (American Water Works Association), 1989, 81(1): 43-52.

[89] Westerhoff P, Yoon Y, Snyder S, et al. Fate of endocrine-disruptor, pharmaceutical, and personal care product chemicals during simulated drinking water treatment processes [J]. Environmental Science & Technology, 2005, 39(17): 6649-6663.

[90] Ternes T A, Meisenheimer M, McDowell D, et al. Removal of pharmaceuticals during drinking water treatment [J]. Environmental Science & Technology, 2002, 36(17): 3855-3863.

[91] Hu J Y, Cheng S J, Aizawa T, et al. Products of aqueous chlorination of 17$\beta$-estradiol and their estrogenic activities [J]. Environmental Science & Technology, 2003, 37(24): 5665-5670.

[92] Fiss E M, Rule K L, Vikesland P J. Formation of chloroform and other chlorinated byproducts by chlorination of triclosan-containing antibacterial products [J]. Environmental Science & Technology, 2007, 41(7): 2387-2394.

[93] Rule K L, Ebbett V R, Vikesland P J. Formation of chloroform and chlorinated organics by free-chlorine-mediated oxidation of triclosan [J]. Environmental Science & Technology, 2005, 39(9): 3176-3185.

[94] Deborde M, von Gunten U. Reactions of chlorine with inorganic and organic compounds during water treatment—Kinetics and mechanisms: A critical review [J]. Water Research, 2008, 42(1-2): 13-51.

[95] Dodd M C, Huang C H. Transformation of the antibacterial agent sulfamethoxazole in reactions with chlorine: Kinetics, mechanisms, and pathways [J]. Environmental Science & Technology, 2004, 38(21): 5607-5615.

[96] Huber M M, Gbel A, Joss A, et al. Oxidation of pharmaceuticals during ozonation of municipal wastewater effluents: A pilot study [J]. Environmental Science & Technology, 2005, 39(11): 4290-4299.

[97] Sharma V K. Oxidative transformations of environmental pharmaceuticals by $Cl_2$, $ClO_2$, $O_3$, and Fe(Ⅵ): Kinetics assessment [J]. Chemosphere, 2008, 73(9): 1379-1386.

[98] Huber M M, Canonica S, Park G Y, et al. Oxidation of pharmaceuticals during ozonation and advanced oxidation processes [J]. Environmental Science & Technology, 2003, 37(5): 1016-1024.

[99] 张涛. 羟基氧化铁催化臭氧氧化水中有机物研究 [D].哈尔滨:哈尔滨工业大学,2007.

[100] Greenwood N N, Earnshaw A. 元素化学（下册）[M]. 王曾隽, 张庆芳, 林蕴和, 等译. 北京:高等教育出版社, 1996: 196-229.

[101] 隋铭皓. MnOx/GAC 多相催化臭氧氧化水中难降解有机污染物效能与机理 [D]. 哈尔滨:哈尔滨工业大学, 2004.

[102] Walker H W, Bob M M. Stability of particle flocs upon addition of natural organic matter under quiescent conditions [J]. Water Research, 2001, 35(4): 875-882.

[103] Van Benschoten J E, Lin W, Knoke W R. Kinatic modeling of manganese(Ⅱ) oxidation by chlorine dioxide and potassium permanganate [J]. Environmental Science & Technology, 1992, 26(7): 1327-1333.

[104] Chen J J, Yeh H H. The mechanisms of potassium permanganate on algae removal [J]. Water Research, 2005, 39(18): 4420-4428.

[105] Rodríguez E, Majado M E, Meriluoto J, et al. Oxidation of microcystins by permanganate: Reaction kinetics and implications for water treatment [J]. Water Research, 2007, 41(1): 102-110.

[106] Lee E S, Seol Y, Fang Y C, et al. Destruction efficiencies and dynamics of reaction fronts asscoiated with the permanaganate oxidation of trichloroethylene [J]. Environmental Science & Technology, 2003, 37(11): 2540-2546.

[107] Waldemer R H, Tratnyek P G. Kinetics of contaminant degradation by permanganate [J]. Environmental Science & Technology, 2006, 40(3): 1055-1061.

[108] Hu L, Martin H M, Bulted O A, et al. Oxidation of carbamazepine by Mn(Ⅶ) and Fe(Ⅵ): Reaction kinetics and mechanism [J]. Environmental Science & Technology, 2009, 43(2): 509-515.

[109] Hunkeler D, Aravena R, Parker B L. Monitoring oxidation of chlorinated ethenes by permanganate in groundwater using stable isotopes: Laboratory and field studies [J]. Environmental Science & Technology, 2003, 37(4): 798-804.

[110] Yan Y E, Schwartz F W. Kinetics and mechanism for TCE oxidation by permanganate [J]. Environmental Science & Technology, 2000, 34(12): 2535-2541.

[111] Kim K, Gurol M D. Reaction of nonaqueous phase TCE with permanganate [J]. Environmental Science & Technology, 2005, 39(23): 9303-9308.

[112] Damm J H, Hardacre C, Kalin R M, et al. Kinetics of the oxidation of methyl tert-butyl ether (MTBE) by potassium permanganate [J]. Water Research, 2002, 36(14): 3638-3646.

[113] Huang K C, George E H, Pradeep C, et al. Kinetics and mechanism of oxidation of tetrachloroethylene with permanganate [J]. Chemosphere, 2002, 46(6): 815-825.

[114] Hu L, Martin H M, Strathmann T J. Oxidation kinetics of antibiotics during water treatment with potassium permanganate [J]. Environmental Science & Technology, 2010, 44(16): 6416-6422.

[115] Hu L, Stemig A M, Wammer K H, et al. Oxidation of antibiotics during water treatment with potassium permanganate: Reaction pathways and deactivation [J]. Environmental Science & Technology, 2011, 45(8): 3635-3642.

[116] Ulrich H J, Stone A T. The oxidation of chlorophenols adsorbed to manganese oxide surfaces [J]. Environmental Science & Technology, 1989, 23(4): 421-428.

[117] Stone A T, Morgan J J. Reduction and dissolution of manganese (Ⅲ) and manganese (Ⅳ) oxides by organics: 2. Survey of the reactivity of organics [J]. Environmental Science & Technology, 1984, 18(8): 617-624.

[118] Stone A T, Morgan J J. Reduction and dissolution of manganese (Ⅲ) and manganese (Ⅳ) oxides by organics. 1. Reaction with hydroquinone [J]. Environmental Science & Technology, 1984, 18(6): 450-456.

[119] Zhang H, Huang C. Oxidative transformation of triclosan and chlorophene by manganese oxides [J]. Environmental Science & Technology, 2003, 37(11): 2421-2430.

[120] 赵玲. 二氧化锰体系下氯酚的非生物转化研究 [D]. 北京:中国科学院, 2006.

[121] Laha S, Luthy R G. Oxidation of aniline and other primary aromatic amines by manganese dioxide [J]. Environmental Science & Technology, 1990, 24(3): 363-373.

[122] Stone A T. Reductive dissolution of manganese(Ⅲ/Ⅳ) oxides by substituted phenols [J]. Environmental Science & Technology, 1987, 21(10): 979-988.

[123] Rubert K F, Pedersen J A. Kinetics of oxytetracycline reaction with a hydrous manganese oxide [J]. Environmental Science & Technology, 2006, 40(23): 7216-7221.

[124] Zhang H, Huang C H. Oxidative transformation of triclosan and chlorophene by manganese oxides [J]. Environmental Science & Technology, 2003, 37(11): 2421-2430.

[125] Huangfu X, Jiang J, Ma J, et al. Aggregation kinetics of manganese dioxide colloids in aqueous solution: Influence of humic substances and biomacromolecules [J]. Environmental Science & Technology, 2013, 47(18): 10285-10292.

[126] 李圭白, 杨艳玲, 李星, 等. 锰有机物净水技术 [M]. 北京:中国建筑工业出版社, 2006.

# 2 $KMnO_4$氧化降解有机污染物的动力学规律

$KMnO_4$作为一种绿色氧化剂，通过加成、电子交换、氧转移反应高效地氧化降解一些含有不饱和官能团的有机物[1-11]，且原位生成的低价态锰在某些条件下还具有强化$KMnO_4$除污染的作用[4,5,12-15]；同时$KMnO_4$具有运输、储存、操作方便，易于大规模应用，氧化后不易产生有毒有害副产物的特点。因此，$KMnO_4$对水中有机污染物的氧化去除具有比较突出的优势且具有广泛的应用前景。

## 2.1 $KMnO_4$氧化降解酚类有机物的动力学规律及模型

### 2.1.1 $KMnO_4$氧化降解雌激素类有机物的动力学规律及与其他氧化剂的对比

雌激素类有机物在水环境中的频繁检出引起了人们对水生生态环境和人类健康的担忧[16]。研究结果表明，痕量的雌激素就能够改变野生动物的内分泌功能[17,18]。城市污水处理厂出水是水环境中雌激素的主要来源，虽然污水中大部分的雌激素通过生物氧化和吸附可以被去除，但是仍然有一定数量的雌激素随出水排入到水环境中[19,20]。因此，如何处理和控制雌激素成为国内外研究的热点问题之一[21-23]。

各种氧化剂，如$O_3$、二氧化氯（$ClO_2$）、HClO、高铁酸钾（$K_2FeO_4$），被应用于水处理过程中雌激素类污染物的氧化处理并得到很好的去除效果[24-29]。Lee等[28]利用这些氧化剂氧化降解类固醇雌激素 17$\alpha$-乙炔基雌二醇（EE2），发现氧化后雌激素活性明显降低，且二级反应速率常数受pH影响较大。然而，关于$KMnO_4$与雌激素氧化反应动力学的研究却少之又少。因此，本节以几种典型雌激素（图2-1）为例，研究$KMnO_4$氧化降解雌激素类有机物的动力学规律。

雌酮(E1)　　$\beta$-雌二醇(E2)　　雌三醇(E3)　　17$\alpha$-乙炔基雌二醇(EE2)

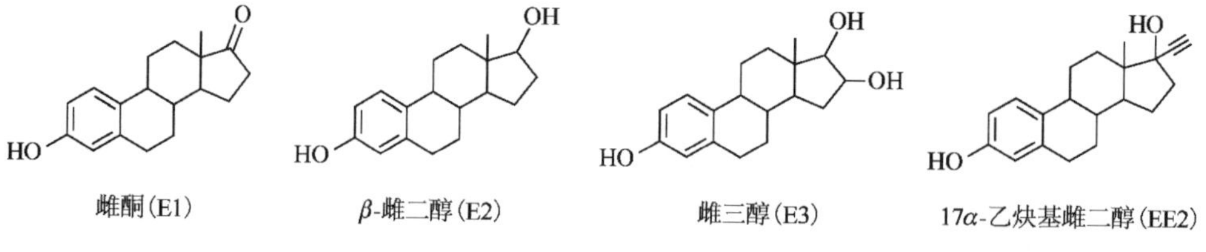

图2-1　几种典型雌激素的结构式

#### 2.1.1.1 $KMnO_4$氧化降解雌激素类有机物的动力学规律

图 2-2 给出了不同 pH（5～10）条件下 $KMnO_4$氧化降解雌激素（E1、E2、E3、EE2）的动力学曲线（$KMnO_4$浓度为 3～60μmol/L，雌激素浓度为 0.3μmol/L）。从图 2-2 中可以看出，在 $KMnO_4$浓度是雌激素浓度 10 倍的条件下，雌激素的氧化降解符合假一级动力学规律，直线的斜率为假一级速率常数 $K_{obs}$。

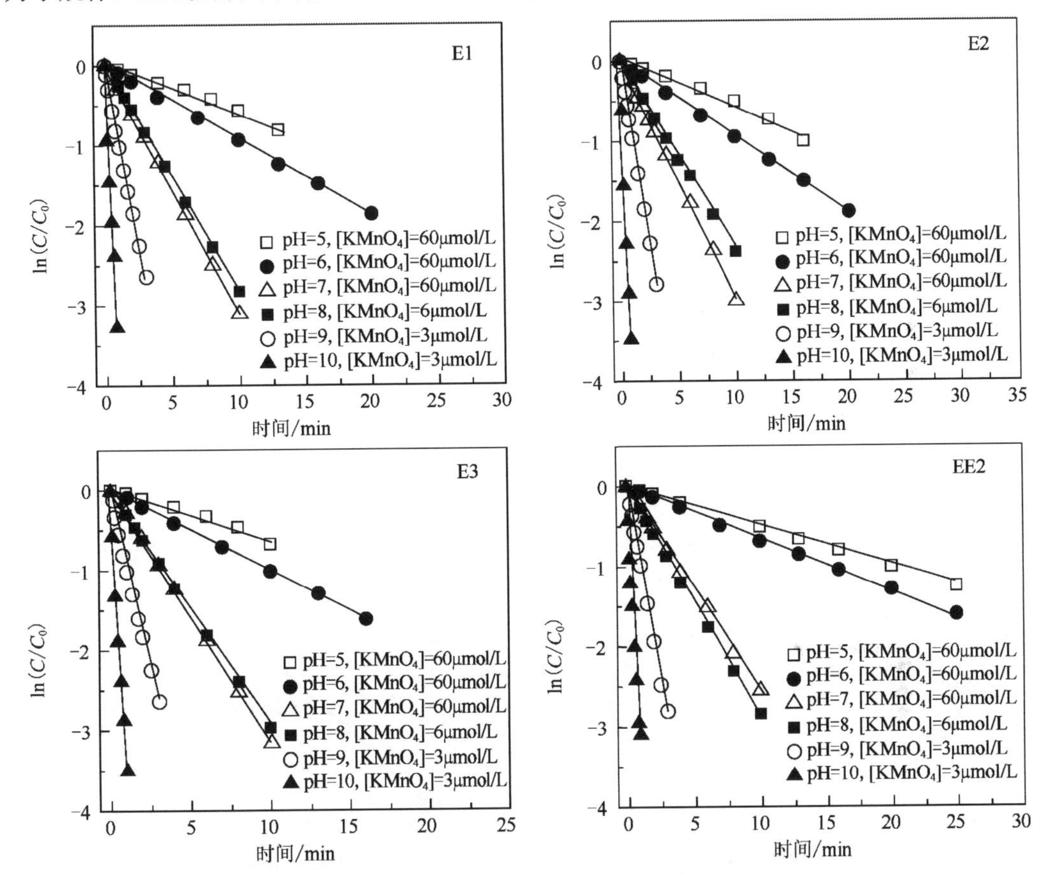


图 2-2 $KMnO_4$氧化降解雌激素类污染物的动力学规律

图 2-3 以 E2 为例，给出了假一级速率常数 $K_{obs}$与 $KMnO_4$浓度的关系，从图中可以看出，假一级速率常数随着 $KMnO_4$浓度的增加呈线性增加。$KMnO_4$与雌激素的反应可以用式（2-1）进行描述，其中 $k$ 为二级反应速率常数，可以通过 $KMnO_4$浓度与假一级速率常数获得，在图 2-3 中每条直线的斜率即为该 pH 条件下 $KMnO_4$氧化降解 E2 的二级反应速率常数。二级反应速率常数表征的是在一定条件下 $KMnO_4$与有机物反应速度的快慢，是物质本身固有的性质，与有机物的结构特征有很大的关系。

$$-\frac{\mathrm{d}[雌激素]}{\mathrm{d}t}=K_{\mathrm{obs}}[雌激素]=k[\mathrm{Mn(VII)}][雌激素] \qquad (2\text{-}1)$$

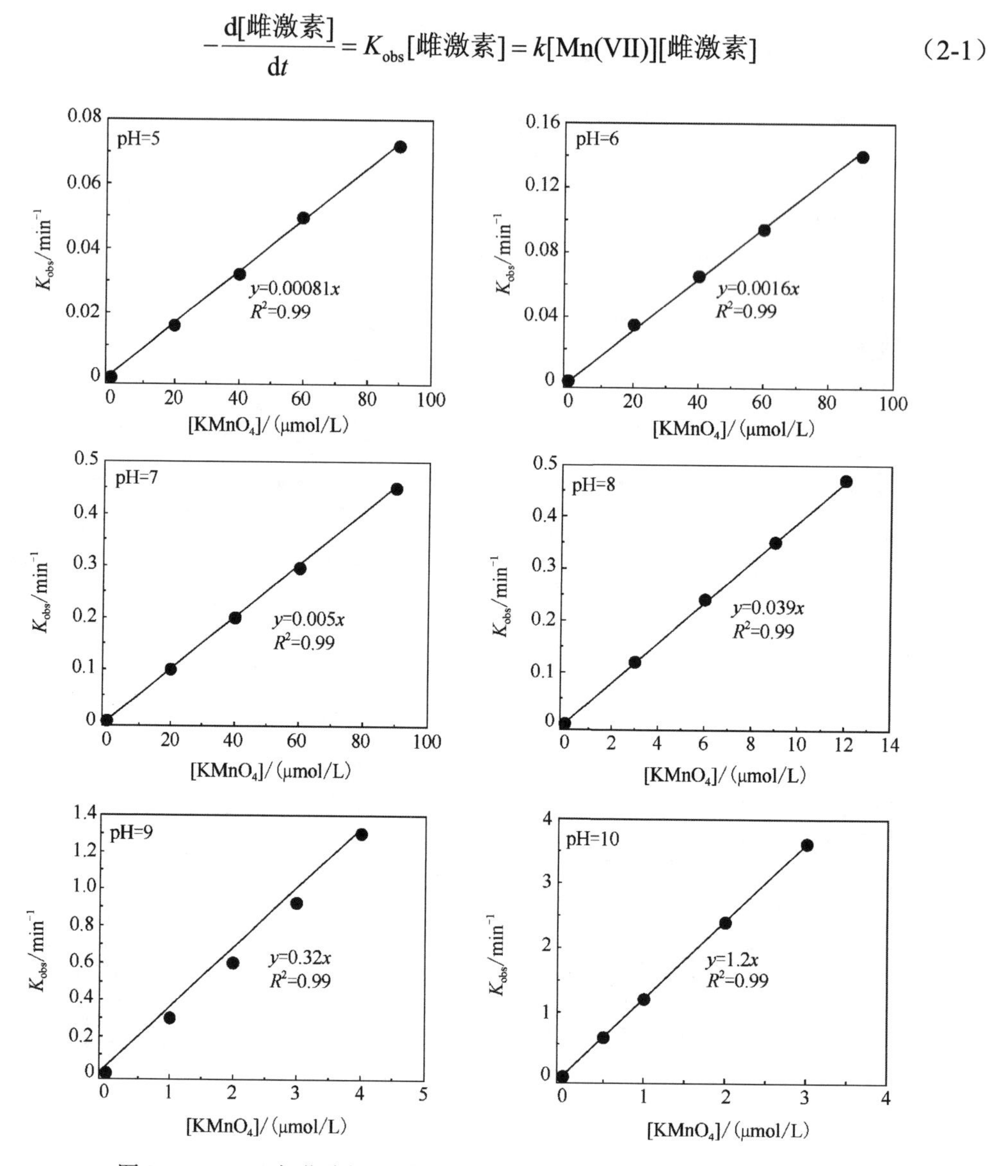


图 2-3　$KMnO_4$氧化降解 E2 的假一级速率常数与$KMnO_4$浓度的关系

图 2-4 给出了不同 pH 条件下$KMnO_4$氧化降解几种雌激素的二级反应速率常数 $k$，从图中可以看出，二级反应速率常数受 pH 影响较大，随着 pH 的升高二级反应速率常数逐渐增加，几种雌激素 E1、E2、E3、EE2 的 $pK_a$为 10.4～10.8，pH 越接近 $pK_a$时，二级反应速率常数越大。这一实验现象与 $K_2FeO_4$氧化降解酚类有机物相似[26]，推测其机理主要是在反应过程中 $KMnO_4$首先与分子态雌激素形成氧化络合物，然后形成的络合物再去氧化水中离子态的雌激素。在低 pH 条件下，形成的络合物多，而离子态雌激素少，所以雌激素的氧化降解速率慢，随着 pH 的升高，越接近 $pK_a$时，形成的络合物

与离子态雌激素浓度相当，所以雌激素的降解速率最快[6]。

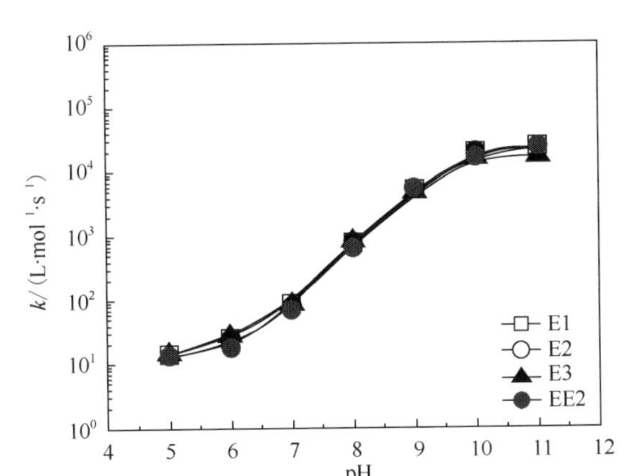


图 2-4 $KMnO_4$氧化降解雌激素的二级反应速率常数

### 2.1.1.2 不同氧化剂氧化降解雌激素类有机物的动力学对比

将 $KMnO_4$氧化降解雌激素（E1、E2、E3、EE2）的二级反应速率常数与其他几种水处理常见氧化剂 $K_2FeO_4$、HClO、$O_3$、$ClO_2$进行对比[6]，见图 2-5。从图2-5 中可以看到，$O_3$对雌激素的氧化速率远远高于其他几种氧化剂，氧化降解速度非常快，与 $KMnO_4$的氧化规律一致，随着 pH 的升高氧化速率逐渐加快，在高 pH 条件下氧化速率快。HClO 氧化降解雌激素时，在低 pH 条件下氧化速率比较低，随着 pH 的升高先增加而后略有降低，在中性条件下氧化效果比较好。$K_2FeO_4$氧化降解雌激素时，在酸性条件下氧化速率比较快，在中性条件下相对慢些。通过对比几种氧化剂 $KMnO_4$、$K_2FeO_4$、HClO、$O_3$、$ClO_2$ 氧化降解雌激素（E1、E2、E3、EE2）发现，在中性条件下，$KMnO_4$ 的二级反应速率常数与 $K_2FeO_4$、HClO 相当，但远低于 $O_3$。

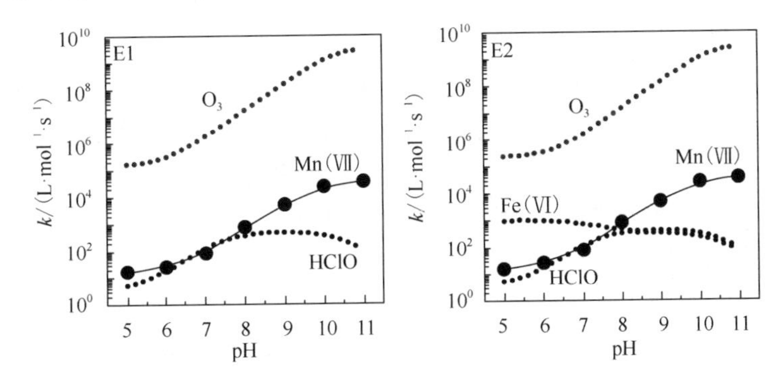

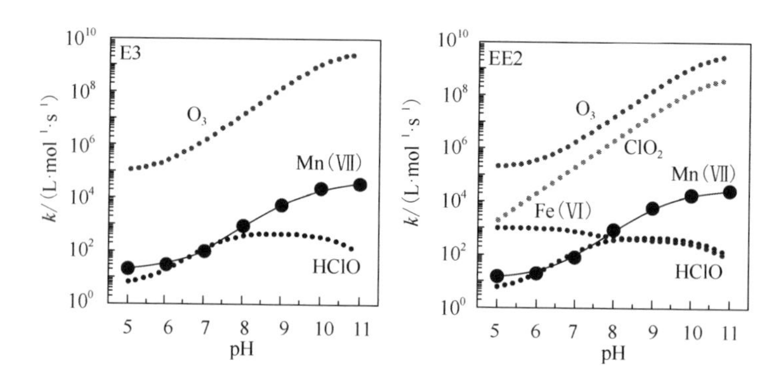


图 2-5 不同氧化剂氧化降解雌激素类有机物的二级反应速率常数对比

### 2.1.2 $KMnO_4$氧化降解消毒剂 TCS 的动力学规律

近年来，各种化学氧化技术被应用于水处理过程中 TCS 的氧化控制。虽然 $Cl_2$ 消毒能够快速地将其转化，但 $Cl_2$ 与酚类有机物反应会形成氯代副产物，进一步危害饮用水水质安全[30]。$O_3$ 能够高效地氧化去除水中 EDCs/PPCPs，与 TCS 的二级反应速率常数为 $3.8\times10^7$ $L\cdot mol^{-1}\cdot s^{-1}$（pH=7），且能够快速降低其生物活性，但当水中存在溴离子时，$O_3$ 氧化后会形成溴酸盐副产物[31]。$K_2FeO_4$ 作为一种环境友好型氧化剂，能够有效地氧化去除水中部分 EDCs/PPCPs，与 TCS 的二级反应速率常数为 $1.1\times10^3$ $L\cdot mol^{-1}\cdot s^{-1}$（pH=7）[26]，但由于 $K_2FeO_4$ 制备复杂且不易保存的缺点使其很难进行大规模应用。$KMnO_4$ 作为绿色化学氧化剂，可以高效地氧化降解一些含有不饱和官能团的 EDCs/PPCPs，且原位生成的低价态锰在某些条件下还具有强化 $KMnO_4$ 除污染的作用[5,6]；同时 $KMnO_4$ 具有运输、储存、操作方便，易于大规模应用，氧化后不易产生有毒有害副产物的特点。因此，$KMnO_4$ 对水中 TCS 的氧化去除具有比较突出的优势且具有广泛的应用前景。

图 2-6 给出了不同 pH 条件下 $KMnO_4$ 氧化降解 TCS 的动力学曲线［图 2-6（a）中 $KMnO_4$ 和 TCS 的浓度分别为 60 μmol/L 和 6 μmol/L］。从图 2-6（a）中可以看出，在 $KMnO_4$ 浓度是 TCS 浓度 10 倍的条件下，TCS 的氧化降解符合假一级动力学规律，直线的斜率即为假一级速率常数 $K_{obs}$，且假一级速率常数随着 $KMnO_4$ 浓度的增加呈线性增加，见图 2-6（b）。$KMnO_4$ 与 TCS 的反应可以用式（2-2）进行描述，其中 $k$ 为二级反应速率常数，可以通过 $KMnO_4$ 浓度与假一级速率常数获得，在图 2-6（b）中每条直线的斜率即为该 pH 条件下 $KMnO_4$ 氧化降解 TCS 的二级反应速率常数，二级反应速率常数的变化规律见图 2-6（c）。从图 2-6（c）中可以看出，二级反应速率常数受 pH 影响较大，随着 pH 的升高先增加而后降低，在 pH=8 时最大，TCS 的 $pK_a$ 为 8.1，即 pH 越接近 TCS 的 $pK_a$ 时二级反应速率常数越大。这一实验现象的机理推测与 $K_2FeO_4$ 氧化降解酚类有机物的机理相似[26]，在反应过程中 $KMnO_4$ 首先与分子态 TCS 形成氧化络合物，然后形成的络合物再去氧化水中离子态的 TCS。在低 pH 条件下，形成的络合物多，而离子态 TCS 少，所以 TCS 的氧化降解速率慢；在高 pH 条件下，形成的络合物少，而离子态 TCS 多，TCS 的氧化降解速率也慢；而在 pH 接近 $pK_a$ 时，形成的络合物与离

子态 TCS 浓度相当，所以 TCS 的降解速率最快[4]。

$$-\frac{d[TCS]}{dt}=K_{obs}[TCS]=k[Mn(VII)][TCS] \tag{2-2}$$

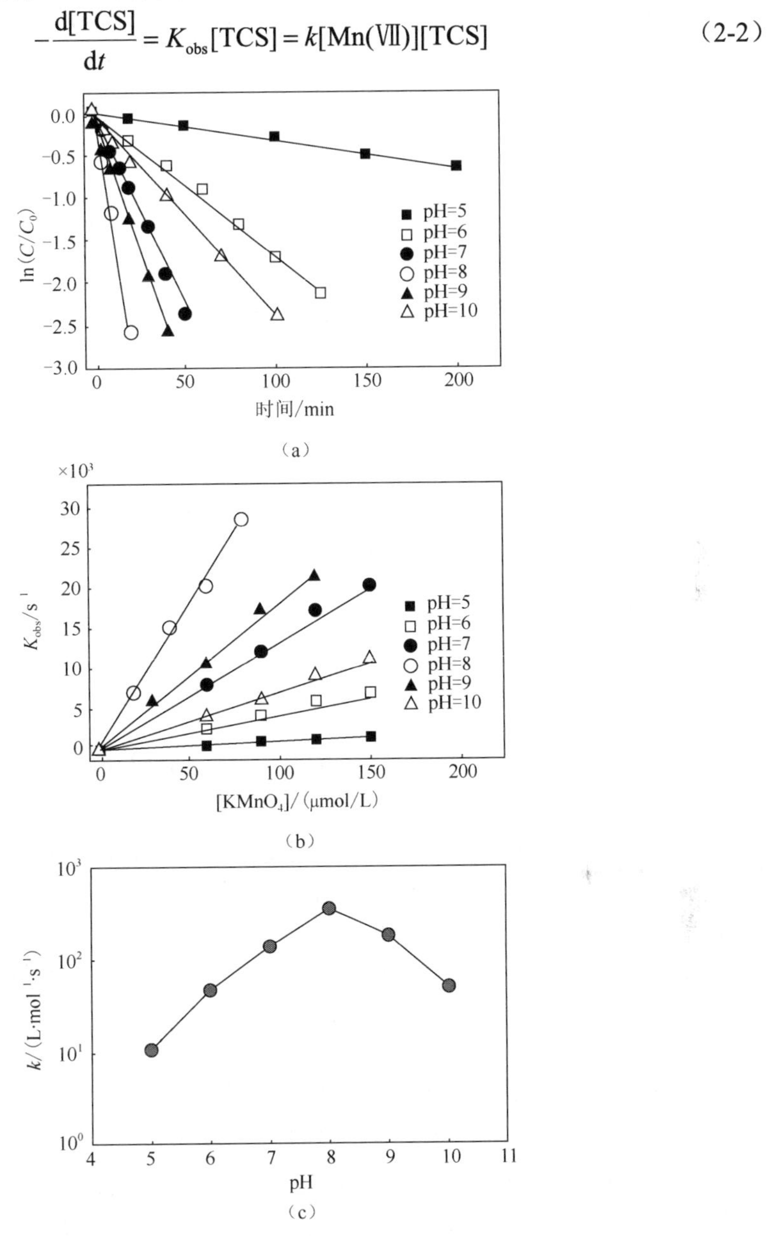


图 2-6 $KMnO_4$氧化降解 TCS 的动力学规律

### 2.1.3 $KMnO_4$氧化降解阻燃剂 TBrBPA 和 TClBPA 的动力学规律

四溴双酚 A [4,4′-异亚丙基双(2,6-二溴苯酚)，以下简称 TBrBPA]和四氯双酚 A[4,4′-亚异丙基双(2,6-二氯酚)，以下简称 TClBPA]是 BPA 的卤代衍生物，作为卤代阻燃剂，被广泛用于建材、涂料、塑料制品、电路板中，并用作聚合物、环氧树脂和聚碳酸酯树脂、耐冲性聚苯乙烯、酚醛树脂、黏合剂的添加剂[32,33]。TBrBPA 和 TClBPA 对化学纤维的优良阻燃性，使其用途不断增加，应用范围不断扩大，2005 年全球年产量近万吨[34]。大量的生产与使用导致其在水体中被频繁检出，对人体健康和生态环境造成危害[35]。

尽管目前对 TBrBPA 和 TClBPA 的毒理研究尚不完善，但已确定其具有雌激素性质，是一种潜在的、具有持久性生物累积性和毒性的有机污染物，能够干扰生物的内分泌系统[36,37]。因此，需要利用有效的处理技术对水环境中 TBrBPA 和 TClBPA 进行控制。Eriksson[38]等研究了光化学方法降解 TBrBPA 的反应速率和氧化产物，pH=8 时 TBrBPA 的分解速率（$0.65\times10^{-3}\ s^{-1}$）是 pH=6（$0.12\times10^{-3}\ s^{-1}$）时的 5.4 倍，氧化产物主要是 3 个异丙基衍生物［4-(2-异丙基)-2,6-二溴苯酚、4-异丙基-2,6-二溴苯酚和 4-(2-羟基异丙基)-2,6-二溴苯酚］。Horikoshi[35]等在碱性条件下利用 UV/$TiO_2$ 氧化降解 TBrBPA 和 TClBPA，TBrBPA 和 TClBPA 2h 内可以完全降解和脱卤，5h 内矿化率能够达到 45%～60%。Lin[39]等利用 $MnO_2$ 氧化降解 TBrBPA，反应 5min 内 TBrBPA 降解了 50%，反应 60min 去除率可以达到 90% 以上，并给出了氧化产物及反应机理。Voordeckers[40]等的研究结果表明，TBrBPA 在产甲烷条件下，55 天内完全降解，并产生等化学当量的 BPA，然后 BPA 不再被进一步降解。而 TClBPA 在产甲烷条件下，完全降解需要 112 天，且产物主要为二氯-BPA 和一氯-BPA，未检测出 BPA。由此可见，化学氧化方法是降解 TBrBPA 和 TClBPA 的有效处理技术。

图 2-7 给出了不同 pH（5～10）条件下 $KMnO_4$ 氧化降解 TBrBPA 和 TClBPA 的动力学规律（$[KMnO_4]_0$>>[ TBrBPA]$_0$ 或[ TClBPA]$_0$）。从图 2-7（a）中可以看出，TBrBPA 和 TClBPA 的氧化降解符合假一级动力学规律，直线的斜率即为该 $KMnO_4$ 浓度下的假一级速率常数 $K_{obs}$。同时假一级速率常数随着 $KMnO_4$ 浓度的增加呈线性增加，结果见图 2-7（b）。

$KMnO_4$ 与 TBrBPA 和 TClBPA 的反应可以用式（2-3）进行描述，如下：

$$-\frac{d[\text{TBrBPA或TClBPA}]}{dt}=K_{obs}[\text{TBrBPA或TClBPA}] \\ =k[\text{Mn(VII)}][\text{TBrBPA或TClBPA}] \tag{2-3}$$

其中，$k$ 为二级反应速率常数，能够通过 $KMnO_4$ 浓度与假一级速率常数获得，即图 2-7（b）中每条直线的斜率就是该 pH 条件下 $KMnO_4$ 氧化降解 TBrBPA 和 TClBPA 的二级反应速率常数 $k$，具体结果见图 2-7（c）。从图 2-7（c）中可以清楚地看出，二级反应速率常数受 pH 影响较大，随着 pH 的升高先增加而后降低，在 pH=8 附近最大，即 pH 越接近 TBrBPA 和 TClBPA 的 p$K_a$(7.5/8.5)时二级反应速率常数越大。

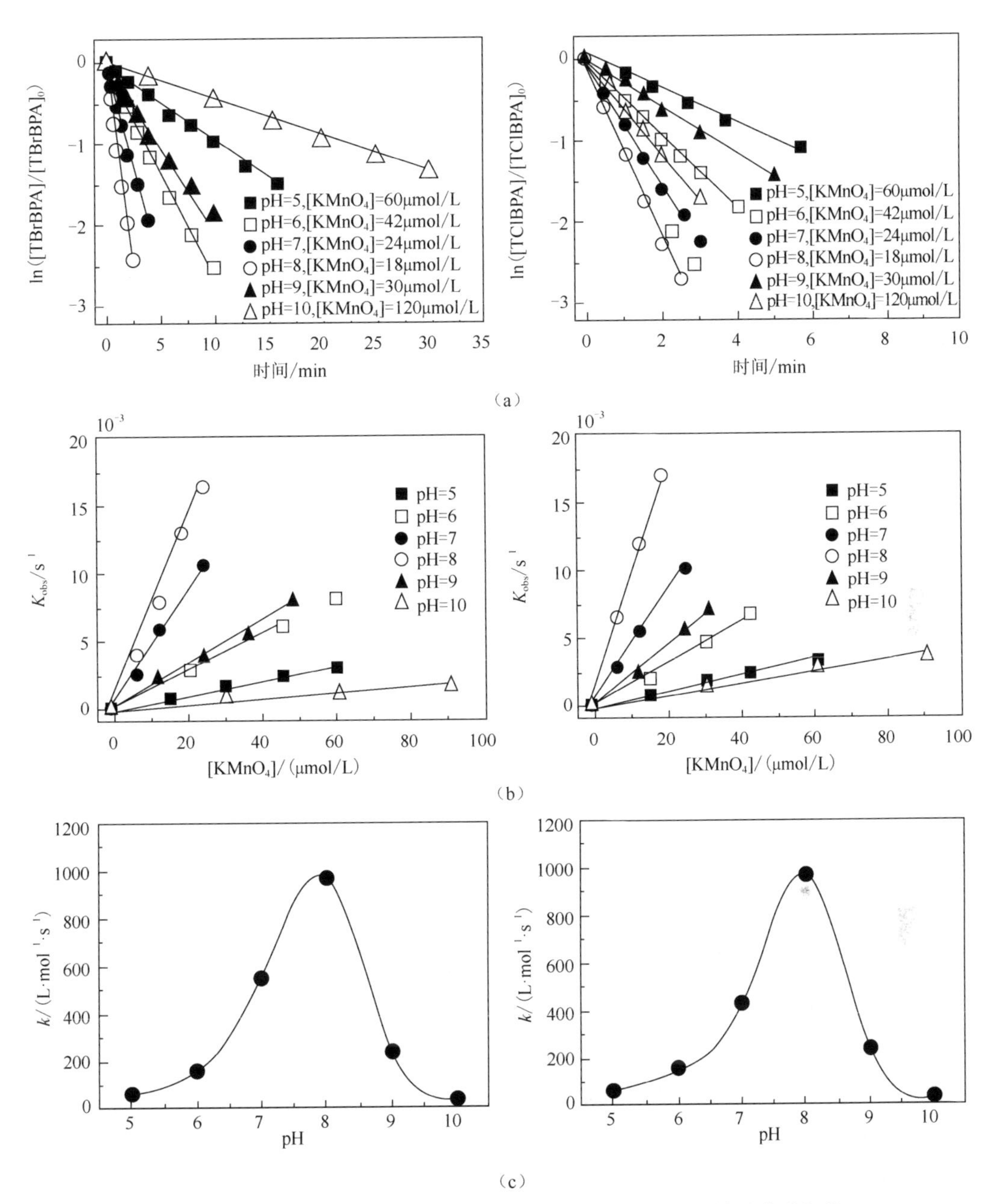


图 2-7　$KMnO_4$氧化降解 TBrBPA（左）和 TClBPA（右）的动力学规律

$KMnO_4$氧化降解 TBrBPA 和 TClBPA 的反应机理与 $K_2FeO_4$氧化降解酚类有机物的机理相似[26]。首先，$KMnO_4$[Mn(Ⅶ)]与分子态的 TBrBPA 和 TClBPA 反应形成氧化络合物 Mn(Ⅶ)-TBrBPA 和 Mn(Ⅶ)-TClBPA；然后，产生的络合物 Mn(Ⅶ)-TBrBPA 和 Mn(Ⅶ)-TClBPA 再氧化降解水中离子态的 TBrBPA 和 TClBPA。低 pH 条件下，产生的氧化络合物 Mn(Ⅶ)-TBrBPA 和 Mn(Ⅶ)-TClBPA 多，离子态 TBrBPA 和 TClBPA 少，导

致反应中 TBrBPA 和 TClBPA 的氧化降解速率慢；而高 pH 条件下，形成的氧化络合物 Mn(Ⅶ)-TBrBPA 和 Mn(Ⅶ)-TClBPA 少，离子态 TBrBPA 和 TClBPA 多，导致 TBrBPA 和 TClBPA 的氧化降解速率也慢；只有当 pH 在 TBrBPA 和 TClBPA 的 p$K_a$ 附近时，产生的氧化络合物 Mn(Ⅶ)-TBrBPA 和 Mn(Ⅶ)-TClBPA 与离子态 TBrBPA 和 TClBPA 浓度相当，TBrBPA 和 TClBPA 的氧化降解速率才最快[7]。

### 2.1.4 $KMnO_4$ 氧化降解卤代酚类有机物的动力学规律

卤代酚类有机物被广泛用作木材、染料、植物纤维、皮革等的杀菌剂和防腐剂，普遍的使用导致地表水中卤代污染物含量增加[41,42]。大量存在的卤代酚类污染物自身毒性高且能够危害人类身体健康和水生生态环境[43-45]。同时，溴酚能够引起饮用水的嗅味问题，而且嗅阈值非常低，只有纳克每升范围[46]。2,4-二氯酚（2,4-DClP）能够引起细胞毒性和改变抗氧化物酶的活性[47,48]，并且作为广谱抗菌剂 TCS、农药 2,4-D 转化的中间产物，经常在地表水环境中被检出[49,50]。因此，水环境中卤代酚类污染物的处理引起了人们的广泛关注。各种化学氧化技术，如光催化[44,48,50,51]、Fenton 反应[42,52]、电化学[53]、$O_3$ 氧化[43,54]、$K_2FeO_4$ 氧化[55,56]、$MnO_2$ 氧化[57]等被用于水中卤代酚类有机污染物的氧化去除，并取得很好的处理效果。

本研究选取了一系列典型卤代酚类有机物作为目标物，建立了 $KMnO_4$ 氧化的反应动力学，考察 pH 对动力学规律的影响，所得 $KMnO_4$ 氧化降解卤代酚类有机物的二级反应速率常数 $k$ 见图 2-8。从图 2-8 中可以看出，二级反应速率常数受 pH 影响较大。二级反应速率常数随着 pH 的升高先增加而后降低，存在一个最大值点，即 pH 接近有机物的 p$K_a$ 时二级反应速率常数最大。

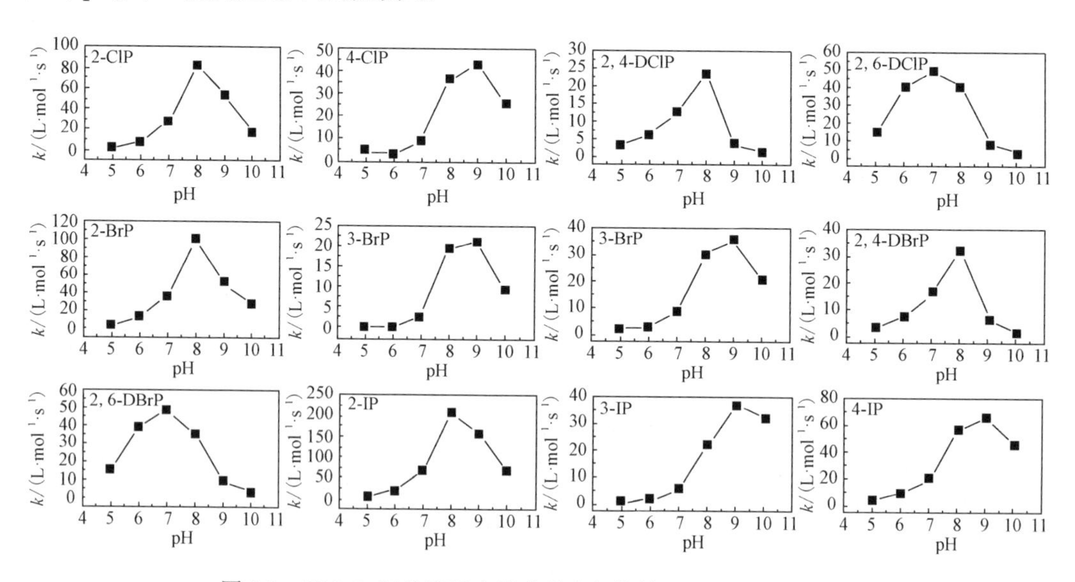


图 2-8 $KMnO_4$ 氧化降解卤代酚类有机物的二级反应速率常数

### 2.1.5 $KMnO_4$氧化降解酚类有机物的动力学模型

为了描述$KMnO_4$氧化降解酚类有机物的二级反应速率常数$k$随pH的变化规律，利用了以下两个反应机理模型[58,59]。

在模型Ⅰ中，Stewart和MacPhee[58]假设羟基环己烷羧酸（HA）与$KMnO_4$[Mn(Ⅶ)]发生反应，形成一个中间体Mn(Ⅶ)-AH，这个中间体电离生成$Mn(Ⅶ)\text{-}A^-$，见反应式（2-4）～式（2-7）。

$$\mathrm{HA} \xrightleftharpoons{K_{a1}} \mathrm{H^+} + \mathrm{A^-} \tag{2-4}$$

$$\mathrm{Mn(Ⅶ)} + \mathrm{HA} \xrightleftharpoons[k_2]{k_1} \mathrm{Mn(Ⅶ)\text{-}AH} \tag{2-5}$$

$$\mathrm{Mn(Ⅶ)\text{-}AH} \xrightleftharpoons{K_{a2}} \mathrm{Mn(Ⅶ)\text{-}A^-} + \mathrm{H^+} \tag{2-6}$$

$$\mathrm{Mn(Ⅶ)\text{-}A^-} \xrightarrow{k_3} \text{氧化产物} \tag{2-7}$$

反应速率可以表示为

$$\text{反应速率} = k_3[\mathrm{Mn(Ⅶ)\text{-}A^-}] \tag{2-8}$$

对$[\mathrm{Mn(Ⅶ)\text{-}AH}]$和$[\mathrm{Mn(Ⅶ)\text{-}A^-}]$进行稳态假设，得

$$\begin{aligned}&-\frac{\mathrm{d}([\mathrm{Mn(Ⅶ)\text{-}AH}]+[\mathrm{Mn(Ⅶ)\text{-}A^-}])}{\mathrm{d}t}\\ &= k_3[\mathrm{Mn(Ⅶ)\text{-}A^-}] + k_2[\mathrm{Mn(Ⅶ)\text{-}AH}] - k_1[\mathrm{Mn(Ⅶ)}][\mathrm{HA}] \approx 0\end{aligned} \tag{2-9}$$

因为$[\mathrm{Mn(Ⅶ)\text{-}AH}]=[\mathrm{Mn(Ⅶ)\text{-}A^-}][\mathrm{H^+}]/K_{a2}$，所以可以得到

$$[\mathrm{Mn(Ⅶ)\text{-}A^-}] = \frac{k_1[\mathrm{Mn(Ⅶ)}][\mathrm{HA}]}{k_3 + k_2[\mathrm{H^+}]/K_{a2}} \tag{2-10}$$

反应速率可以表示为

$$\text{反应速率} = \frac{k_1 k_3[\mathrm{Mn(Ⅶ)}][\mathrm{HA}]}{k_3 + k_2[\mathrm{H^+}]/K_{a2}} \tag{2-11}$$

根据反应式（2-4），计算可以得到

$$[\mathrm{HA}] = \frac{[\mathrm{H^+}]}{[\mathrm{H^+}] + K_{a1}}[\mathrm{HA}]_{tot} \tag{2-12}$$

$$\text{反应速率} = \frac{k_1 k_3}{(k_3 + k_2[\mathrm{H^+}]/K_{a2})(1 + K_{a1}/[\mathrm{H^+}])}[\mathrm{HA}]_{tot}[\mathrm{Mn(Ⅶ)}] \tag{2-13}$$

因此，二级反应速率常数可以表示为

$$k = \frac{1}{(1/k_1 + [\mathrm{H^+}]a/k_1)(1 + K_{a1}/[\mathrm{H^+}])} \tag{2-14}$$

式中，$a = k_2/(k_3 K_{a2})$。

在模型Ⅱ中，Du 等[59]假设没有发生电离的氯酚（CP）直接被 Mn(Ⅶ)氧化，而中间体 Mn(Ⅶ)-CP⁻ 是由 Mn(Ⅶ)和电离的氯酚（CP⁻）形成的，然后形成的中间体再质子化分解为产物，见反应式（2-15）～式（2-18）。

$$\mathrm{CP} \underset{}{\overset{K_{a3}}{\rightleftharpoons}} \mathrm{CP^-} + \mathrm{H^+} \tag{2-15}$$

$$\mathrm{Mn(VII)} + \mathrm{CP} \xrightarrow{k_4} \text{氧化产物} \tag{2-16}$$

$$\mathrm{Mn(VII)} + \mathrm{CP^-} \underset{k_6}{\overset{k_5}{\rightleftharpoons}} \mathrm{Mn(VII)\text{-}CP^-} \tag{2-17}$$

$$\mathrm{Mn(VII)\text{-}CP^-} \xrightarrow{k_7} \text{氧化产物} \tag{2-18}$$

反应速率可以表示为

$$\text{反应速率} = k_4[\mathrm{Mn(VII)}][\mathrm{CP}] + k_7[\mathrm{Mn(VII)\text{-}CP^-}][\mathrm{H^+}] \tag{2-19}$$

$[\mathrm{Mn(VII)\text{-}CP^-}]$进行稳态假设后，可得

$$\begin{aligned} -\frac{\mathrm{d}[\mathrm{Mn(VII)\text{-}CP^-}]}{\mathrm{d}t} &= k_6[\mathrm{Mn(VII)\text{-}CP^-}] \\ &+ k_7[\mathrm{Mn(VII)\text{-}CP^-}][\mathrm{H^+}] - k_5[\mathrm{Mn(VII)}][\mathrm{CP^-}] \approx 0 \end{aligned} \tag{2-20}$$

因此，反应速率常数可以表示为

$$\text{反应速率} = k_4[\mathrm{Mn(VII)}][\mathrm{CP}] + k_7[\mathrm{H^+}]\frac{k_5[\mathrm{Mn(VII)}][\mathrm{CP^-}]}{k_6 + k_7[\mathrm{H^+}]} \tag{2-21}$$

根据反应式（2-15），计算可以得到

$$[\mathrm{CP}] = \frac{[\mathrm{H^+}]}{[\mathrm{H^+}] + K_{a3}}[\mathrm{CP}]_{\mathrm{tot}} \tag{2-22}$$

$$[\mathrm{CP^-}] = \frac{K_{a3}}{[\mathrm{H^+}] + K_{a3}}[\mathrm{CP}]_{\mathrm{tot}} \tag{2-23}$$

$$\begin{aligned} \text{反应速率} = [&\frac{k_5 k_7}{(k_7[\mathrm{H^+}] + k_6)([\mathrm{H^+}]/K_{a3} + 1)}[\mathrm{H^+}] \\ &+ \frac{k_4}{K_{a3}/[\mathrm{H^+}] + 1}][\mathrm{CP}]_{\mathrm{tot}}[\mathrm{Mn(VII)}] \end{aligned} \tag{2-24}$$

因此，二级反应速率常数可以表示为

$$k = \frac{k_5}{([\mathrm{H^+}] + b)([\mathrm{H^+}]/K_{a3} + 1)}[\mathrm{H^+}] + \frac{k_4}{K_{a3}/[\mathrm{H^+}] + 1} \tag{2-25}$$

式中，$b = k_6/k_7$。

利用模型Ⅰ和模型Ⅱ对 $KMnO_4$ 氧化降解酚类有机物所得的二级反应速率常数进行拟合，见图 2-9。从图 2-9 中可以清楚地看到，两个模型都能够对实验中的数据进行很好的拟合，二级反应速率常数随 pH 变化呈现“全钟型曲线”规律。

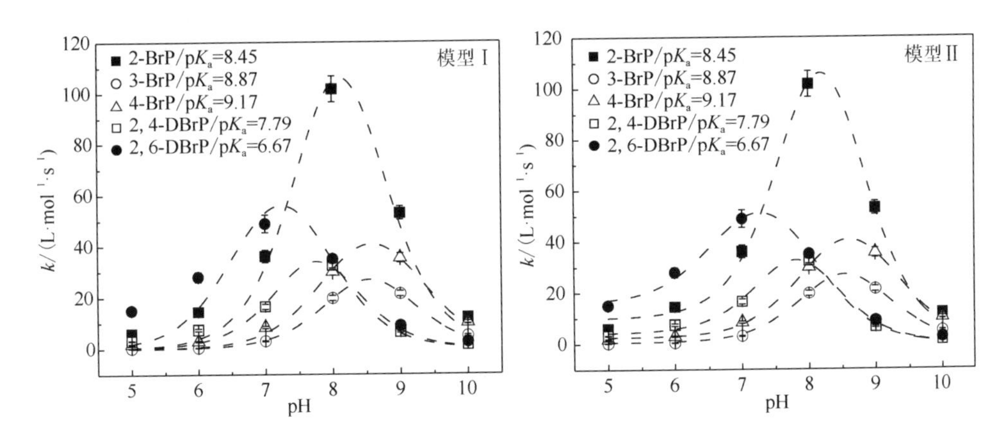


图 2-9　$KMnO_4$ 与几种酚类有机物的二级反应速率常数随 pH 的变化规律

## 2.2　$KMnO_4$ 氧化降解芳胺类有机物的动力学规律及模型

芳胺类有机物是指芳香族有机物苯环上氢原子被氨基（—$NH_3$）取代所生成的有机物，根据氨基和不同种类取代基在苯环上位置的不同可以产生多种性质不同的芳胺类有机物（如卤代苯胺、一级芳香胺、二级芳香胺、三级芳香胺等）。

芳胺类有机物被广泛用于工农业生产中，包括橡胶、染料、杀虫剂和农药等行业。由于芳胺类有机物的生产量大、应用范围广，在水中、土壤中和生物体内被频繁检出[60,61]。芳胺类有机物毒性大，可以通过呼吸和皮肤接触进入人体的血液中，能够与血液形成高铁血红蛋白，损害血液循环系统，同时还会损害肝脏，长期接触芳胺类有机物会使人肌肉抽搐，神经系统受损[62]。

### 2.2.1　$KMnO_4$ 氧化降解芳胺类有机物的动力学规律

#### 2.2.1.1　$KMnO_4$ 氧化降解一级芳胺类有机物的动力学规律

本研究选取了一系列典型一级芳香胺类有机物作为目标物。以磺胺二甲基嘧啶（SM）为例，研究不同 pH 条件下 $KMnO_4$ 氧化降解一级芳香胺类有机物的动力学规律。SM 是一种重要的磺胺类抗生素，其抗菌性强、消炎作用好，被广泛应用于临床、畜牧业及水产养殖业中。但该类药物使用后，大部分以代谢物或原形经排泄物进入污水系统。虽然其在环境中含量小，但其危害大，可在动植物体内转移、转化、蓄积，影响动植物的生长。

图 2-10 给出了不同 pH 条件下 $KMnO_4$ 氧化降解 SM 的动力学曲线，SM 的初始浓

度为 6 μmol/L。从图 2-10 中可以看出，在 pH=5 和 6 条件下，SM 的氧化降解存在明显的自催化现象，即假一级动力学曲线的斜率随着反应时间逐渐增大，推测是反应过程中原位生成的 $MnO_2$ 对 $KMnO_4$ 的氧化降解起到催化促进作用，该条件下的假一级速率常数为初始反应阶段的速率[4,63]。在 pH=7～10、$KMnO_4$ 浓度远远大于 SM 浓度的假一级动力学条件下，SM 的氧化降解遵循假一级动力学规律，直线的斜率为假一级速率常数。

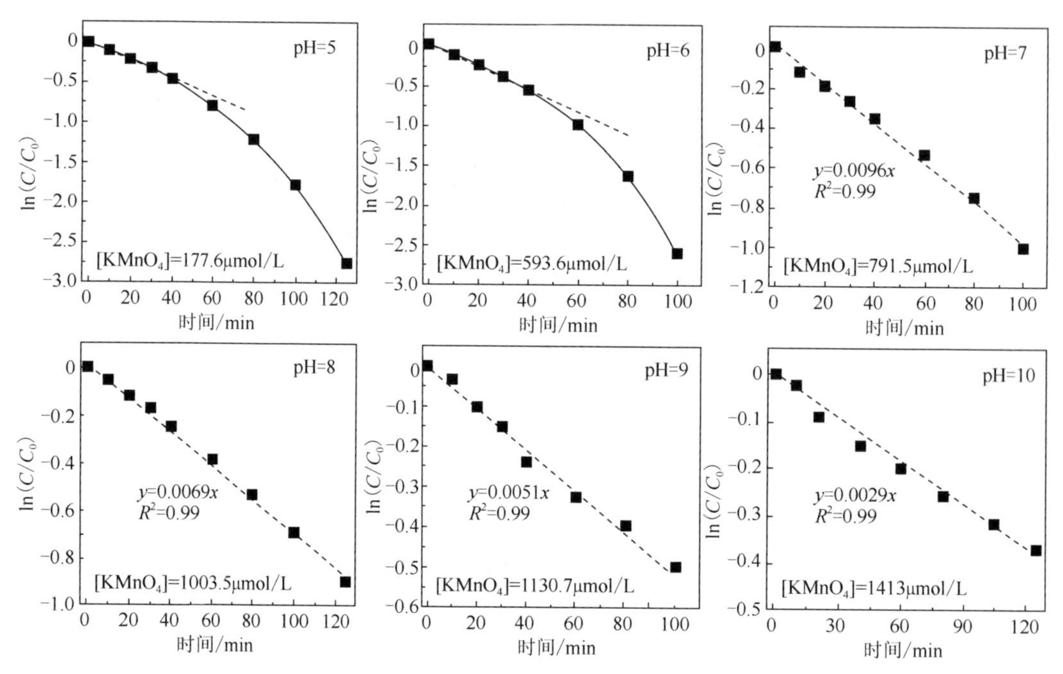


图 2-10 $KMnO_4$ 氧化降解 SM 的动力学规律

图 2-11 给出了 $KMnO_4$ 氧化降解 SM 的假一级速率常数 $K_{obs}$ 与 $KMnO_4$ 浓度的关系，从图 2-11 中可以看出，假一级速率常数随着 $KMnO_4$ 浓度的增加呈线性增加。$KMnO_4$ 与 SM 的反应可以用式（2-26）进行描述，其中 $k$ 为二级反应速率常数，可以通过 $KMnO_4$ 浓度与假一级速率常数 $K_{obs}$ 获得，即图 2-11 中每条直线的斜率为该 pH 条件下 $KMnO_4$ 氧化降解 SM 的二级反应速率常数。

$$-\frac{d[SM]}{dt} = K_{obs}[SM] = k[Mn(VII)][SM] \tag{2-26}$$

图 2-12 给出了不同 pH 条件下 $KMnO_4$ 氧化降解几种典型一级芳胺类有机物的二级反应速率常数 $k$。从图 2-12 中可以看出，二级反应速率常数受 pH 影响较大，随着 pH 的升高，$KMnO_4$ 氧化降解一级芳胺类有机物的二级反应速率常数逐渐降低。pH=5 时，反应速度最快，二级反应速率常数最大。

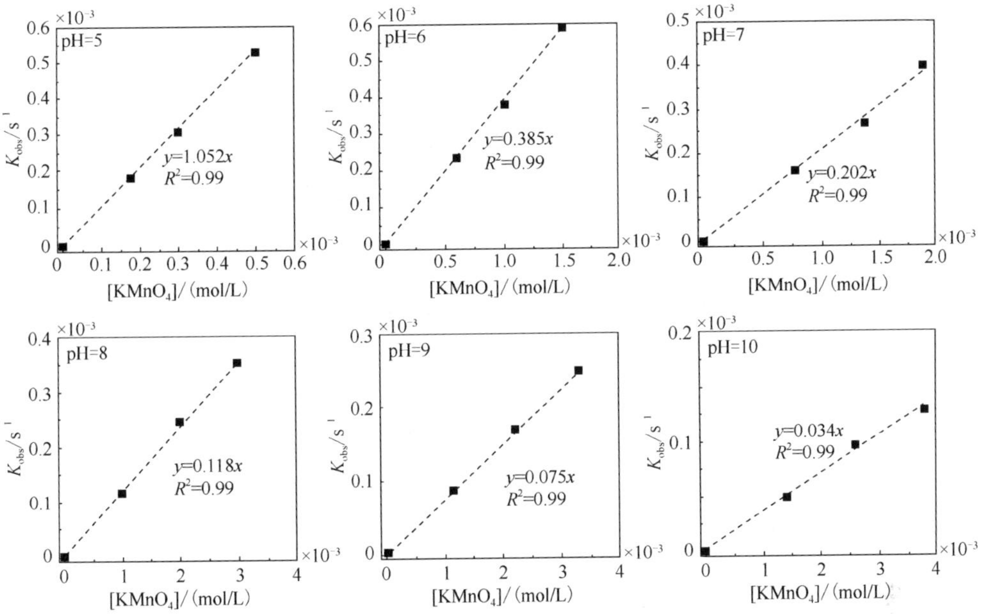

图 2-11 $KMnO_4$氧化降解 SM 的假一级速率常数与$KMnO_4$浓度的关系

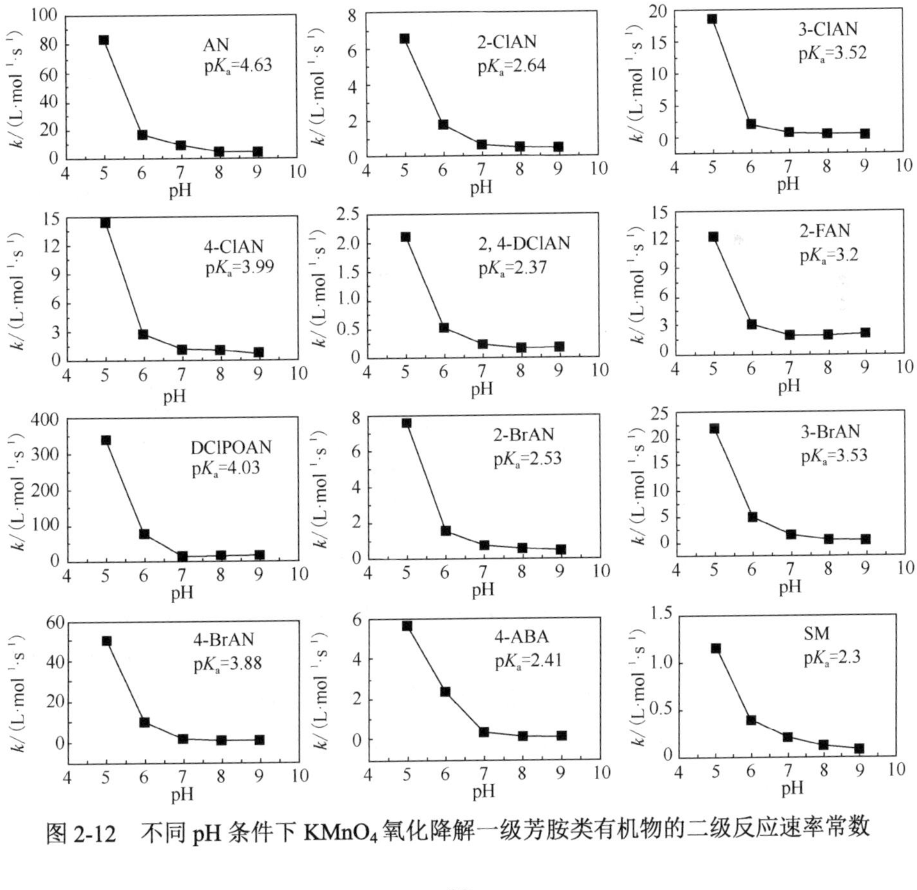

图 2-12 不同 pH 条件下$KMnO_4$氧化降解一级芳胺类有机物的二级反应速率常数

2.2.1.2 $KMnO_4$氧化降解二级芳胺类有机物的动力学规律

本研究选取了几种典型二级芳香胺类有机物作为目标物，以双氯芬酸（DCF）为例，研究不同 pH 条件下 $KMnO_4$ 氧化降解二级芳香胺类有机物的动力学规律。DCF 是一种衍生于苯乙酸的非甾体抗炎药，具有强力的消炎止痛和抗风湿作用，由于其药效强、效果好、所需剂量小等特点，现已成为抗风湿及类风湿性关节炎的最常用药物之一。在医药方面的广泛应用使 DCF 年生产量近千吨，经医药生产、人和动物代谢等多种途径排入水体。由于 DCF 的难降解性，在不同国家和地区水体中被频繁检出，同时 DCF 在受纳水体中可以稳定积累，使其成为一种不容小觑的假持续性污染物。

图 2-13 给出了不同 pH 条件下 $KMnO_4$ 浓度与其氧化降解 DCF 的假一级速率常数 $K_{obs}$ 的关系。从图 2-13 中可以看出，不同 pH 条件下，假一级速率常数随着 $KMnO_4$ 浓度的增加而增加，且呈直线关系，所得直线的斜率为 $KMnO_4$ 氧化降解 DCF 的二级反应速率常数 $k$，表征在一定条件下 $KMnO_4$ 与 DCF 反应速度的快慢。

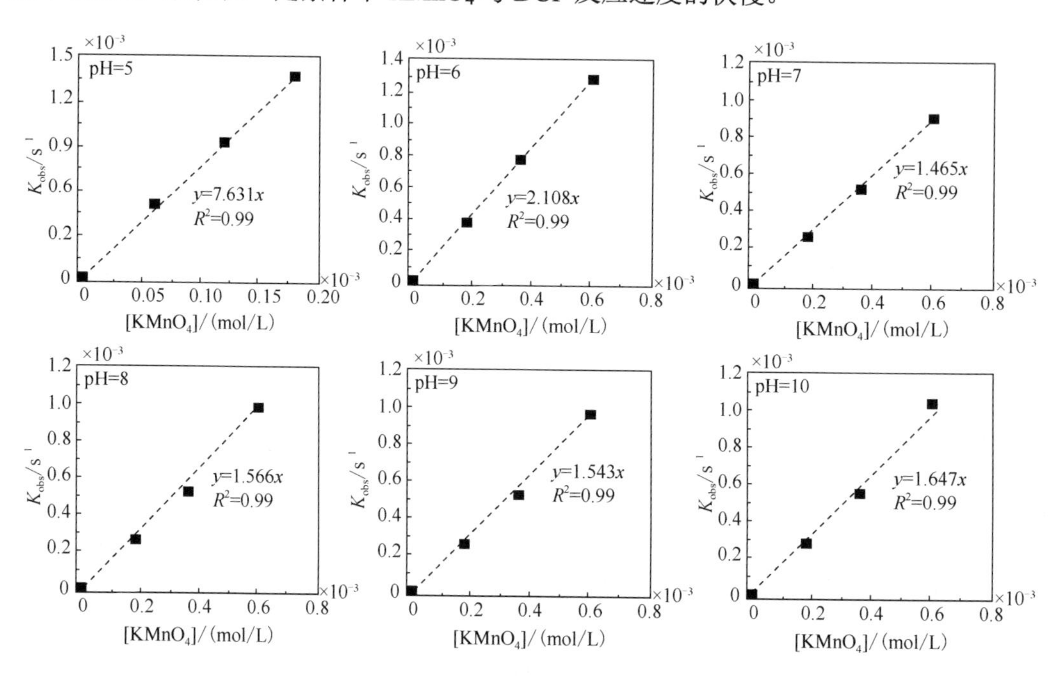


图 2-13 $KMnO_4$ 氧化降解 DCF 的假一级速率常数与 $KMnO_4$ 浓度的关系

本研究建立了 $KMnO_4$ 氧化降解所选择的二级芳香胺类有机物的反应动力学，考察了 pH 对动力学规律的影响，所得 $KMnO_4$ 氧化降解二级芳香胺类有机物的二级反应速率常数 $k$ 见图 2-14。从图 2-14 中可以清晰地看出，随着 pH 的升高，$KMnO_4$ 氧化降解二级芳香胺类有机物的二级反应速率常数逐渐降低。pH=5 时，反应速度最快，二级反应速率常数最大。

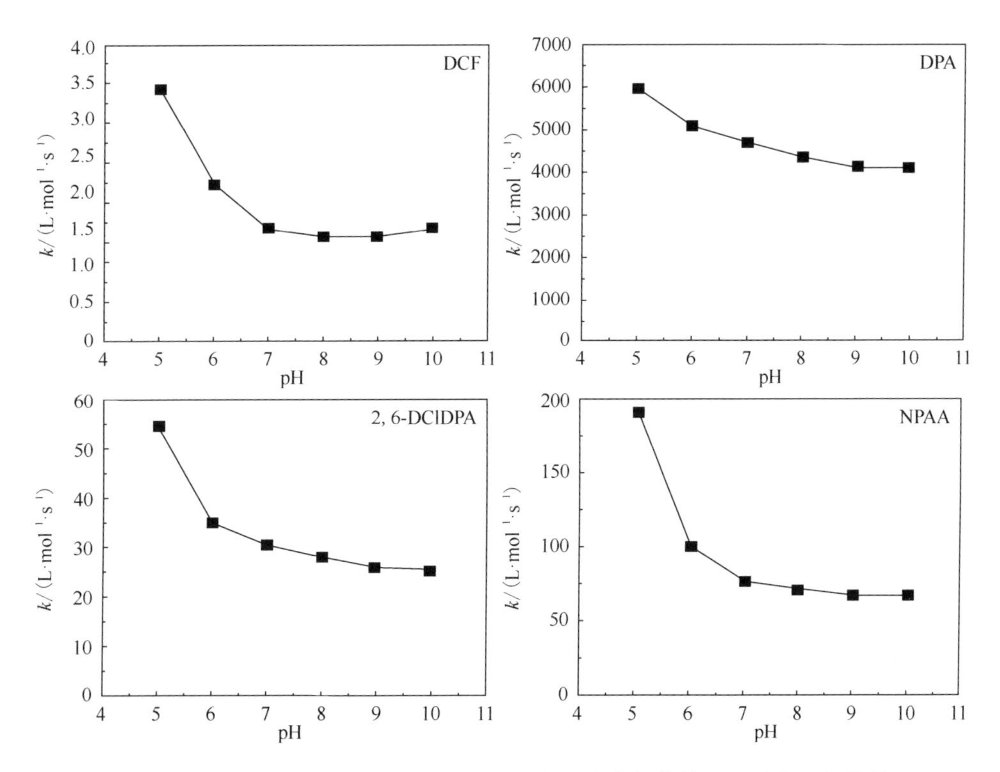


图 2-14 不同 pH 时 $KMnO_4$ 氧化降解二级芳胺类有机物的二级反应速率常数

#### 2.2.1.3 $KMnO_4$氧化降解三级芳胺类有机物的动力学规律

本研究选取了几种典型三级芳香胺类有机物作为目标物，以孔雀石绿（MG）为例，研究不同 pH 条件下 $KMnO_4$ 氧化降解三级芳香胺类有机物的动力学规律。MG 的化学名称为四甲基二氨基三苯甲烷，属三苯甲烷类染料，作为杀菌剂常被违规用于水产养殖业，用于延长鱼类等的运输存活期。MG 在生物体残留蓄积具有致癌、致畸、致突变等危害，因此降解水环境中低浓度 MG 残留具有实用意义[64,65]。

图 2-15 给出了不同 pH 条件下 $KMnO_4$ 浓度与其氧化降解 MG 的假一级速率常数 $K_{obs}$ 的关系。从图 2-15 中可以看出，不同 pH 条件下，假一级速率常数随着 $KMnO_4$ 浓度的增加呈线性增加，所得直线的斜率为 $KMnO_4$ 氧化降解 MG 的二级反应速率常数 $k$，表征在一定条件下 $KMnO_4$ 与 MG 反应速度的快慢。

本研究建立了 $KMnO_4$ 氧化降解所选择的三级芳香胺类有机物的反应动力学，考察了 pH 对动力学规律的影响，所得 $KMnO_4$ 氧化三级芳香胺类有机物的二级反应速率常数 $k$ 见图 2-16。从图 2-16 中可以清晰地看出，随着 pH 的升高，$KMnO_4$ 氧化降解三级芳香胺类有机物的二级反应速率常数逐渐降低。pH=5 时，反应速度最快，二级反应速率常数最大。

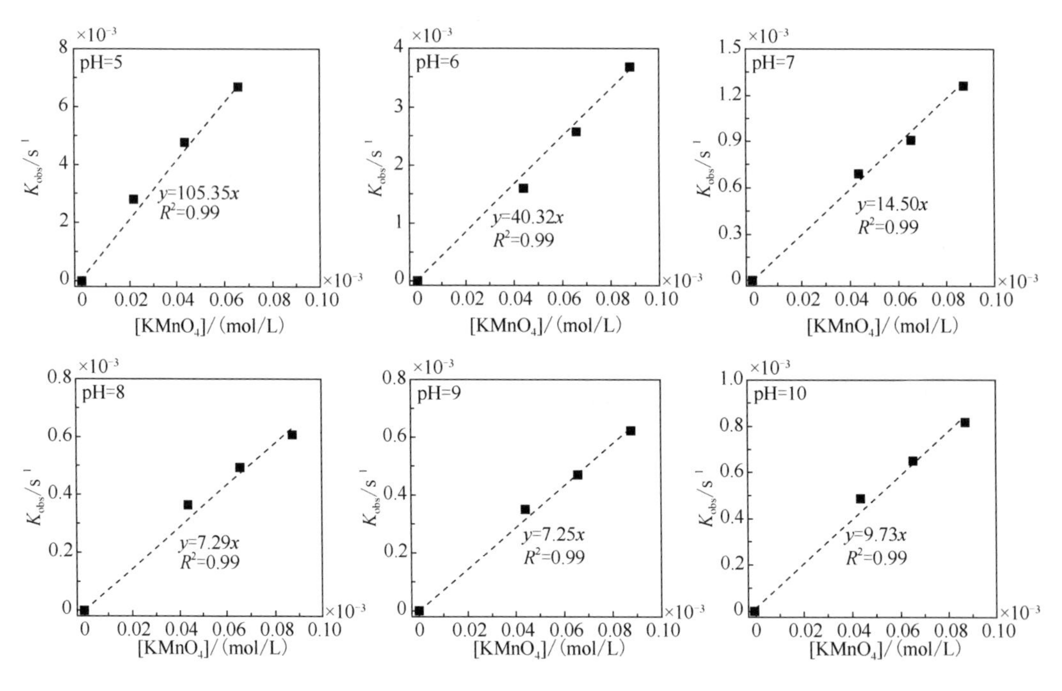


图 2-15 $KMnO_4$ 氧化降解 MG 的假一级速率常数与 $KMnO_4$ 浓度的关系

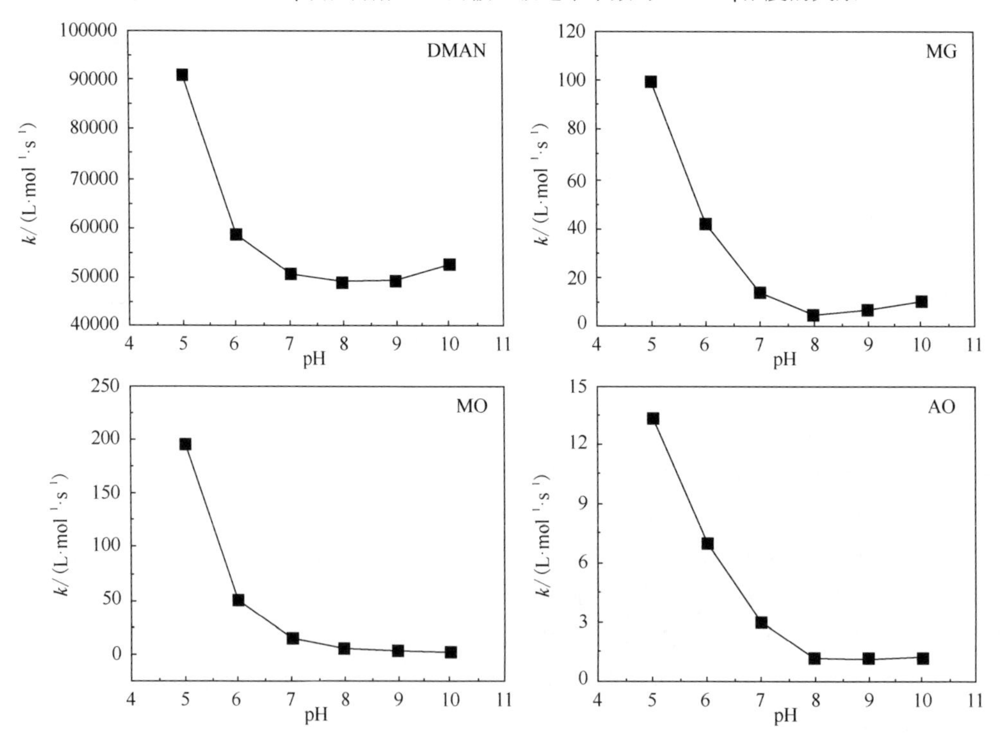


图 2-16 不同 pH 条件下 $KMnO_4$ 氧化降解三级芳胺类有机物的二级反应速率常数

### 2.2.2 $KMnO_4$ 氧化降解芳胺类有机物的动力学模型

为了描述 $KMnO_4$ 氧化降解芳胺类有机物的二级反应速率常数 $k$ 随 pH 的变化规律，利用了以下两个反应机理模型。

在模型 I [58]中，芳胺类有机物（$ArNH_3^+$）首先与 $KMnO_4$[Mn(Ⅶ)]发生反应，生成中间产物 Mn(Ⅶ)-$ArNH_3^+$，见反应式（2-27）～式（2-30）。

$$ArNH_3^+ \underset{}{\overset{K_a}{\rightleftharpoons}} H^+ + ArNH_2 \tag{2-27}$$

$$Mn(VII) + ArNH_3^+ \underset{k_2}{\overset{k_1}{\rightleftharpoons}} Mn(VII)\text{-}ArNH_3^+ \tag{2-28}$$

$$Mn(VII)\text{-}ArNH_3^+ \overset{K_b}{\rightleftharpoons} Mn(VII)\text{-}ArNH_2 + H^+ \tag{2-29}$$

$$Mn(VII)\text{-}ArNH_2 \xrightarrow{k_3} \text{氧化产物} \tag{2-30}$$

反应速率可以表示为

$$\text{反应速率} = k_3[Mn(VII)\text{-}ArNH_2] \tag{2-31}$$

关于$[Mn(VII)\text{-}ArNH_3^+]$和$[Mn(VII)\text{-}ArNH_2]$稳态假设后可以得到

$$\begin{aligned}&-\frac{d([Mn(VII)\text{-}ArNH_3^+]+[Mn(VII)\text{-}ArNH_2])}{dt}\\&=k_3[Mn(VII)\text{-}ArNH_2]+k_2[Mn(VII)\text{-}ArNH_3^+]\\&-k_1[Mn(VII)][ArNH_3^+]\approx 0\end{aligned} \tag{2-32}$$

因为，$[Mn(VII)\text{-}ArNH_3^+]$=$[Mn(VII)\text{-}ArNH_2][H^+]/K_b$，可以得到

$$[Mn(VII)\text{-}ArNH_2]=\frac{k_1[Mn(VII)][ArNH_3^+]}{k_3+k_2[H^+]/K} \tag{2-33}$$

因此，反应速率可以表示为

$$\text{反应速率}=\frac{k_1k_3[Mn(VII)][ArNH_3^+]}{k_3+k_2[H^+]/K_b} \tag{2-34}$$

根据反应式（2-27），计算得

$$[ArNH_3^+]=\frac{[H^+]}{[H^+]+K_a}[ArNH_2]_{tot} \tag{2-35}$$

根据总浓度$[ArNH_2]_{tot}=[ArNH_3^+]+[ArNH_2]$，反应速率可以表示为

$$\text{反应速率}=\frac{k_1k_3}{(k_3+k_2[H^+]/K)(1+K_a/[H^+])}[ArNH_2]_{tot}[Mn(VII)] \tag{2-36}$$

因此，$KMnO_4$ 氧化降解芳胺类有机物的二级反应速率常数可以表示为

$$k=\frac{1}{(1/k_1+[H^+]a/k_1)(1+K_a/[H^+])} \tag{2-37}$$

式中，$a=k_2/(k_3K_b)$。

在模型Ⅱ[59]中，假设芳胺类有机物（$ArNH_3^+$）直接被 $KMnO_4$[Mn(Ⅶ)]氧化，生成中间产物 Mn(Ⅶ)-$ArNH_2$，Mn(Ⅶ)-$ArNH_2$ 进行质子化和分解，见反应式（2-38）～式（2-41）。

$$ArNH_3^+ \xrightleftharpoons{K_a} H^+ + ArNH_2 \tag{2-38}$$

$$Mn(Ⅶ)\text{-}ArNH_3^+ \xrightarrow{k_4} \text{氧化产物} \tag{2-39}$$

$$Mn(Ⅶ) + ArNH_2 \underset{k_6}{\overset{k_5}{\rightleftharpoons}} Mn(Ⅶ)\text{-}ArNH_2 \tag{2-40}$$

$$Mn(Ⅶ)\text{-}ArNH_2 + H^+ \xrightarrow{k_7} \text{氧化产物} \tag{2-41}$$

反应速率表示为

$$\text{反应速率} = k_4[Mn(Ⅶ)][ArNH_3^+] + k_7[Mn(Ⅶ)\text{-}ArNH_2][H^+] \tag{2-42}$$

将[Mn(Ⅶ)-$ArNH_2$]进行稳态假设后，可得

$$\begin{aligned}&-\frac{d[Mn(Ⅶ)\text{-}ArNH_2]}{dt}\\&= k_6[Mn(Ⅶ)\text{-}ArNH_2] + k_7[Mn(Ⅶ)\text{-}ArNH_2][H^+]\\&\quad - k_5[Mn(Ⅶ)][ArNH_2] \approx 0\end{aligned} \tag{2-43}$$

因此，反应速率可以表示为

$$\text{反应速率} = k_4[Mn(Ⅶ)][ArNH_3^+] + k_7[H^+]\frac{k_5[Mn(Ⅶ)][ArNH_2]}{k_6 + k_7[H^+]} \tag{2-44}$$

根据反应式（2-38），计算得

$$[ArNH_3^+] = \frac{[H^+]}{[H^+] + K_a}[ArNH_2]_{tot} \tag{2-45}$$

$$[ArNH_2] = \frac{K_a}{[H^+] + K_a}[ArNH_2]_{tot} \tag{2-46}$$

根据$[ArNH_2]_{tot}$浓度，反应速率可以表示为

$$\begin{aligned}\text{反应速率} &= [\frac{k_5 k_7}{(k_6 + k_7[H^+])([H^+]/K_a + 1)}[H^+] + \frac{k_4}{K_a/[H^+] + 1}]\\&\quad [Mn(Ⅶ)][ArNH_2]_{tot}\end{aligned} \tag{2-47}$$

因此，$KMnO_4$ 氧化降解芳胺类有机物的二级反应速率常数可以表示为

$$k = \frac{k_5}{([H^+] + b)([H^+]/K_a + 1)}[H^+] + \frac{k_4}{K_a/[H^+] + 1} \tag{2-48}$$

式中，$b = k_6 / k_7$。

利用模型Ⅰ和模型Ⅱ对 $KMnO_4$ 氧化降解芳胺类有机物所得的二级反应速率常数进行拟合，见图 2-17。从图 2-17 中可以清楚地看到，两个模型都能够对实验中的数据进行很好的拟合，二级反应速率常数随 pH 变化呈现“半钟型曲线”规律。

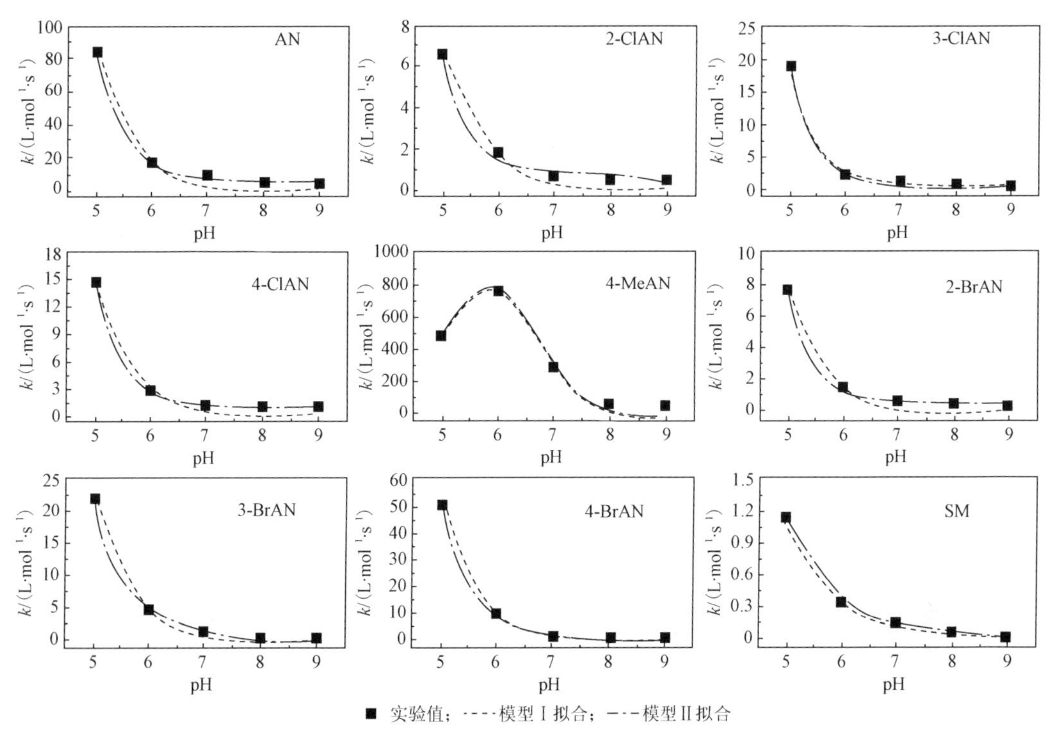


图 2-17 $KMnO_4$与几种芳胺类有机物的二级反应速率常数随 pH 的变化规律

$KMnO_4$ 氧化降解酚类和芳胺类有机物的动力学规律存在显著差别的主要原因是这两类有机物的 $pK_a$ 有所不同。芳胺类有机物的 $pK_a$ 偏低，一般在 4 以下，而酚类有机物的 $pK_a$ 较高，一般在 8 左右，所以在所研究的 pH（5～10）范围内，芳胺类有机物降解的二级反应速率常数随 pH 变化呈“半钟型曲线”规律，酚类有机物降解的二级反应速率常数随 pH 变化呈“全钟型曲线”规律。

## 参 考 文 献


[1] Hu L, Martin H M, Arce-Bulted O, et al. Oxidation of carbamazepine by Mn(Ⅶ) and Fe(Ⅵ): Reaction kinetics and mechanism [J]. Environmental Science & Technology, 2009, 43(2): 509-515.

[2] Hu L, Martin H M, Strathmann T J. Oxidation kinetics of antibiotics during water treatment with potassium permanganate [J]. Environmental Science & Technology, 2010, 44(16): 6416-6422.

[3] Hu L, Stemig A M, Wammer K H, et al. Oxidation of antibiotics during water treatment with potassium permanganate: Reaction pathways and deactivation [J]. Environmental Science & Technology, 2011, 45(8): 3635-3642.

[4] Jiang J, Pang S Y, Ma J. Oxidation of triclosan by permanganate [Mn(Ⅶ)]: Importance of ligands and in situ formed manganese oxides [J]. Environmental Science & Technology, 2009, 43(21): 8326-8331.

[5] Jiang J, Pang S Y, Ma J. Role of ligands in permanganate oxidation of organics [J]. Environmental Science & Technology, 2010, 44(11): 4270-4275.

[6] Jiang J, Pang S Y, Ma J, et al. Oxidation of phenolic endocrine disrupting chemicals by potassium permanganate in synthetic and real waters [J]. Environmental Science & Technology, 2012, 46(3): 1774-1781.

[7] Pang S Y, Jiang J, Gao Y, et al. Oxidation of flame retardant tetrabromobisphenol A by aqueous permanganate: Reaction kinetics, brominated products, and pathways [J]. Environmental Science & Technology, 2014, 48(1): 615-623.

[8] Jiang J, Gao Y, Pang S Y, et al. Oxidation of bromophenols and formation of brominated polymeric products of concern during water treatment with potassium permanganate [J]. Environmental Science & Technology, 2014, 48(18): 10850-10858.

[9] 庞素艳, 鲁雪婷, 江进, 等. $KMnO_4$ 氧化降解雌酮反应动力学与氧化产物 [J]. 哈尔滨工业大学学报, 2016, 48(2): 38-43.

[10] 徐勇鹏, 杨静琨, 王在刚. 高锰酸钾氧化去除水中三氯生动力学研究 [J]. 哈尔滨工业大学学报, 2011, 43(12): 48-52.

[11] Waldemer R H, Tratnyek P G. Kinetics of contaminant degradation by permanganate [J]. Environmental Science & Technology, 2006, 40(3): 1055-1061.

[12] Jiang J, Gao Y, Pang S Y, et al. Understanding the role of manganese dioxide in the oxidation of phenolic compounds by aqueous permanganate [J]. Environmental Science & Technology, 2015, 49(1): 520-528.

[13] 庞素艳, 江进, 马军, 等. 络合剂强化 $KMnO_4$ 氧化降解酚类化合物的研究 [J]. 中国给水排水, 2010, 26(17): 85-88.

[14] 庞素艳, 江进, 马军, 等. $MnO_2$ 催化 $KMnO_4$ 氧化降解酚类化合物 [J]. 环境科学, 2010, 31(10): 2331-2335.

[15] 庞素艳, 王强, 鲁雪婷, 等. 中间价态锰强化 $KMnO_4$ 氧化降解三氯生 [J]. 哈尔滨工业大学学报, 2015, 47(2): 87-91.

[16] Pickering A D, Sumpter J P. Comprehending endocrine disruptors in aquatic environments [J]. Environmental Science & Technology, 2003, 37(17): 331A-336A.

[17] Kidd K A, Blanchfield P J, Mills K H, et al. Collapse of fish population after exposure to a synthetic estrogen [J]. Proceedings of the National Academy of Sciences of the United States of America, 2007, 104(21): 8897-8901.

[18] Flores-valverde A M, Horwood J, Hill E M. Disruption of the steroid metabolome in fish caused by exposure to the environmental estrogen 17$\alpha$-ethinylestradiol [J]. Environmental Science & Technology, 2010, 44(9): 3552-3558.

[19] Ternes T A, Joss A. Human pharmaceuticals, hormones and fragrances: The Challenge of Micropollutants in Urban Water Management [M]. London: IWA Publishing, 2006.

[20] Johnson A C, Sumpter J P. Removal of endocrine-disrupting chemicals in activated sludge treatment works [J]. Environmental Science & Technology, 2001, 35(24): 4697-4703.

[21] Griffith D R, Kido Soule M C, Matsufuji H. Measuring free, conjugated, and halogenated estrogens in secondary treated wastewater effluent [J]. Environmental Science & Technology, 2014, 48(5): 2569-2578.

[22] Mcrobb F M, Sahagún V, Kufareva I, et al. In Silico analysis of the conservation of human toxicity and endocrine disruption targets in aquatic species [J]. Environmental Science & Technology, 2014, 48(3): 1964-1972.

[23] Barber L B, Vajda A M, Douville C, et al. Fish endocrine disruption responses to a major wastewater treatment facility upgrade [J]. Environmental Science & Technology, 2012, 46(4): 2121-2131.

[24] Deborde M, Rabouan S, Duguet J P, et al. Kinetics of aqueous ozone-induced oxidation of some endocrine disruptors [J]. Environmental Science & Technology 2005, 39(16): 6086-6092.

[25] Deborde M, Rabouan S, Gallard H, et al. Aqueous chlorination kinetics of some endocrine disruptors [J]. Environmental Science & Technology, 2004, 38(21): 5577-5583.

[26] Lee Y, Yoon J, von Gunten U. Kinetics of the oxidation of phenols and phenolic endocrine disruptors during water treatment with ferrate [Fe(Ⅵ)] [J]. Environmental Science & Technology, 2005, 39(22): 8978-8984.

[27] Huber M M, Korhonen S, Ternes T A, et al. Oxidation of pharmaceuticals during water treatment with chlorine dioxide [J]. Water Research, 2005, 39(15): 3607-3617.

[28] Lee Y, Escher B, von Gunten U. Efficient removal of estrogenic activity during oxidative treatment of waters containing steroid estrogens [J]. Environmental Science & Technology, 2008, 42(17): 6333-6339.

[29] Dietrich A M, Hoehn R C, Dufresne L C, et al. Oxidation of odorous and nonodorous algal metabolites by permanganate, chlorine, and chlorine dioxide [J]. Water Science & Technology, 1995, 31(11): 223-228.

[30] Fiss E M, Rule K L, Vikesland P J. Formation of chloroform and other chlorinated byproducts by chlorination of triclosan-containing products [J]. Environmental Science & Technology, 2008, 42(3): 976.

[31] Suarez S, Dodd M C, Omil F, et al. Kinetics of triclosan oxidation by aqueous ozone and consequent loss of antibacterial activity: Relevance to municipal wastewater ozonation [J]. Water Research, 2007, 41(12): 2481-2490.

[32] Peng X, Wang Z, Huang J, et al. Efficient degradation of tetrabromobisphenol A by synergistic intergration of Fe/Ni bimetallic catalysis and microbial acclimation[J]. Water Research, 2017, 122: 471-480.

[33] 何敬言，宋晓红，于白. 四氯双酚 A 的合成 [J]. 化学工程师, 1990, 1(8): 17-18.

[34] Chu S, Haffner G D, Letcher R J. Simultaneous determination of tetrabromobisphenol A, tetrachlorobisphenol A, bisphenol A and other halogenated analogues in sediment and sludge by high performance liquid chromatography-electrospray tandem mass spectrometry [J]. Journal of Chromatography A, 2005, 1097(1-2): 25-32.

[35] Horikoshi S, Miura T, Kajitani M, et al. Photodegradation of tetrahalobisphenol-A (X=Cl, Br) flame retardants and delineation of factors affecting the process [J]. Applied Catalysis B: Environmental, 2008, 84(3): 797-802.

[36] Kitamura S, Jinno N, Ohta S, et al. Thyroid hormonal activity of the flame retardants tetrabromobisphenol A and tetrachlorobisphenol A [J]. Biochemical and Biophysical Research Communications, 2002, 293(1): 553-2459.

[37] Sun H, Shen O, Wang X, et al. Anti-thyroid hormone activity of bisphenol A, tetrabromobisphenol A and tetrachlorobisphenol A in an improved reporter gene assay [J]. Toxicology in Vitro, 2009, 23(5): 950-954.

[38] Eriksson J, Rahm S, Green N, et al. Photochemical transformations of tetrabromobisphenol A and related phenols in water [J]. Chemosphere, 2004, 54(1): 117-126.

[39] Lin K, Liu W, Gan J. Reaction of tetrabromobisphenol A (TBBPA) with manganese dioxide: Kinetics, products, and pathways [J]. Environmental Science & Technology, 2009, 43(12): 4480-4486.

[40] Voordeckers J W, Fennell D E, Jones K, et al. Anaerobic biotransformation of tetrabromobisphenol A, tetrachlorobisphenol A, and bisphenol A in estuarine sediments [J]. Environmental Science & Technology, 2002, 36(4): 696-701.

[41] Sim W J, Lee I S, Choi S D, et al. Distribution and formation of chlorophenols and bromophenols in marine and riverine environments [J]. Chemosphere, 2009, 77(4): 552-558.

[42] Akin K, Idil A A, Tugba O H, et al. Transformation of 2,4-dichlorophenol by $H_2O_2$/UV-C, Fenton and photo-Fenton processes: Oxidation products and toxicity evolution [J]. Journal of Photochemistry and Photobiology A: Chemistry, 2012, 230(1): 65-73.

[43] Barik A J, Gogate P R. Degradation of 2,4-dichlorophenol using combined approach based on ultrasound, ozone and catalyst [J]. Ultrasonics Sonochemistry, 2017, 36: 517-526.

[44] Liu L, Chen F, Yang F, et al. Photocatalytic degradation of 2,4-dichlorophenol using nanoscale Fe/$TiO_2$ [J]. Chemical Engineering Journal, 2012, 181-182(1): 189-195.

[45] Yang M, Zhang X. Comparative developmental toxicity of new aromatic halogenated DBPs in a chlorinated saline sewage effluent to the marine polychaete platynereis dumerilii[J]. Environmental Science & Technology, 2013, 47(19): 10868-10876.

[46] Acero J L, Piriou P, von Gunten U. Kinetics and mechanisms of formation of bromophenols during drinking water chlorination: Assessment of taste and odor development [J]. Water Research, 2005, 39(13): 2979-2993.

[47] Bukowska B. Effects of 2,4-D and its metabolite 2,4-dichlorophenol on antioxidant enzymes and level of glutathione in human erythrocytes [J]. Comparative Biochemistry and Physiology Part C: Toxicology & Pharmacology, 2003, 135(4): 435-441.

[48] Vione D, Minero C, Housari F, et al. Photoinduced transformation processes of 2,4-dichlorophenol and 2,6-dichlorophenol on nitrate irradiation [J]. Chemosphere, 2007, 69(10): 1548-1554.

[49] Yang J, Cao L, Rui G, et al. Permeable reactive barrier of surface hydrophobic granular activated carbon coupled with elemental iron for the removal of 2,4-dichlorophenol in water [J]. Journal of Hazardous Materials, 2010, 184(1): 782-787.

[50] Bayarri B, Gimenez J, Maldonado M I, et al. 2,4-Dichlorophenol degradation by means of heterogeneous photocatalysis. Comparison between laboratory and pilot plant performance [J]. Chemical Engineering Journal, 2013, 232(9): 405-417.

[51] Scott-emuakpor E O, Kruth A, Todd M J, et al. Remediation of 2,4-dichlorophenol contaminated water by visible light-enhanced $WO_3$ photoelectrocatalysis [J]. Applied Catalysis B: Environmental, 2012, 123-124(1): 433-439.

[52] Li R, Jin X, Megharaj M, et al. Heterogeneous Fenton oxidation of 2,4-dichlorophenol using iron-based nanoparticles and persulfate system [J]. Chemical Engineering Journal, 2015, 264: 587-594.

[53] Wang H, Wang J. Comparative study on electrochemical degradation of 2,4-dichlorophenol by different Pd/C gas-diffusion cathodes [J]. Applied Catalysis B: Environmental, 2009, 89(1-2): 111-117.

[54] Aken P V, Broeck R V, Degreve J, et al. The effect of ozonation on the toxicity and biodegradability of 2,4-dichlorophenol-containing wastewater [J]. Chemical Engineering Journal, 2015, 280: 728-736.

[55] 姜成春, 李湘中, 庞素艳, 等. 高铁酸盐去除水中氯酚类化合物研究 [J]. 哈尔滨工业大学学报, 2006, 38(3): 476-478.

[56] Graham N, Jiang C C, Li X Z, et al. The influence of pH on the degradation of phenol and chlorophenols by potassium ferrate [J]. Chemosphere, 2004, 56(10): 949-956.

[57] Lin K, Yan C, Gan J. Production of hydroxylated polybrominated diphenyl ethers (OH-PBDEs) from bromophenols by manganese dioxide [J]. Environmental Science & Technology, 2014, 48(1): 263-271.

[58] Stewart R, MacPhee J A. Bell-shaped pH-rate profile for an oxidation. Reaction of permanganate with hydroxycyclohexanecarboxylic acids [J]. Journal of the American Chemical Society, 1971, 93(17): 4271-4275.

[59] Du J, Sun B, Zhang J, et al. Parabola-like shaped pH-rate profile for phenols oxidation by aqueous permanganate [J]. Environmental Science & Technology, 2012, 46(16): 8860-8867.

[60] Janssens T K S, Giesen D, Marien J, et al. Narcotic mechanisms of acute toxicity of chlorinated anilines in Folsomia candida (Collembola) revealed by gene expression analysis [J]. Environment International, 2011, 37(5): 929-939.

[61] Oliviero L, Barbier J, Duprez D. Wet air oxidation of nitrogen-containing organic compounds and ammonia in aqueous media [J]. Applied Catalysis B: Environmental, 2003, 40(3): 163-184.

[62] Kilemade M, Mothersill C. An in vitro assessment of the toxicity of 2,4-dichloroaniline using trout primary epidermal cell cultures [J]. Environmental Toxicology & Chemistry, 2000, 19(8): 2093-2099.

[63] Klausen J, Haderlein S B, Schwarzenbach R P. Oxidation of substituted anilines by aqueous $MnO_2$: Effect of co-solutes on initial and quasi-steady-state kinetics [J]. Environmental Science & Technology, 1997, 31(9): 2642-2649.

[64] Sudova E, Machova J, Svobodova Z, et al. Negative effects of malachite green and possibilities of its replacement in the treatment of fish eggs and fish: A review [J]. Veterinarni Medicina, 2007, 52: 527-539.

[65] Srivastava S, Sinha R, Roy D. Toxicological effects of malachite green [J]. Aquatic Toxicology, 2004, 66(3): 319-329.

# 3 $KMnO_4$降解有机污染物的氧化产物与反应路径

$KMnO_4$氧化降解有机污染物的反应机理包括双键加成反应、脱氢反应和电子转移反应等，主要进攻有机物分子结构中的C═C双键、脂肪胺、硫基、酚羟基等官能团，见图3-1。

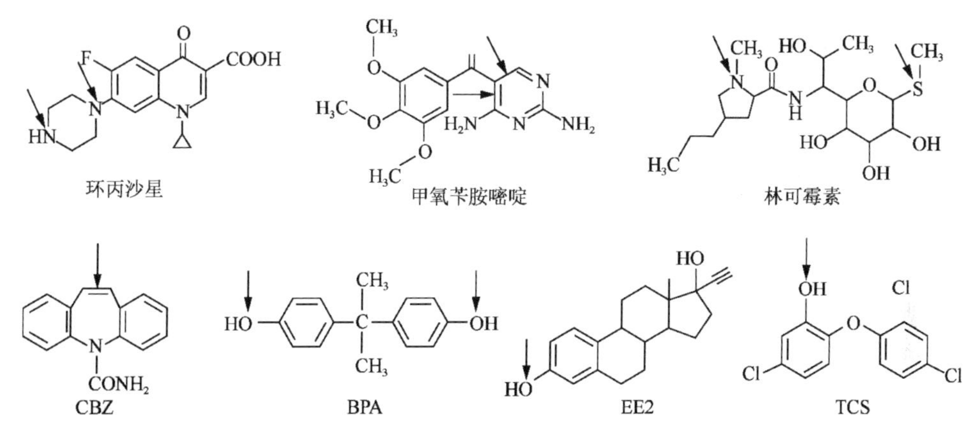


图3-1 $KMnO_4$氧化进攻有机物的活性位

## 3.1 卤代酚类有机物质谱测定方法的建立

### 3.1.1 氯代酚类有机物质谱测定方法的建立

天然环境中氯（Cl）的同位素主要有两种，质量数分别为35和37（表示为$Cl^{35}$和$Cl^{37}$），峰强比为1∶1/3。根据氯的这一同位素特性，本研究建立了一种简便、快速，可以选择性检测氯代有机物的质谱检测方法，其原理主要是利用氯代有机物在ESI源负电（ESI−）模式下，通过氯离子的同位素信息，进行三重四级杆的质谱扫描追踪母离子测定，即子找母质谱扫描（precursor ion scan，PIS）模式，原理见图3-2[1]。

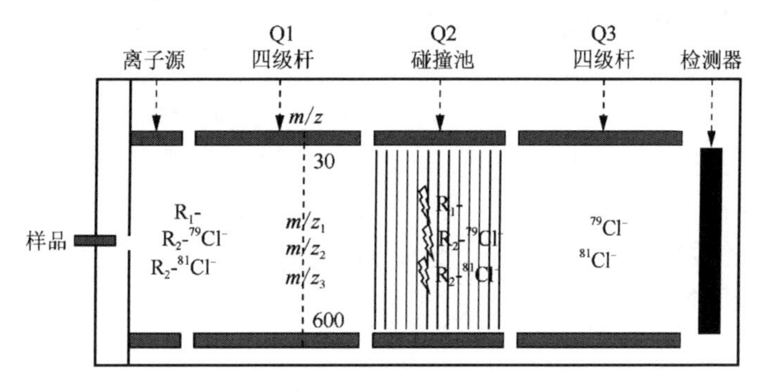


图3-2 三重四级杆同位素质谱测定原理

本章测定的氯代有机物分子结构中所含氯原子个数与质谱信息的关系见表 3-1[1-6]。表 3-1 给出了在全扫描模式与 PIS 模式下测定的不同氯代有机物的质谱信息规律。例如，2,4-二氯苯酚(2,4-DClP)的分子结构中含有 2 个氯原子，采用全扫描模式测定时，会产生 3 个相对峰强比为 1∶2/3∶1/9 的质谱峰，如果采用 PIS($Cl^-$ *m/z* 35)模式进行测定时，会产生 2 个相对峰强比为 1∶1/3 的质谱峰，采用 PIS($Cl^-$ *m/z* 37)模式进行测定时，会产生 2 个相对峰强比为 1/3:1/9 的质谱峰，见表 3-1。

**表 3-1　氯代有机物的质谱信息规律**

| 氯原子个数 | 全扫描模式下测定的相对峰强比 | PIS($Cl^-$ *m/z* 35)模式下测定的相对峰强比 | PIS($Cl^-$ *m/z* 37)模式下测定的相对峰强比 |
| --- | --- | --- | --- |
| 1 | 1∶1/3=[M]∶[M+2] | 1∶0 =[M]∶[M+2] | 0∶1/3=[M]∶[M+2] |
| 2 | 1∶2/3∶1/9=[M]∶[M+2]∶[M+4] | 1∶1/3∶0 =[M]∶[M+2]∶[M+4] | 0∶1/3∶1/9=[M]∶[M+2]∶[M+4] |
| 3 | 1∶1∶1/3∶1/27=[M]∶[M+2]∶[M+4]∶[M+6] | 1∶2/3∶1/9∶0 =[M]∶[M+2]∶[M+4]∶[M+6] | 0∶1/3∶2/9∶1/27=[M]∶[M+2]∶[M+4]∶[M+6] |
| 4 | 1∶4/3∶2/3∶4/27∶1/81=[M]∶[M+2]∶[M+4]∶[M+6]∶[M+8] | 1∶1∶1/3∶1/27∶0=[M]∶[M+2]∶[M+4]∶[M+6]∶[M+8] | 0∶1/3∶1/3∶1/9∶1/81=[M]∶[M+2]∶[M+4]∶[M+6]∶[M+8] |
| 5 | 1∶5/3∶10/9∶10/27∶5/81∶1/243=[M]∶[M+2]∶[M+4]∶[M+6]∶[M+8]∶[M+10] | 1∶4/3∶2/3∶4/27∶1/81∶0=[M]∶[M+2]∶[M+4]∶[M+6]∶[M+8]∶[M+10] | 0∶1/3∶4/9∶2/9∶4/81∶1/243=[M]∶[M+2]∶[M+4]∶[M+6]∶[M+8]∶[M+10] |
| 6 | 1∶2∶5/3∶20/27∶15/81∶6/243∶1/729=[M]∶[M+2]∶[M+4]∶[M+6]∶[M+8]∶[M+10]∶[M+12] | 1∶5/3∶10/9∶10/27∶5/81∶1/243∶0 =[M]∶[M+2]∶[M+4]∶[M+6]∶[M+8]∶[M+10]∶[M+12] | 0∶0∶1/3∶5/9∶10/27∶10/81∶5/243∶1/729=[M]∶[M+2]∶[M+4]∶[M+6]∶[M+8]∶[M+10]∶[M+12] |

注：M 为被检测物质的最小质量数

### 3.1.2　溴代酚类有机物质谱测定方法的建立

天然环境中溴（Br）的同位素主要有两种，质量数分别为 79 和 81（$Br^{79}$ 和 $Br^{81}$），峰强比为 1∶1。根据溴的这一同位素特性，本章建立了一种简便、快速，可以选择性检测溴代有机物的质谱检测方法，其原理主要是利用溴代有机物在 ESI 源负电模式下，通过溴离子的同位素信息，进行三重四级杆的质谱扫描追踪母离子测定，即 PIS 模式。

本章测定的溴代有机物分子结构中含溴原子个数与质谱信息的关系见表 3-2[1-6]。表 3-2 给出了在全扫描模式与 PIS 模式下测定的不同溴代有机物的质谱信息规律。例如，2-溴酚的分子结构中含有 1 个溴原子，进行全扫描模式测定时，会产生 2 个相对峰强比为 1∶1 的质谱峰，如果采用 PIS($Br^-$ *m/z* 79 和 81)模式进行测定时，会各产生 1 个质谱峰，见表 3-2。

表 3-2 溴代有机物的质谱信息规律

| 溴原子个数 | 全扫描模式下测定的相对峰强比 | PIS($Br^-$ $m/z$ 79)扫描模式下测定的相对峰强比 | PIS($Br^-$ $m/z$ 81)扫描模式下测定的相对峰强比 |
|---|---|---|---|
| 1 | 1∶1=<br>[M]∶[M+2] | 1∶0=<br>[M]∶[M+2] | 0∶1=<br>[M]∶[M+2] |
| 2 | 1∶2∶1=<br>[M]∶[M+2]∶[M+4] | 1∶1∶0=<br>[M]∶[M+2]∶[M+4] | 0∶1∶1=<br>[M]∶[M+2]∶[M+4] |
| 3 | 1∶3∶3∶1=<br>[M]∶[M+2]∶[M+4]∶[M+6] | 1∶2∶1∶0=<br>[M]∶[M+2]∶[M+4]∶[M+6] | 0∶1∶2∶1=<br>[M]∶[M+2]∶[M+4]∶[M+6] |
| 4 | 1∶4∶6∶4∶1=<br>[M]∶[M+2]∶<br>[M+4]∶[M+6]∶[M+8] | 1∶3∶3∶1∶0=<br>[M]∶[M+2]∶<br>[M+4]∶[M+6]∶[M+8] | 0∶1∶3∶3∶1=<br>[M]∶[M+2]∶<br>[M+4]∶[M+6]∶[M+8] |
| 5 | 1∶5∶10∶10∶5∶1=<br>[M]∶[M+2]∶[M+4]∶<br>[M+6]∶[M+8]∶[M+10] | 1∶4∶6∶4∶1∶0=<br>[M]∶[M+2]∶[M+4]∶<br>[M+6]∶[M+8]∶[M+10] | 0∶1∶4∶6∶4∶1=<br>[M]∶[M+2]∶[M+4]∶<br>[M+6]∶[M+8]∶[M+10] |
| 6 | 1∶6∶15∶20∶15∶6∶1=<br>[M]∶[M+2]∶[M+4]∶[M+6]∶<br>[M+8]∶[M+10]∶[M+12] | 1∶5∶10∶10∶5∶1∶0=<br>[M]∶[M+2]∶[M+4]∶[M+6]∶<br>[M+8]∶[M+10]∶[M+12] | 0∶1∶5∶10∶10∶5∶1=<br>[M]∶[M+2]∶[M+4]∶[M+6]∶<br>[M+8]∶[M+10]∶[M+12] |

注：M 为被检测物质的最小质量数

## 3.2 $KMnO_4$降解雌激素类有机物的氧化产物及反应路径

本节利用 LC-MS/MS 对 $KMnO_4$降解雌激素（E1、E2、EE2）的氧化产物进行分析，实验中采用了 ESI 源负电模式和信息关联数据采集方法（IDA）。

### 3.2.1 $KMnO_4$降解 E1 的氧化产物及反应路径

图 3-3（a）给出了利用 LC-MS/MS 测定 E1 标准样品的色谱图，在 31.24 min 处的峰为 E1 的色谱峰，由于流动相或其他背景的干扰在色谱图上有 7 处杂质峰，分别用“*”号在色谱图中标出。图 3-3（b）给出了 $KMnO_4$氧化 E1 后，利用 LC-MS/MS 测定的色谱图，从色谱图中可以非常清晰地看出，$KMnO_4$氧化 E1 后出现了 10 种氧化产物，在图中用数字 1～10 标出。

由图 3-3（b）的色谱峰明显地看出，产生的 10 种产物 1～10 的保留时间均在目标有机物 E1 的前面，而且生成的大部分产物的质量数都高于 E1，同时，离子碎片信息显示大多数产物产生的是 62（$CO_2$+$H_2O$）、46（$CO_2H_2$）、44（$CO_2$）、28（CO）和 18（$H_2O$）的离子碎片信息。因此，结合保留时间、产物的质荷比、子离子信息等推测出 10 种产物的结构式，见表 3-3。研究结果表明，$KMnO_4$氧化进攻的活性位为苯环上的酚羟基，$KMnO_4$氧化 E1 后形成一系列羟基化、醌型和芳香环开环产物，同时 E1 结构中的羰基官能团依然存在，在反应中没有被氧化。大量研究结果证实，酚羟基是雌激素产生内分泌干扰活性的主要官能团，而醌型和芳香环开环产物的内分泌干扰活性非常弱[7-10]。由此可见，$KMnO_4$氧化降解 E1 的效率高，且能够有效地去除其内分泌干扰活性，降低其毒性。

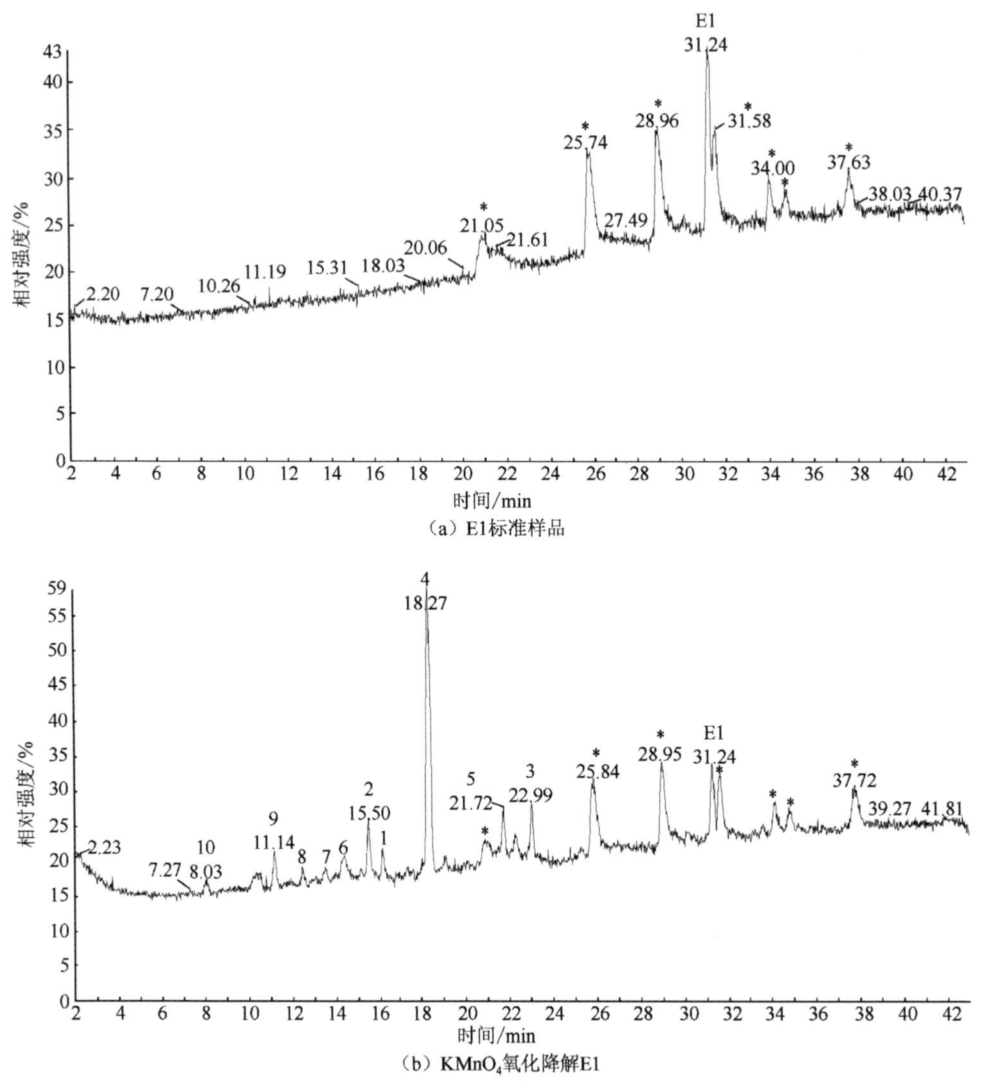


图 3-3　E1 标准样品和 $KMnO_4$ 氧化降解 E1 的 LC-MS/MS 色谱图

**表 3-3　LC-MS/MS 测定 $KMnO_4$ 降解 E1 的氧化产物归纳**

| | 质量数 | 质量数差 | 子离子质量数 | 保留时间/min | 结构式 |
|---|---|---|---|---|---|
| E1 | 269 | — | 269,251,225,<br>183,159,145 | 31.24 | O<br>HO |

续表

| | 质量数 | 质量数差 | 子离子质量数 | 保留时间/min | 结构式 |
|---|---|---|---|---|---|
| 产物 1 | 237 | −32 | 237,219,193,<br>177,109 | 16.18 | 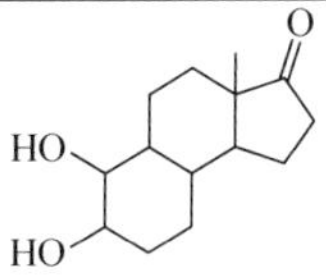 |
| 产物 2 | 267 | −2 | 267,223,205 | 15.50 | 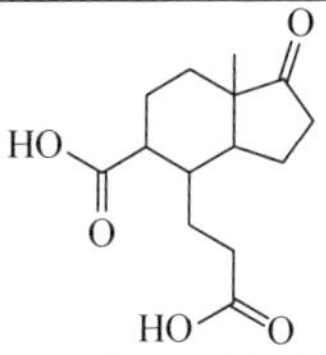 |
| 产物 3 | 267 | −2 | 267,251,239,<br>209,171 | 22.99 | 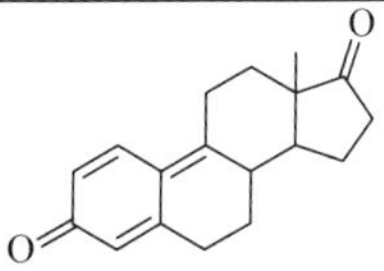 |
| 产物 4 | 285 | +16 | 285,257,241,<br>213,189 | 18.27 | 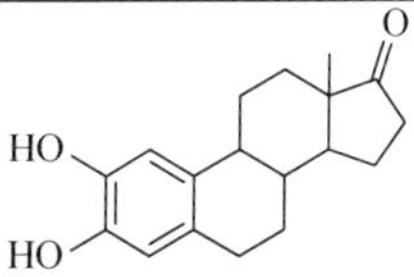 |
| 产物 5 | 287 | +18 | 287,269,259,<br>243,191 | 21.72 | 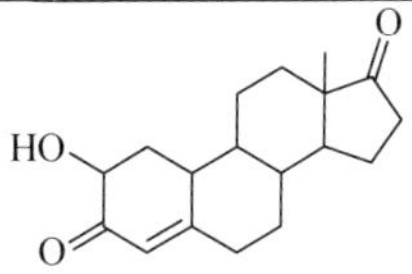 |
| 产物 6 | 303 | +34 | 303,285,275,<br>259,247,231 | 14.39 | 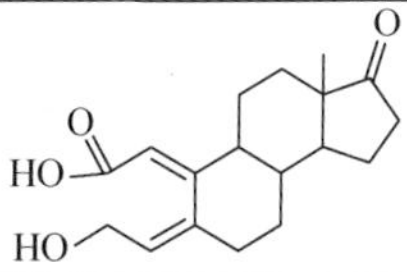 |
| 产物 7 | 317 | +48 | 317,299,271,<br>255,245 | 13.51 | 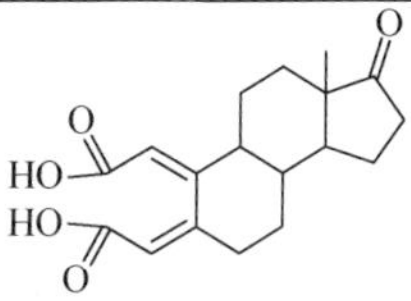 |
| 产物 8 | 333 | +64 | 333,315,287,<br>271,261 | 12.44 | 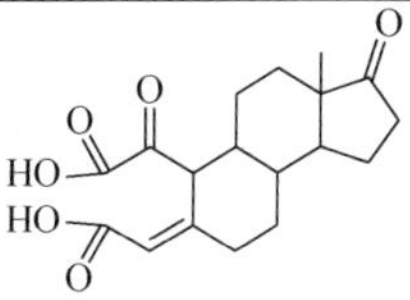 |
| 产物 9 | 351 | +82 | 351,333,323,<br>305,287 | 11.14 | 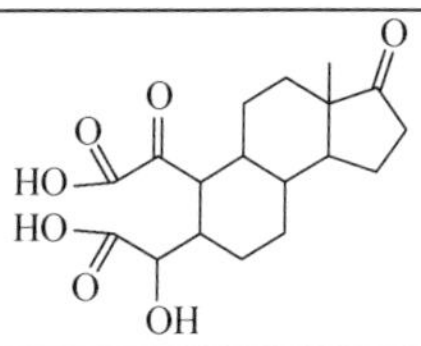 |

续表

| | 质量数 | 质量数差 | 子离子质量数 | 保留时间/min | 结构式 |
|---|---|---|---|---|---|
| 产物 10 | 365 | +96 | 365,319,301,<br>283,273 | 8.03 | 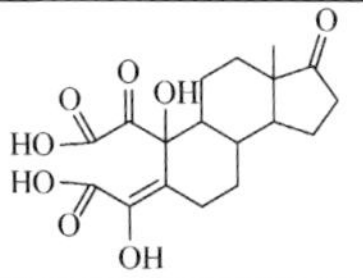 |

推测 $KMnO_4$ 氧化降解 E1 的反应路径见图 3-4。首先 E1 被 $KMnO_4$ 氧化后形成羟基化和醌型产物，如产物 3～产物 5，继续被氧化形成一系列羧基化芳香开环产物，如产物 6～产物 10，然后继续被氧化去掉一个苯环形成产物 1 和产物 2。

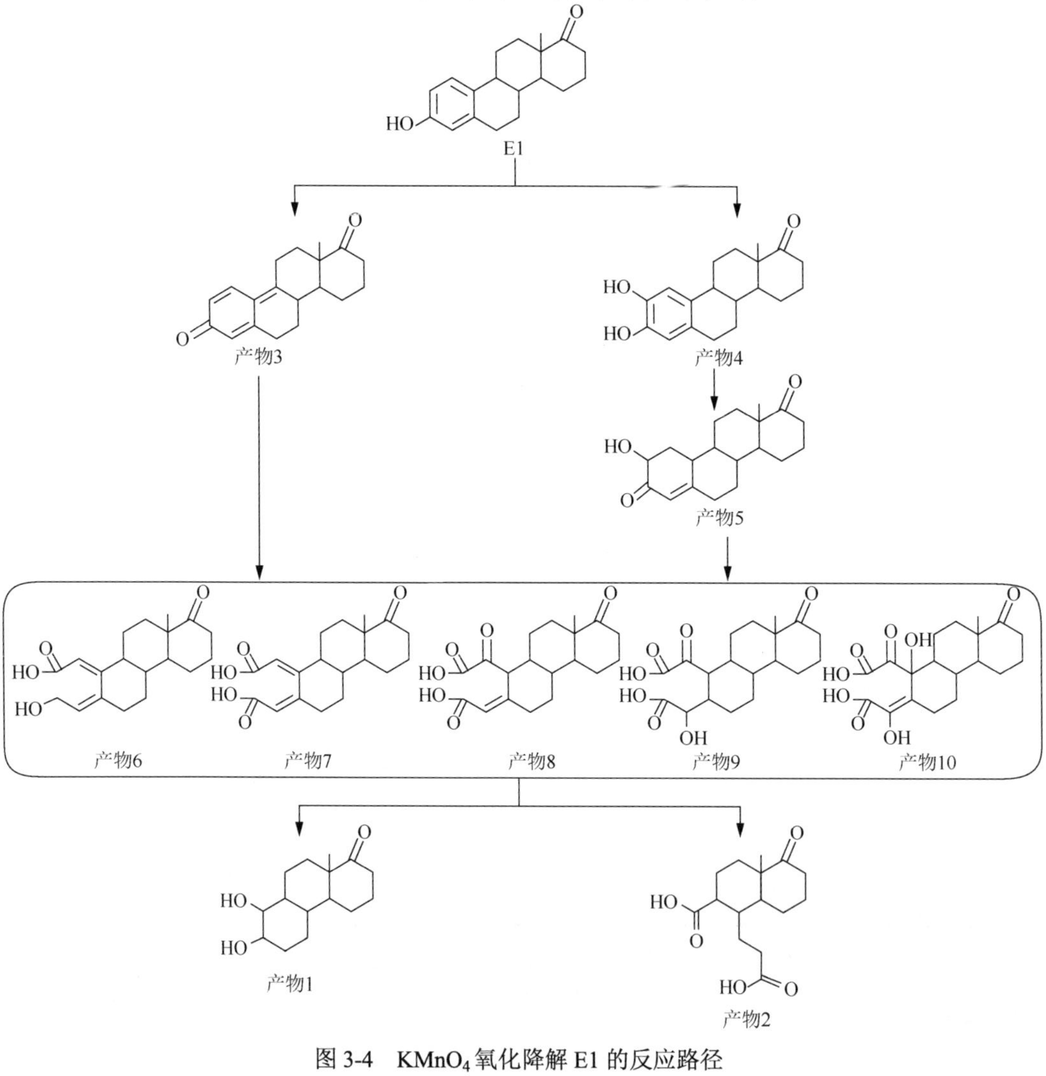

图 3-4 $KMnO_4$ 氧化降解 E1 的反应路径

表 3-4 给出了利用其他氧化剂（$O_3$、UV）降解 E1 的氧化产物的结构式[11-13]。可以看出，$O_3$和 UV 氧化降解 E1 易形成一些加氧、加羟基官能团和醌型产物。检测到的主要产物是相对分子质量为 286 的产物，与 $KMnO_4$氧化降解 E1 的测定结果一致。本章采用 LC-MS/MS 测得 $KMnO_4$氧化降解 E1 的主要产物是质荷比为 285（相对分子质量为 286）的产物[见图 3-3（b）色谱图中产物 4]，其结构式、子离子信息、保留时间等见表 3-3。

表 3-4　其他氧化剂降解 E1 的氧化产物归纳

| 产物编号 | 相对分子质量 | 结构式 | 氧化剂 | 参考文献 |
|---|---|---|---|---|
| 1 | 270 | 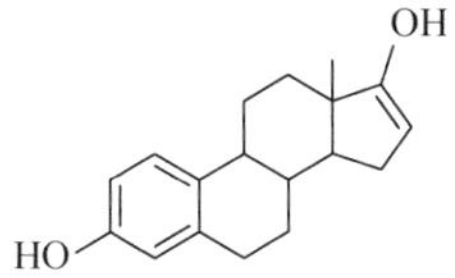 | UV | [11] |
| 2 | 276 | 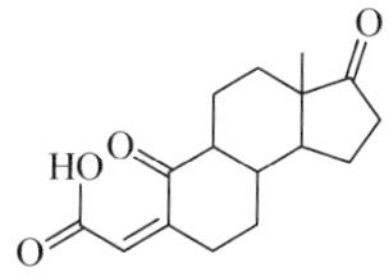 | $O_3$ | [12] |
| 3 | 284 | 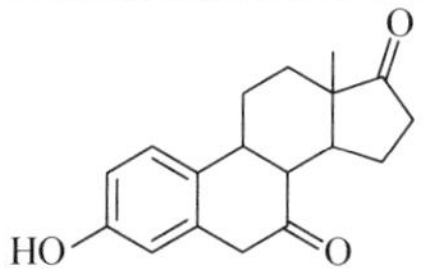 | UV | [13] |
| 4 | 286 | 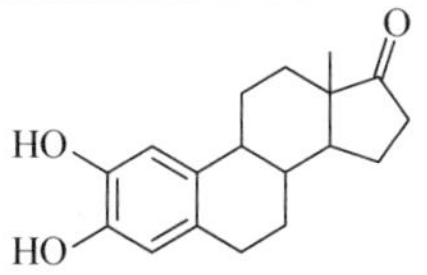 | UV | [11] |
| 5 | 286 | 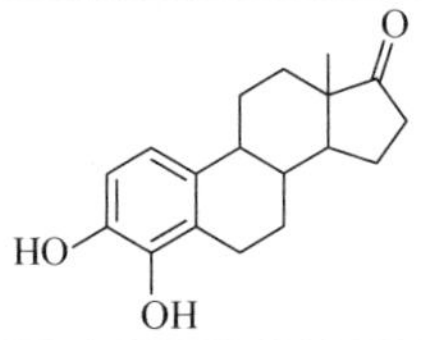 | UV | [11] |
| 6 | 286 | 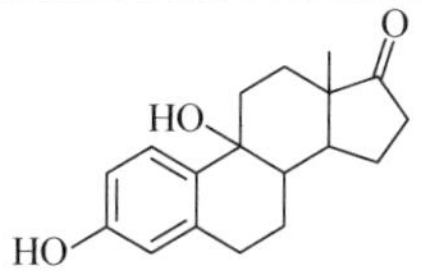 | UV | [11] |
| 7 | 286 | 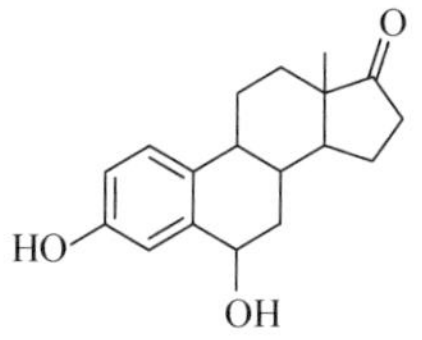 | UV | [11] |

续表

| 产物编号 | 相对分子质量 | 结构式 | 氧化剂 | 参考文献 |
|---|---|---|---|---|
| 8 | 286 |  | UV | [13] |
| 9 | 286 |  | $O_3$ | [12] |
| 10 | 300 |  | UV | [13] |
| 11 | 300 |  | UV | [13] |
| 12 | 302 |  | UV | [13] |
| 13 | 302 |  | UV | [13] |
| 14 | 318 |  | UV | [13] |
| 15 | 320 |  | UV | [13] |

### 3.2.2　$KMnO_4$降解 E2 的氧化产物及反应路径

图 3-5（a）给出了利用 LC-MS/MS 测定 E2 标准样品的色谱图，在 29.18min 处的峰是 E2 的色谱峰，由于流动相或其他背景的干扰，色谱图上有 6 处杂质峰，用“*”号在色谱图中标出。图 3-5（b）给出了 $KMnO_4$氧化 E2 后利用 LC-MS/MS 测定的色谱图，从色谱图中可以非常清晰地看出，$KMnO_4$氧化 E2 后出现了很多的氧化产物，并在图中用数字标出，主要有 10 种产物，同时 6 种背景杂质并未被氧化，依然存在，由此可以确定测得的 10 种产物是 E2 被氧化后产生的。

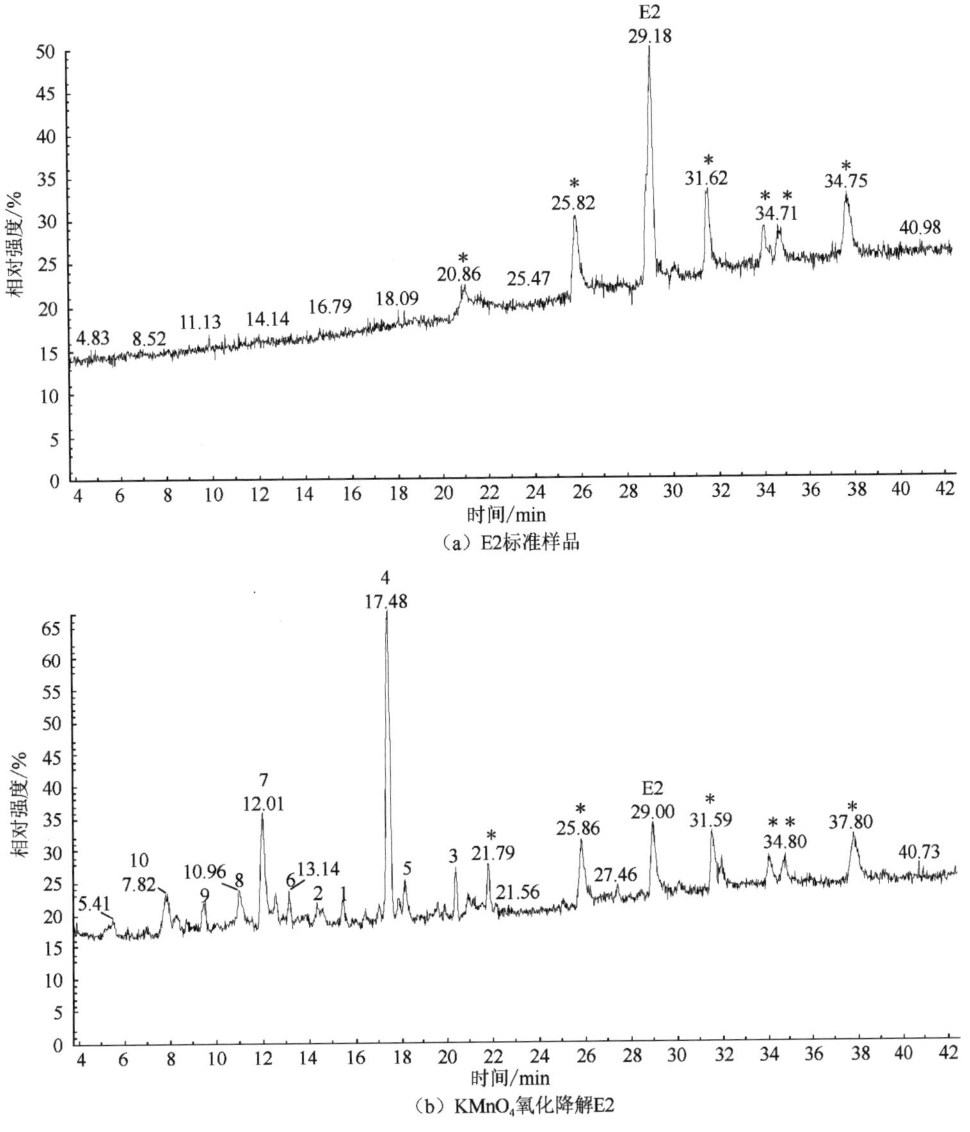


（a）E2标准样品

（b）$KMnO_4$氧化降解E2

图 3-5　E2 标准样品和 $KMnO_4$氧化降解 E2 的 LC-MS/MS 色谱图

从图 3-5（b）的色谱峰能够很明显地看出，产生的 10 种产物的保留时间都在目标有机物 E2 的前面，而且生成的大部分产物的质量数都高于 E2，同时离子碎片信息显示大多数产物产生的是 62（$CO_2$+$H_2O$）、46（$CO_2H_2$）、44（$CO_2$）、28（CO）和 18（$H_2O$）的离子碎片信息。因此，结合保留时间、产物的质量数、子离子信息等推测出 10 种产物的结构式，见表 3-5。表 3-5 给出了目标物 E2 和测定的 10 种产物的质量数、子离子信息及其推测的分子结构式。结果发现，$KMnO_4$ 氧化进攻活性位为苯环上的酚羟基，产物包括一些加氧、加羟基官能团和醌型产物。这些产物的雌激素干扰活性明显低于 E2。

表 3-5　LC-MS/MS 测定 $KMnO_4$ 降解 E2 的氧化产物归纳

| | 质量数 | 质量数差 | 保留时间/min | 结构式 |
|---|---|---|---|---|
| E2 | 271 | — | 29.1 | 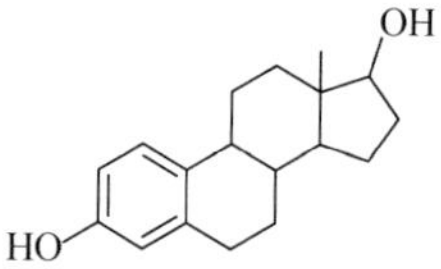 |
| 产物 1 | 239 | −32 | 15.5 | 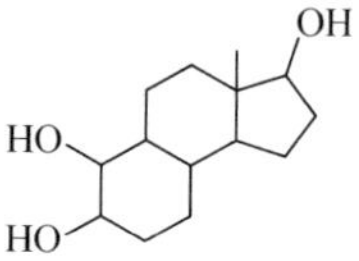 |
| 产物 2 | 269 | −2 | 14.4 | 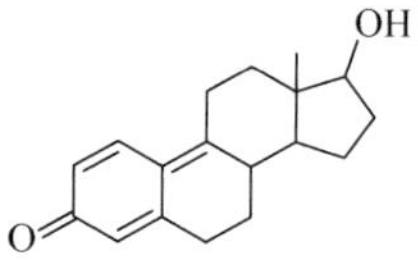 |
| 产物 3 | 269 | −2 | 20.4 | 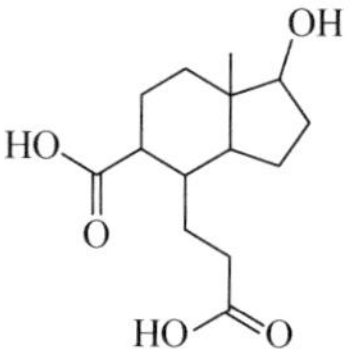 |
| 产物 4 | 285 | +14 | 17.5 | 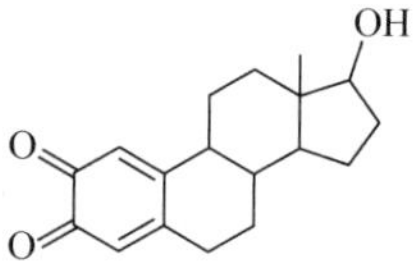 |

续表

| | 质量数 | 质量数差 | 保留时间/min | 结构式 |
|---|---|---|---|---|
| 产物 5 | 289 | +18 | 18.2 | |
| 产物 6 | 305 | +34 | 13.1 | |
| 产物 7 | 319 | +48 | 12.0 | |
| 产物 8 | 335 | +64 | 11.0 | |
| 产物 9 | 353 | +82 | 9.5 | |
| 产物 10 | 367 | +96 | 7.8 | |

推测 $KMnO_4$ 氧化降解 E2 的反应路径见图 3-6。首先 E2 被 $KMnO_4$ 氧化后形成羟基化和醌型产物，如产物 2、产物 4、产物 5，继续被氧化形成一系列羧基化芳香开环产物，如产物 6～产物 10，然后继续被氧化去掉一个苯环形成产物 1 和产物 3。

表 3-5 中根据 LC-MS/MS 测定结果推测的 $KMnO_4$ 降解 E2 的氧化产物结构式与文献资料[7,10,12,14-18]利用其他不同氧化剂降解 E2 的氧化产物结构式相似，见表 3-6。其他氧化剂（$O_3$、光-Fenton、UV/$TiO_2$ 等）降解 E2 的氧化进攻活性位同样是苯环上的酚羟基，产物包括一些加氧、加羟基官能团和醌型产物。这些产物的内分泌干扰活性明显低于 E2。

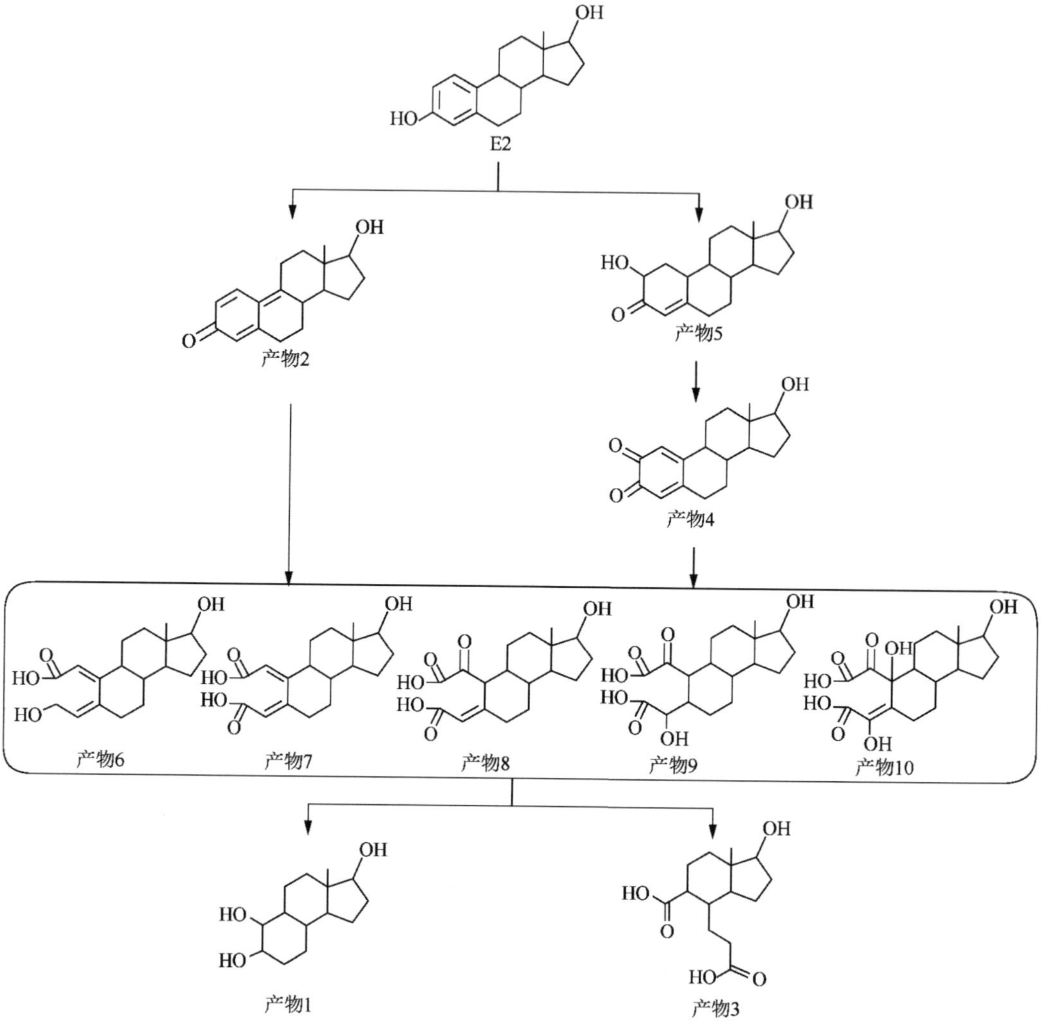

图 3-6 $KMnO_4$氧化降解 E2 的反应路径

**表 3-6 其他氧化剂降解 E2 的氧化产物归纳**

| 产物编号 | 相对分子质量 | 结构式 | 氧化剂 | 参考文献 |
|---|---|---|---|---|
| 1 | 219 | 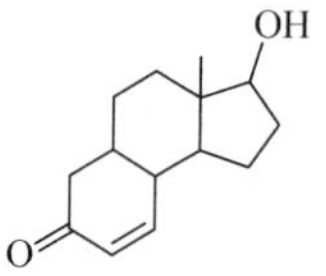 | 光-Fenton | [14] |

续表

| 产物编号 | 相对分子质量 | 结构式 | 氧化剂 | 参考文献 |
|---|---|---|---|---|
| 2 | 233 | 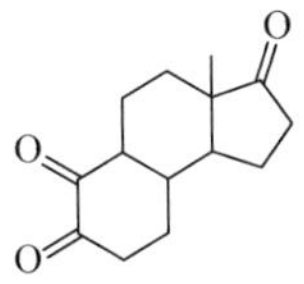  | $O_3$ | [7] |
| 3 | 233 | 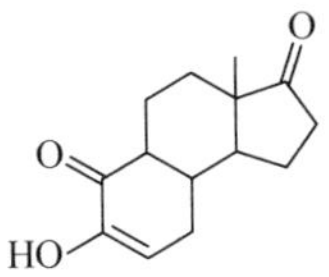  | $O_3$ | [7] |
| 4 | 251 | 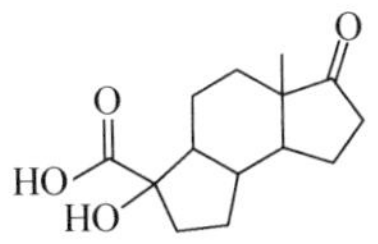  | $O_3$ | [7] |
| 5 | 253 | 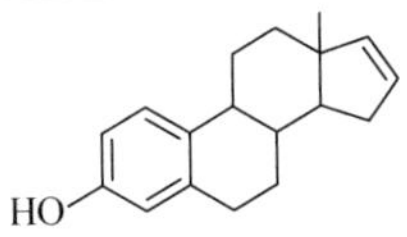  | 光催化 | [10] |
| 6 | 253 | 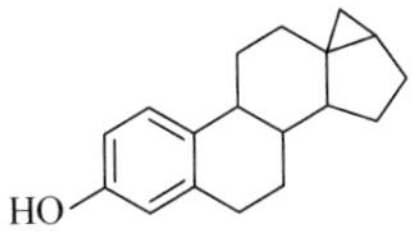  | 光催化 | [10] |
| 7 | 267 | 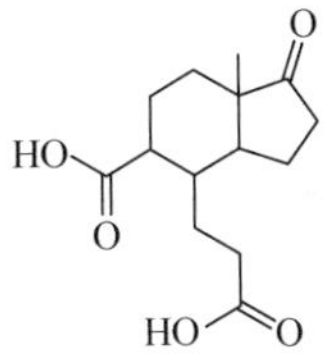  | $O_3$ | [7] |
| 8 | 269 | 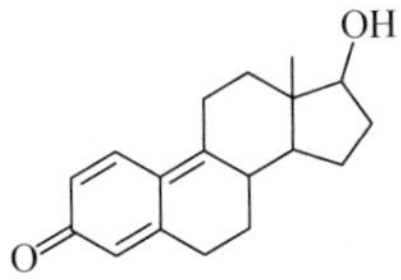  | 光催化 | [10] |
| 9 | 269 | 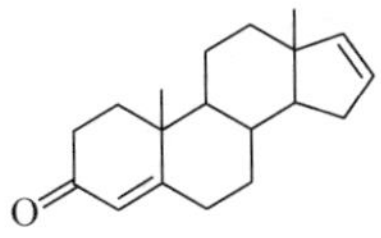  | $UV/TiO_2$ | [15] |
| 10 | 269 | 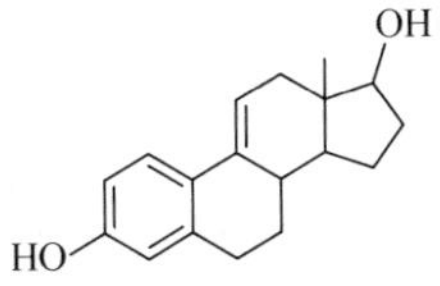  | 光-Fenton | [14] |

续表

| 产物编号 | 相对分子质量 | 结构式 | 氧化剂 | 参考文献 |
| --- | --- | --- | --- | --- |
| 11 | 269 | 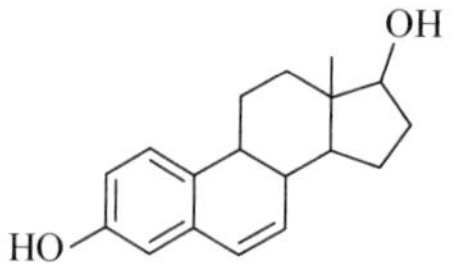 HO OH | 光-Fenton | [14] |
| 12 | 271 | 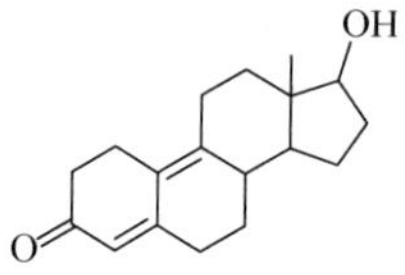 O OH | 光-Fenton | [14] |
| 13 | 277 | 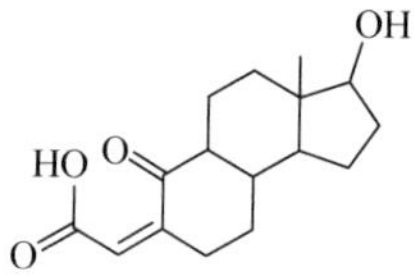 HO O O OH | $O_3$ | [12] |
| 14 | 285 | 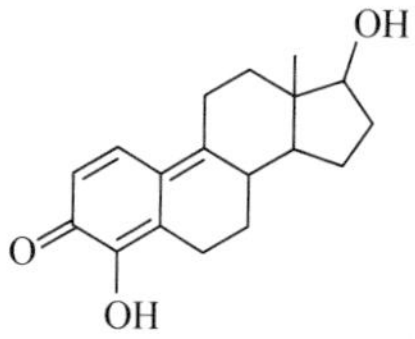 O OH OH | 光催化 | [10] |
| 15 | 285 | 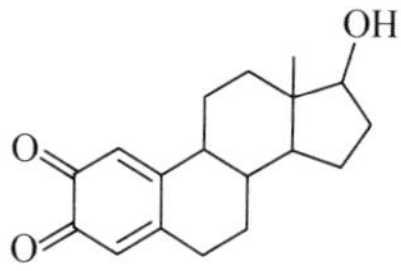 O O OH | $O_3$ | [16] |
| 16 | 285 | 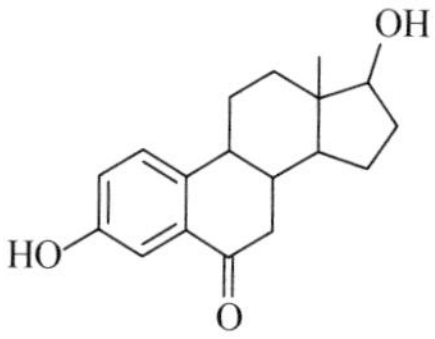 HO O OH | 光-Fenton | [14] |
| 17 | 287 | 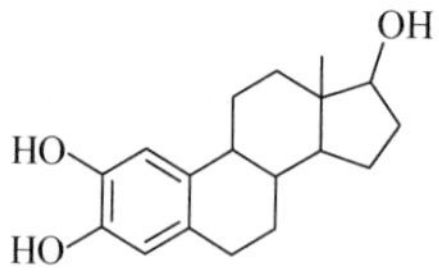 HO HO OH | $O_3$<br>UV/$TiO_2$<br>光-Fenton<br>光催化 | [14,16,17,18] |
| 18 | 287 | 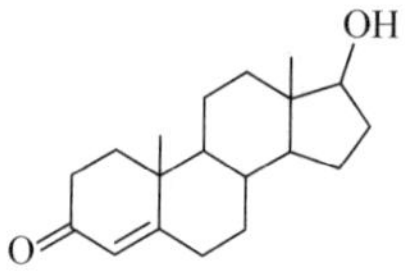 O OH | 光-Fenton<br>UV/$TiO_2$ | [14,15] |

续表

| 产物编号 | 相对分子质量 | 结构式 | 氧化剂 | 参考文献 |
| --- | --- | --- | --- | --- |
| 19 | 287 | | UV/$TiO_2$<br>光-Fenton<br>$O_3$<br>光催化 | [12,14,15,17,18] |
| 20 | 287 | | 光-Fenton | [14] |
| 21 | 287 | | 光-Fenton | [14] |
| 22 | 289 | | 光-Fenton | [14] |
| 23 | 289 | | 光-Fenton | [15] |
| 24 | 303 | | 光催化 | [18] |
| 25 | 303 | | UV/$TiO_2$<br>光催化 | [17,18] |
| 26 | 319 | | $O_3$ | [16] |

续表

| 产物编号 | 相对分子质量 | 结构式 | 氧化剂 | 参考文献 |
|---|---|---|---|---|
| 27 | 319 | 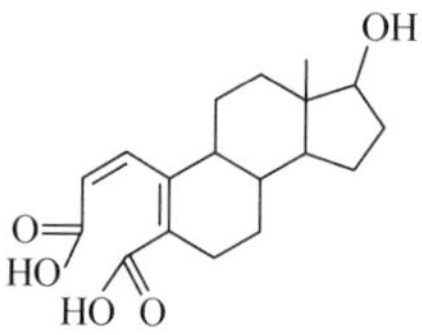  | $O_3$ | [16] |
| 28 | 335 | 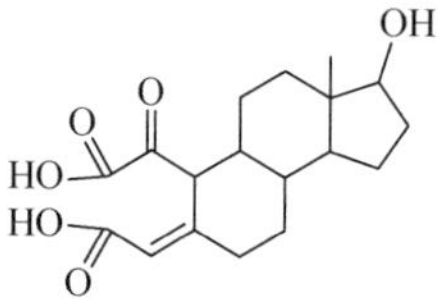  | $UV/TiO_2$ | [17] |
| 29 | 353 | 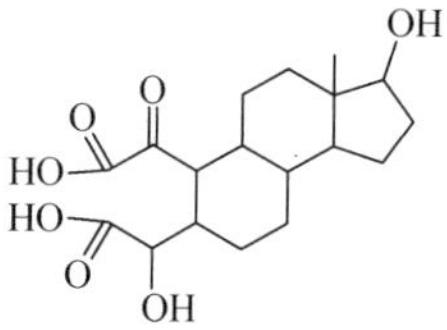  | $UV/TiO_2$ | [17] |
| 30 | 367 | 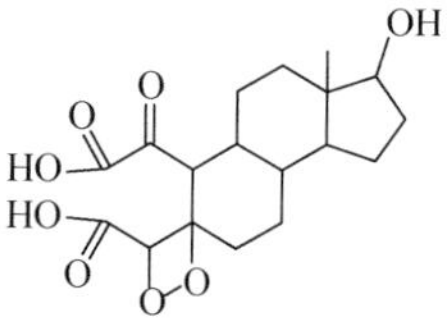  | $UV/TiO_2$ | [17] |

### 3.2.3 $KMnO_4$降解 EE2 的氧化产物及反应路径

图 3-7（a）给出了利用 LC-MS/MS 测定 EE2 标准样品的色谱图，在 31.0min 处的峰是 EE2 的色谱峰，与 E2 相同，同样存在 6 处杂质峰。图 3-7（b）给出了 $KMnO_4$ 氧化 EE2 后利用 LC-MS/MS 测定的色谱图，从色谱图中可以清晰地看出，$KMnO_4$ 氧化 EE2 后出现了 12 种主要产物，与 E2 的测定结果相似，12 种产物的保留时间都在目标有机物之前，产物也应该是一些开环或是加羟基的产物，根据保留时间、质荷比、子离子信息等推测 12 种产物的结构式见表 3-7。由此可见，$KMnO_4$ 氧化进攻的活性位同样是苯环上的酚羟基，产物包括一些加氧、加羟基官能团和醌型产物。这些产物的内分泌干扰活性明显低于 EE2。

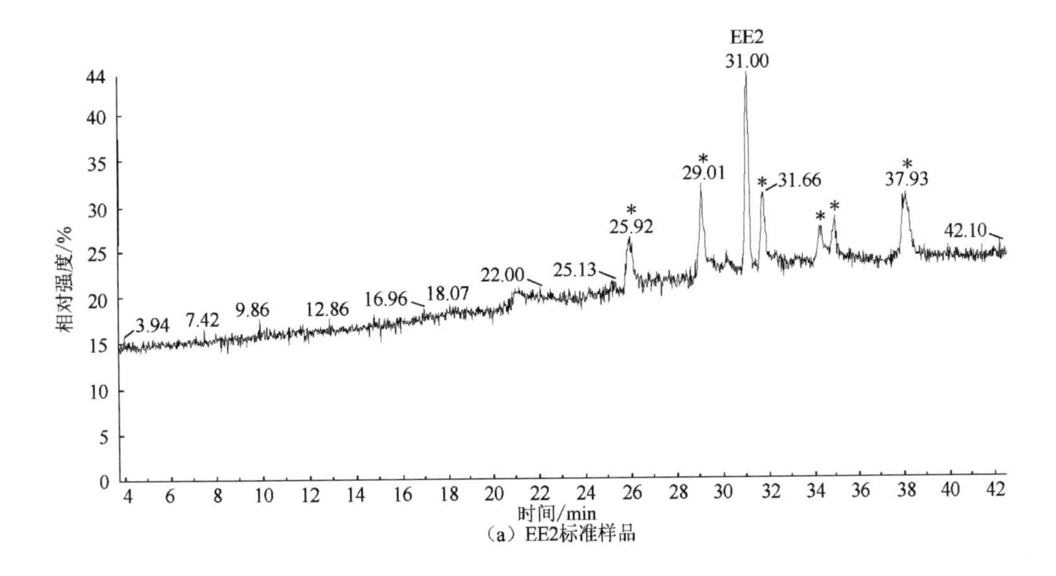

（a）EE2标准样品

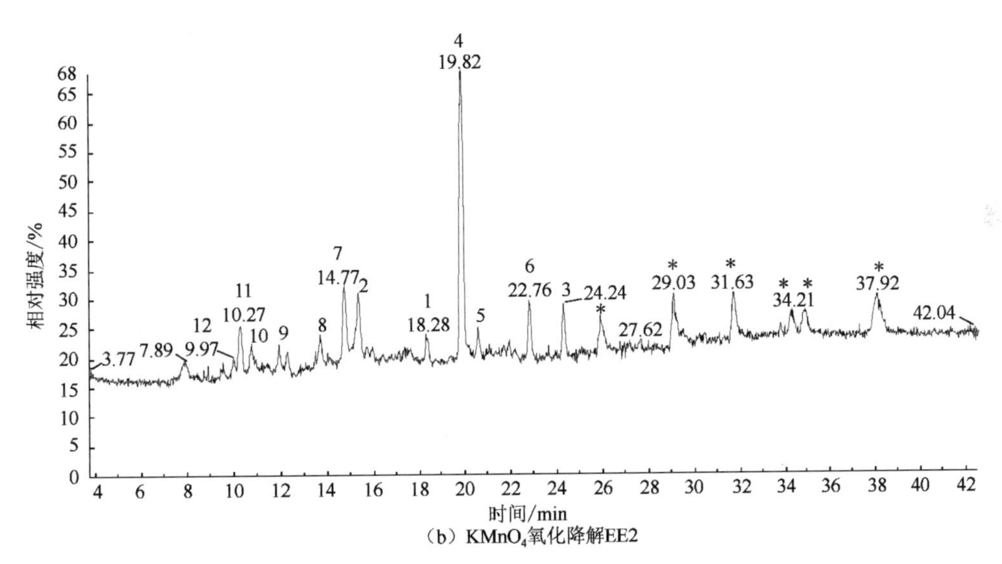

（b）$KMnO_4$氧化降解EE2

图 3-7 EE2 标准样品和 $KMnO_4$ 氧化降解 EE2 的 LC-MS/MS 色谱图

表 3-7 LC-MS/MS 测定 $KMnO_4$ 降解 EE2 的氧化产物归纳

| | 质量数 | 质量数差 | 保留时间/min | 结构式 |
|---|---|---|---|---|
| EE2 | 295 | — | 31.0 | 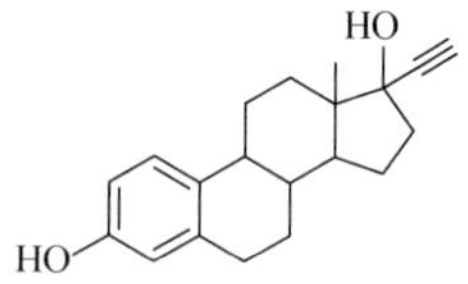 |
| 产物 1 | 263 | −32 | 18.3 | 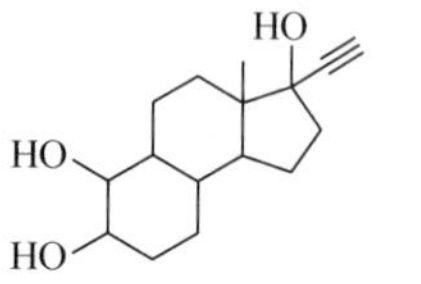 |
| 产物 2 | 293 | −2 | 15.3 | 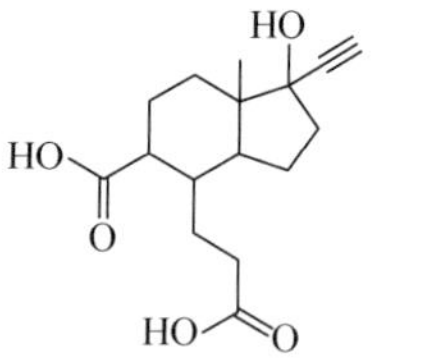 |
| 产物 3 | 293 | −2 | 24.2 | 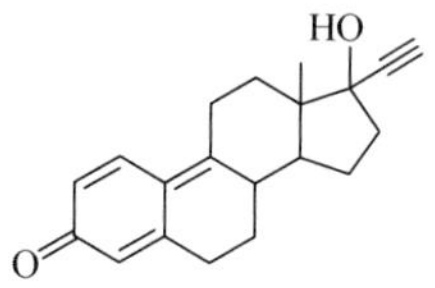 |
| 产物 4 | 309 | +14 | 19.8 | 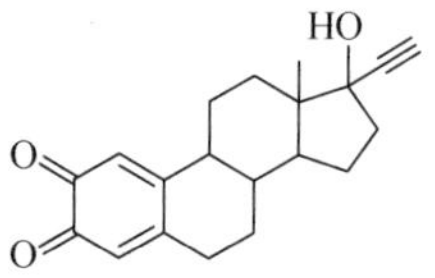 |
| 产物 5 | 313 | +18 | 20.5 | 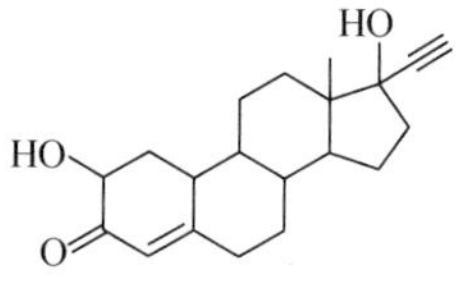 |
| 产物 6 | 317 | +22 | 22.8 | 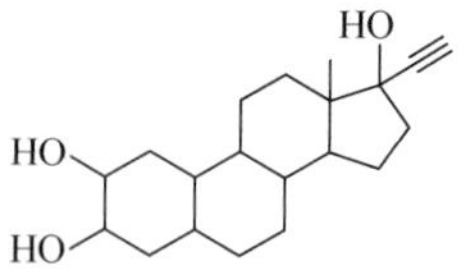 |
| 产物 7 | 329 | +34 | 14.77 | 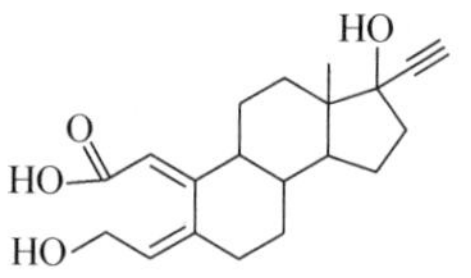 |

续表

| | 质量数 | 质量数差 | 保留时间/min | 结构式 |
|---|---|---|---|---|
| 产物 8 | 343 | +48 | 13.7 | 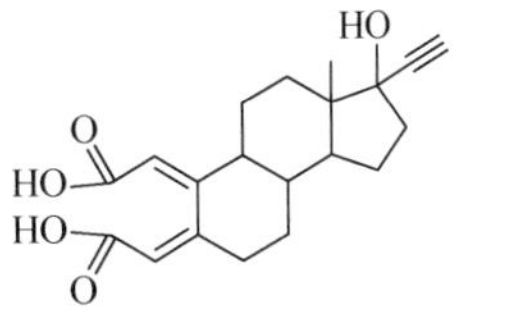 |
| 产物 9 | 359 | +64 | 11.9 | 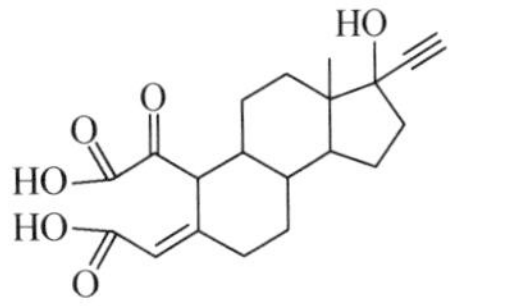 |
| 产物 10 | 375 | +80 | 10.7 | 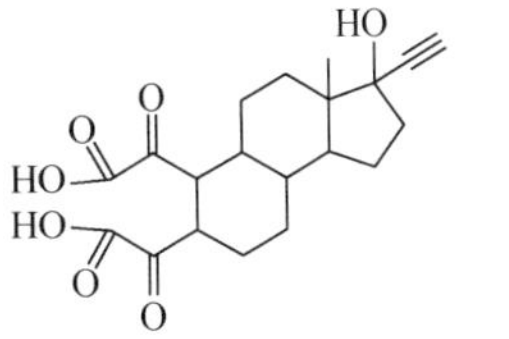 |
| 产物 11 | 377 | +82 | 10.3 | 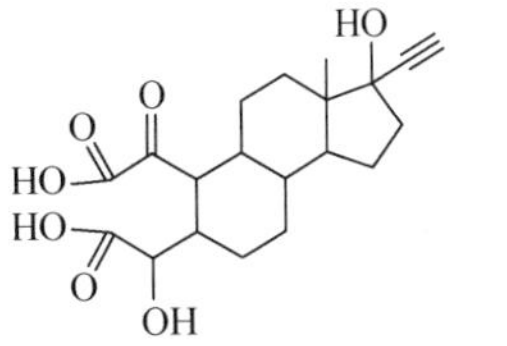 |
| 产物 12 | 391 | +96 | 7.9 | 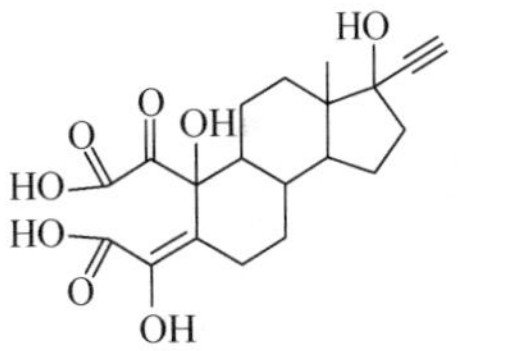 |

推测 $KMnO_4$ 氧化降解 E2 的反应路径见图 3-8。首先 E2 被 $KMnO_4$ 氧化后形成羟基化和醌型产物，如产物 2、产物 4、产物 5，继续被氧化形成一系列羧基化芳香开环产物，如产物 6～产物 10，然后继续被氧化去掉一个苯环形成产物 1 和产物 3。

表 3-7 中根据 LC-MS/MS 测定结果推测的 $KMnO_4$ 降解 E2 的氧化产物结构式与文献资料[7,10,19-21]利用其他不同氧化剂降解 EE2 的氧化产物结构式相似，见表 3-8。其他氧化剂（$O_3$、光-Fenton、UV/$TiO_2$ 等）降解 EE2 氧化进攻活性位同样是苯环上的酚羟基，产物包括一些加氧、加羟基官能团和醌型产物。这些产物的内分泌干扰活性明显低于 EE2。

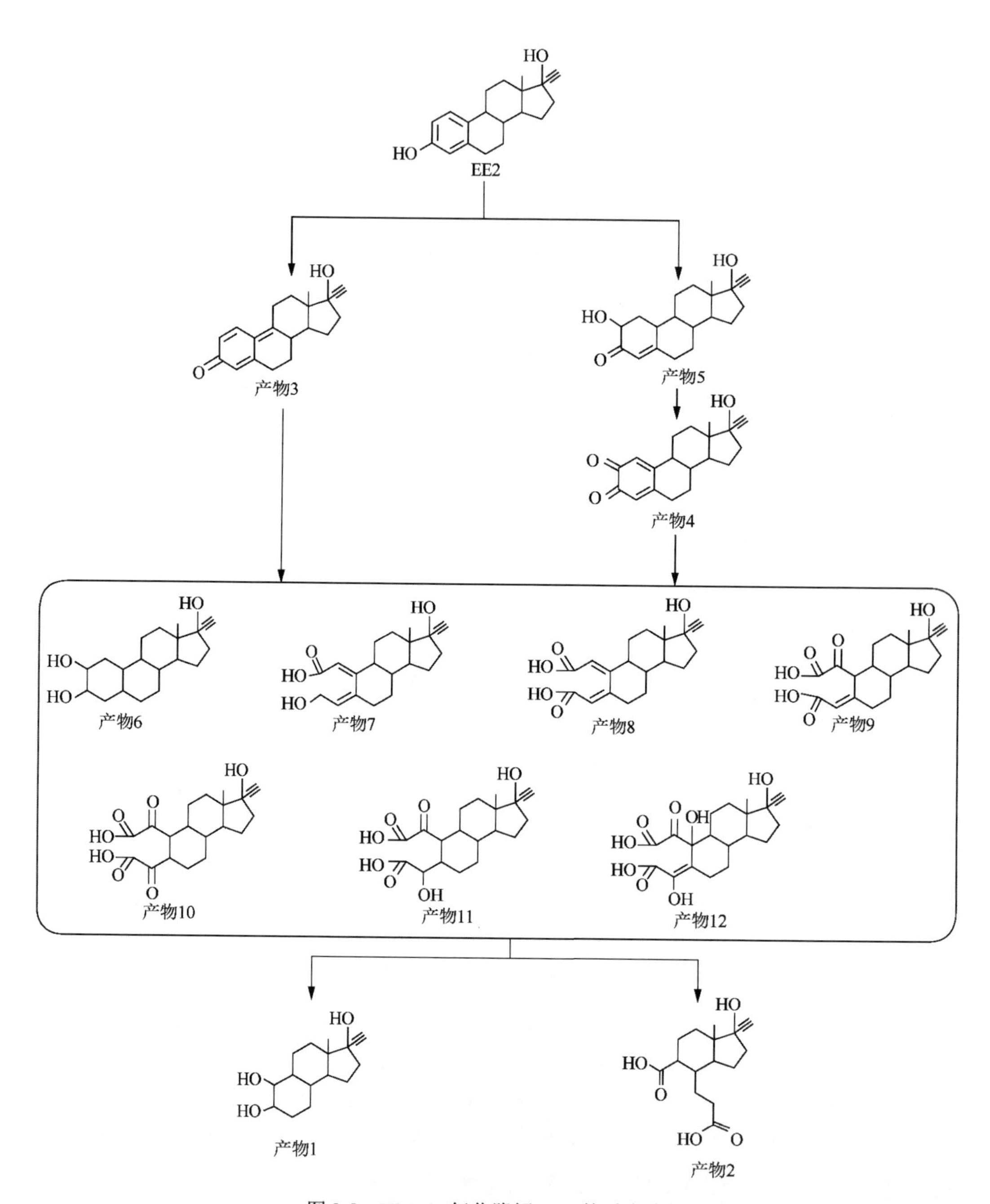


图 3-8 $KMnO_4$ 氧化降解 EE2 的反应路径

表 3-8　其他氧化剂降解 EE2 的氧化产物归纳

| 产物编号 | 相对分子质量 | 结构式 | 氧化剂 | 参考文献 |
|---|---|---|---|---|
| 1 | 251 | 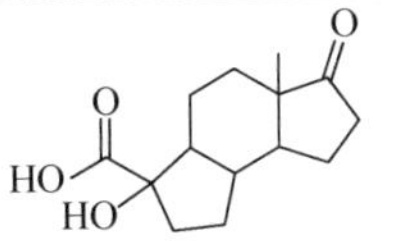 | $O_3$ | [7] |
| 2 | 267 | 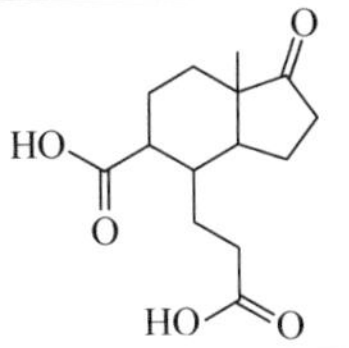 | $O_3$ | [7] |
| 3 | 285 | 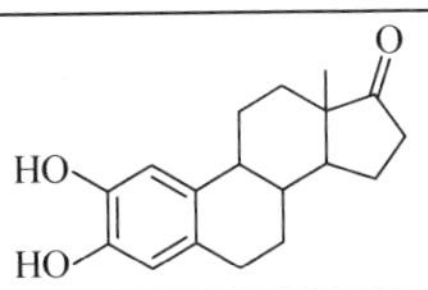 | $O_3$ | [19] |
| 4 | 285 | 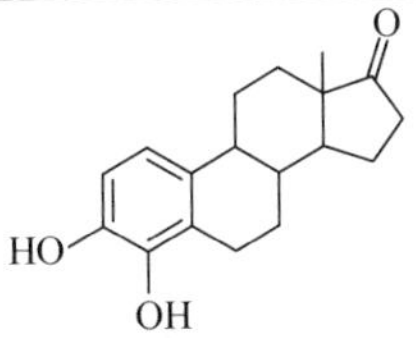 | $O_3$ | [19] |
| 5 | 291 | 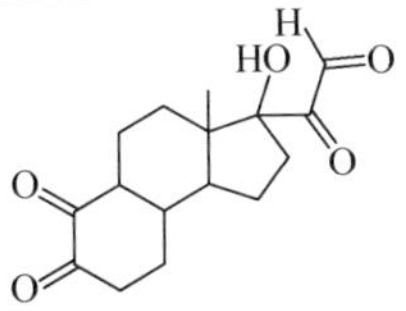 | $O_3$ | [7] |
| 6 | 293 | 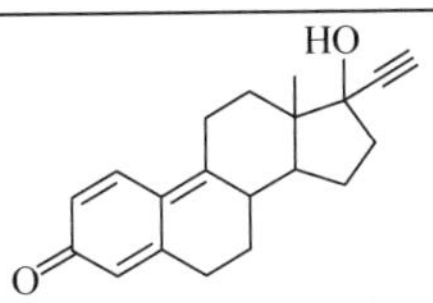 | 光催化 | [10] |
| 7 | 297 | 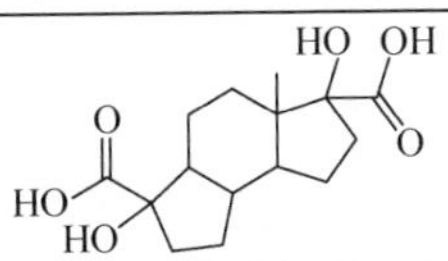 | $O_3$ | [7] |
| 8 | 301 | 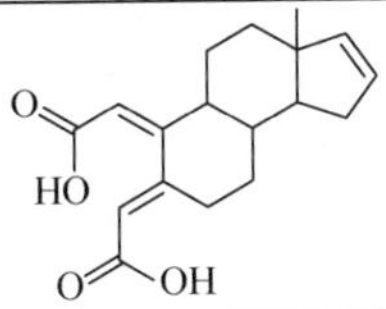 | $O_3$ | [20] |
| 9 | 311 | 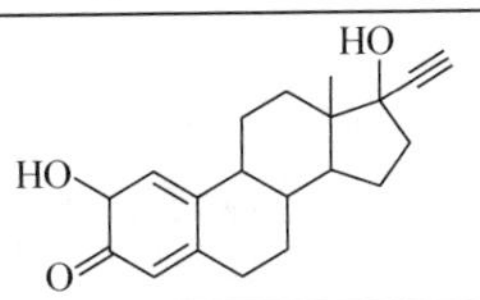 | $O_3$ | [21] |

续表

| 产物编号 | 相对分子质量 | 结构式 | 氧化剂 | 参考文献 |
| --- | --- | --- | --- | --- |
| 10 | 311 | 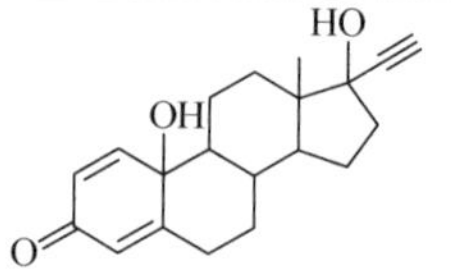 | $O_3$ | [21] |
| 11 | 311 | 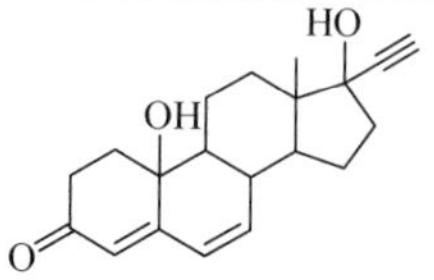 | $O_3$ | [21] |
| 12 | 313 | 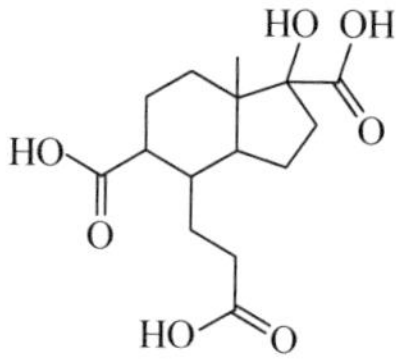 | $O_3$ | [7] |
| 13 | 325 | 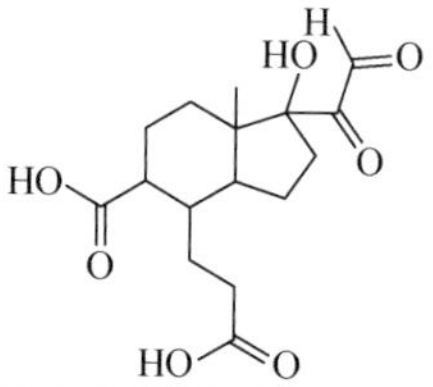 | $O_3$ | [7] |
| 14 | 325 | 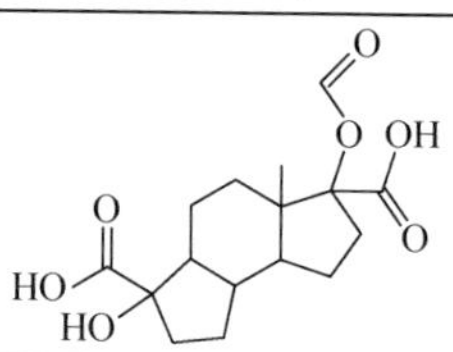 | $O_3$ | [7] |
| 15 | 341 | 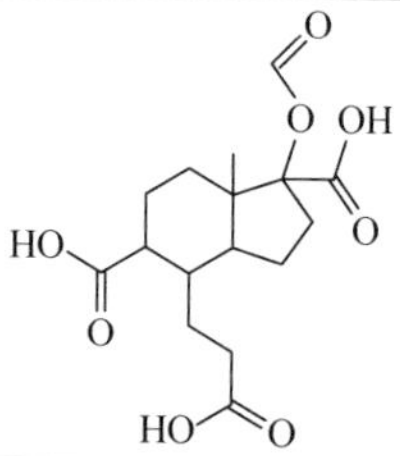 | $O_3$ | [7] |
| 16 | 343 | 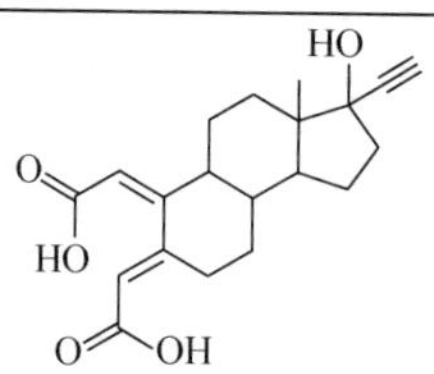 | $O_3$ | [20] |

利用 LC-MS/MS 测定 $KMnO_4$ 氧化降解雌激素的结果表明，$KMnO_4$ 易氧化进攻雌激素苯环上的活性位酚羟基，产物包括一些加氧、加羟基官能团和醌型产物。这些产物的雌激素干扰活性明显低于目标污染物。

## 3.3 KMnO$_4$降解卤代阻燃剂的氧化产物及反应路径

### 3.3.1 KMnO$_4$降解 TBrBPA 的氧化产物及反应路径

利用针泵子找母质谱检测方法（MS/MS-PIS）对 KMnO$_4$氧化降解 TBrBPA 过程中产生的氧化产物进行检测分析，并推测其反应路径。

图3-9给出了PIS(Br$^-$ $m/z$ 79)模式下测定KMnO$_4$氧化降解TBrBPA的质谱图，图3-10给出了 PIS(Br$^-$ $m/z$ 81)模式下测定 KMnO$_4$氧化降解 TBrBPA 的质谱图。实验条件为：[KMnO$_4$]$_0$ = 0μmol/L[图 3-9（a）和图 3-10（a）]、5μmol/L [图 3-9（b）和图 3-10（b）]、10μmol/L [图 3-9（c）和图 3-10（c）]、15μmol/L [图 3-9（d）和图 3-10（d）]、20μmol/L [图 3-9（e）和图 3-10（e）]，[TBrBPA]$_0$ = 10μmol/L，pH=7。

通过图3-9和图3-10的对比可以清楚地看出，PIS(Br$^-$ $m/z$ 79)质谱图和PIS(Br$^-$ $m/z$ 81)质谱图中对应峰强比为 1∶1，这样的测定结果与溴的同位素特性相一致[2,6,22]。从质谱图中可以看出，除目标物 TBrBPA 外，还测得 6 种主要产物，并且随着 KMnO$_4$浓度的增加产物逐渐增加，而后产物随着 KMnO$_4$浓度的增加又被降解。

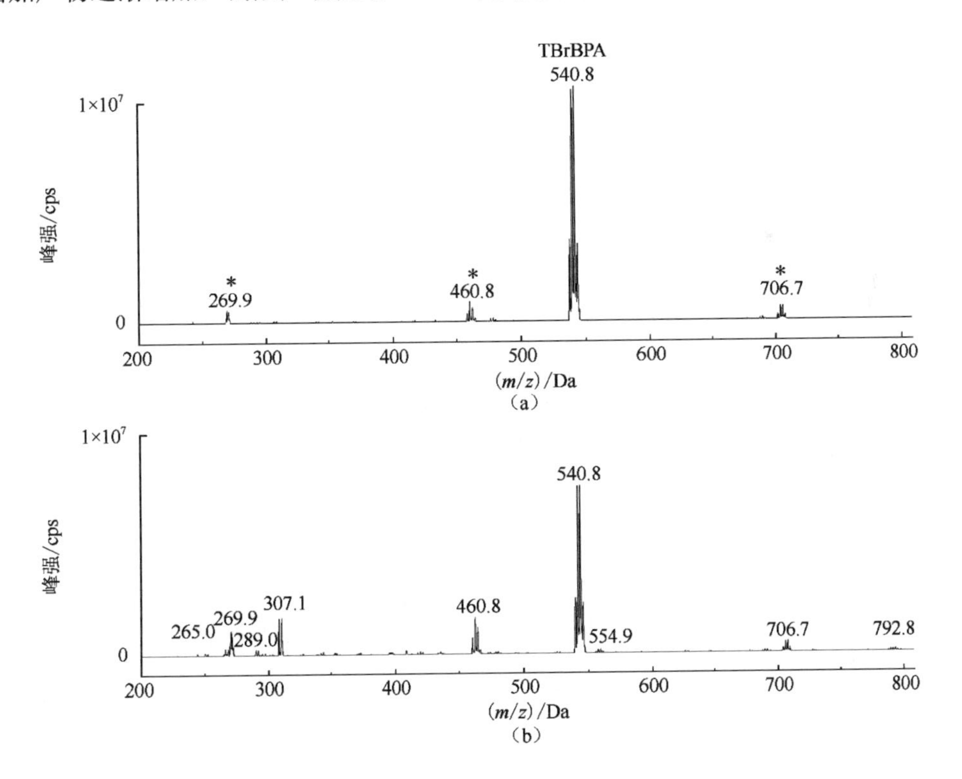

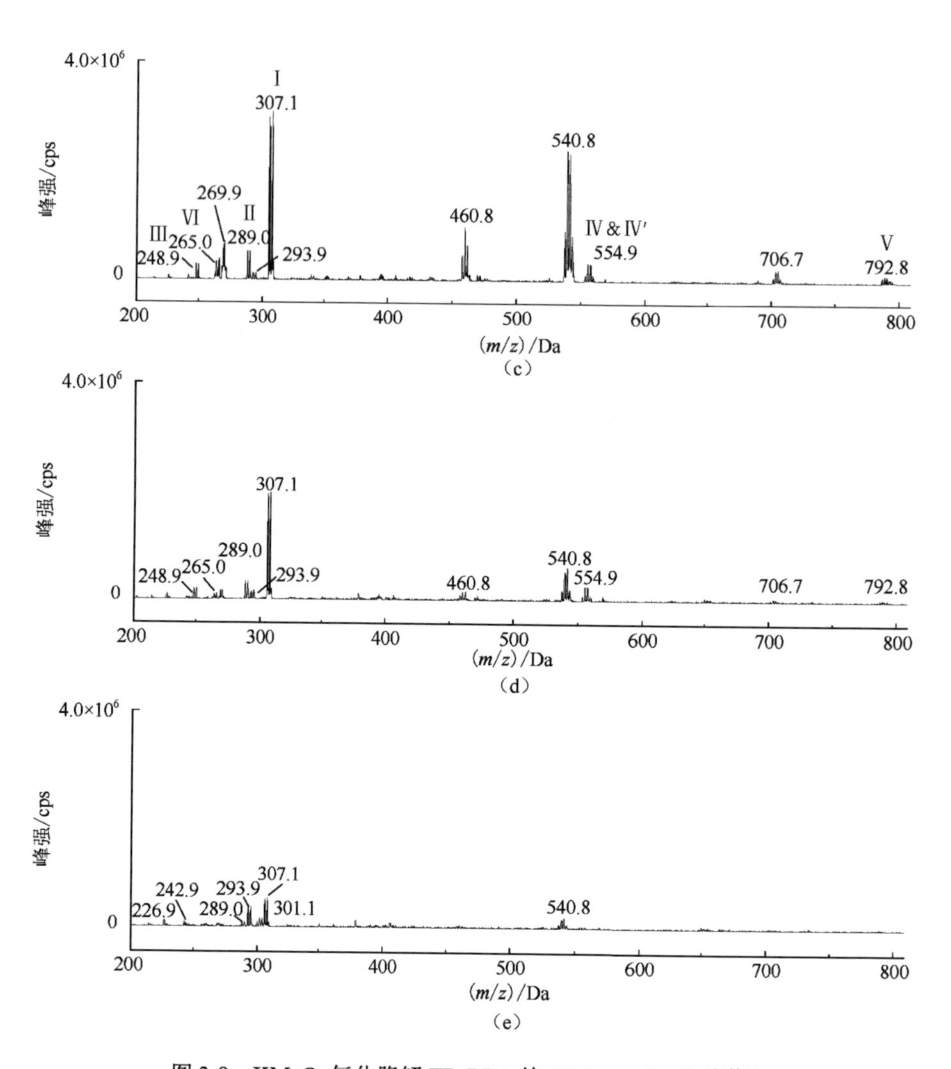


图 3-9　$KMnO_4$ 氧化降解 TBrBPA 的 PIS($Br^-$ $m/z$ 79)质谱图

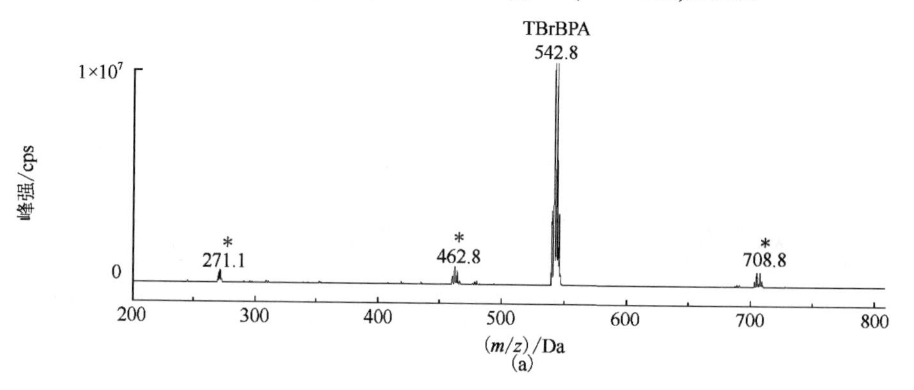

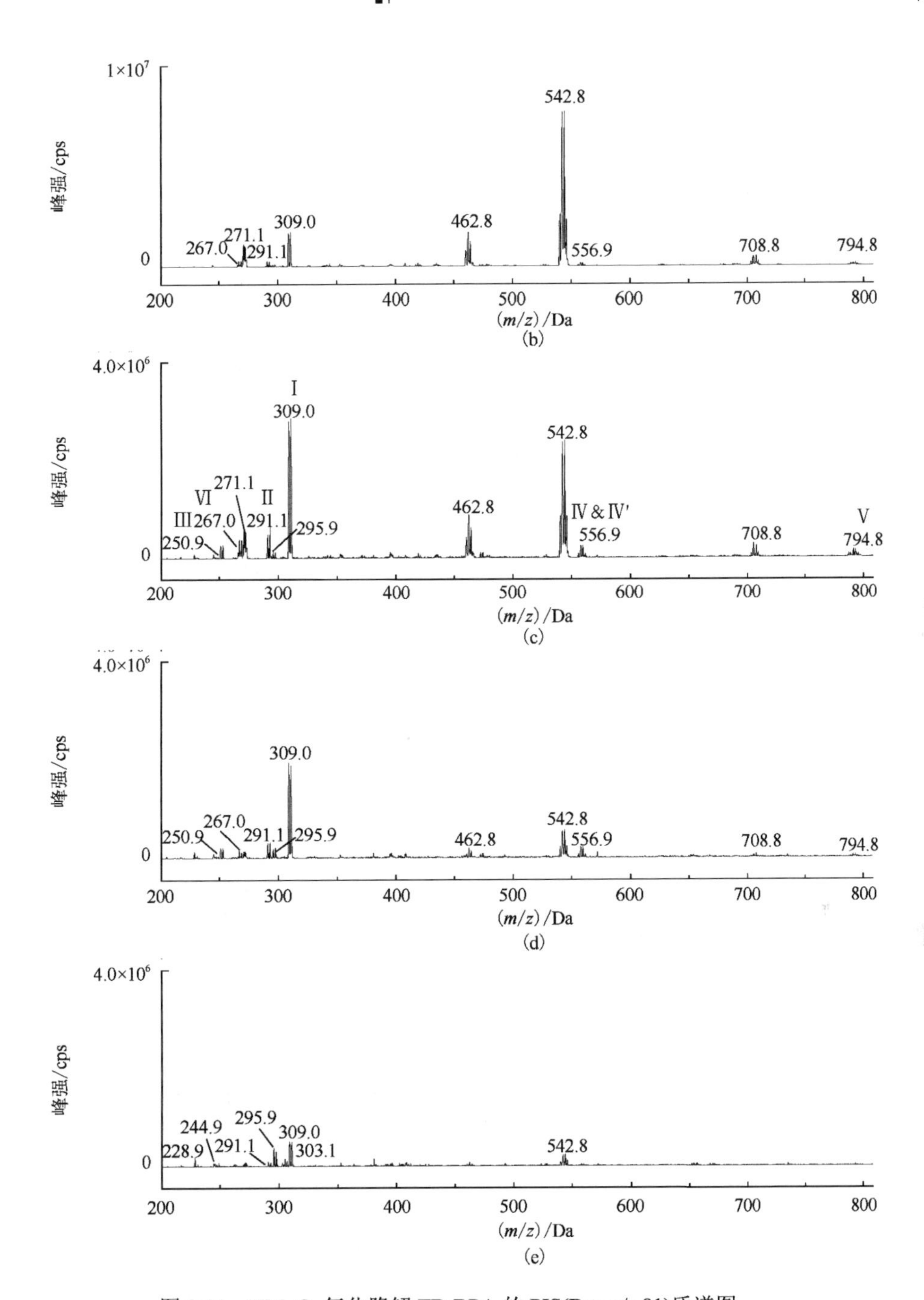


图 3-10 $KMnO_4$氧化降解 TBrBPA 的 PIS($Br^-$ *m/z* 81)质谱图

从图 3-11 中可以看出，利用 PIS($Br^-$ *m/z* 79)模式测定 TBrBPA 的质量数为 539/541/543/545，质谱峰的相对峰强比为 1∶3∶3∶1；利用 PIS($Br^-$ *m/z* 81)模式测定 TBrBPA 的质量数为 541/543/545/547，质谱峰的相对峰强比为 1∶3∶3∶1，与表 3-2 中分子结构含 4 个溴原子的溴代有机物的规律相一致，符合 TBrBPA 分子结构中含有 4 个溴原子。产物Ⅰ的质量数为307/309(Br$^-$ *m/z* 79)和309/311(Br$^-$ *m/z* 81)，质谱峰的相对峰强比为1∶1，与表3-2中分子结构含2个溴原子的溴代有机物的规律相一致，推测其分子结构中含有2个溴原子；产物Ⅱ的质量数为289/291(Br$^-$ *m/z* 79)和291/293(Br$^-$ *m/z* 81)，质谱峰的相对峰强比为1∶1，与表3-2中分子结构含2个溴原子的溴代有机物的规律相一致，推测其分子结构中含有2个溴原子；产物Ⅲ的质量数为249/251(Br$^-$ *m/z* 79)和251/253(Br$^-$ *m/z* 81)，质谱峰的相对峰强比为1∶1，与表3-2中分子结构含2个溴原子的溴代有机物的规律相一致，推测其分子结构中含有2个溴原子；产物Ⅳ&Ⅳ′的质量数为555/557/559/561(Br$^-$ *m/z* 79)和557/559/561/563(Br$^-$ *m/z* 81)，质谱峰的相对峰强比为1∶3∶3∶1，与表3-2中分子结构含4个溴原子的溴代有机物的规律相一致，推测其分子结构中含有4个溴原子，为聚合产物；产物Ⅴ的质量数为787/789/791/793/795/797(Br$^-$ *m/z* 79)和789/791/793/795/797/799(Br$^-$ *m/z* 81)，质谱峰的相对峰强比为1∶5∶10∶10∶5∶1，与表3-2中分子结构含6个溴原子的溴代有机物的规律相一致，推测其分子结构中含有6个溴原子，为聚合产物；产物Ⅵ的质量数为264/265/266/267(Br$^-$ *m/z* 79)和266/267/268/269(Br$^-$ *m/z* 81)，质量数之间只差1，与产物Ⅰ～产物Ⅴ同位素峰质量数之间差2不同，因此，根据这个特点推测该产物可能是醌的衍生物2,6-二溴苯醌，相似的研究结果在研究其他醌类有机物时也被报道[23-25]。

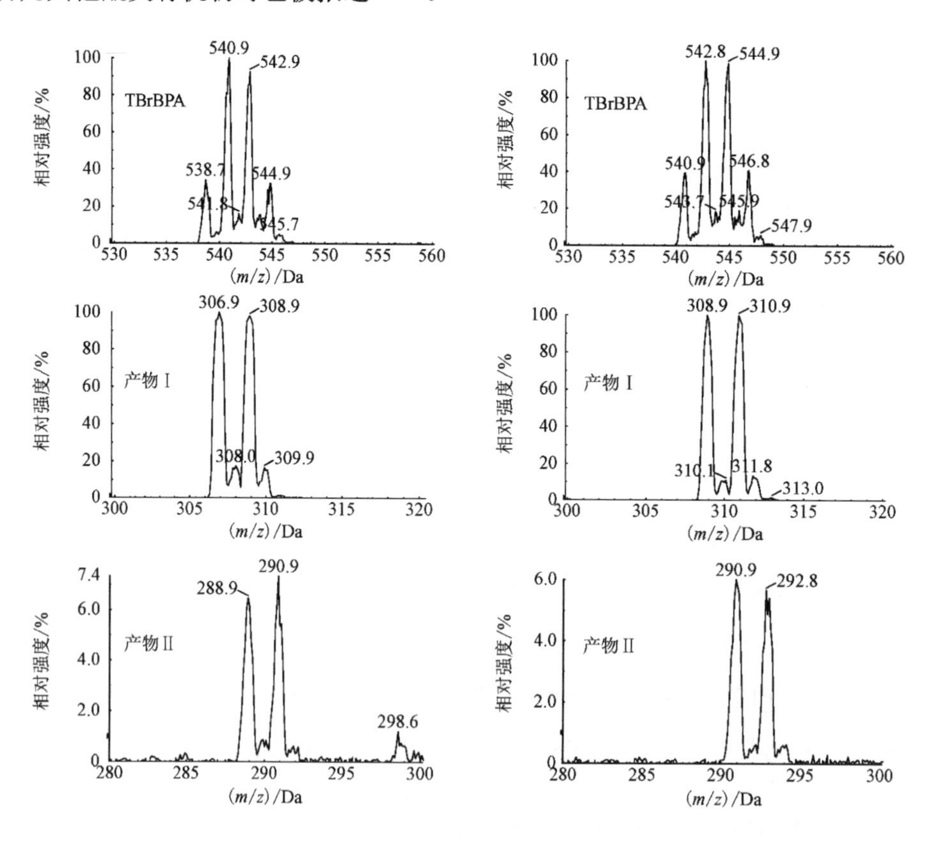

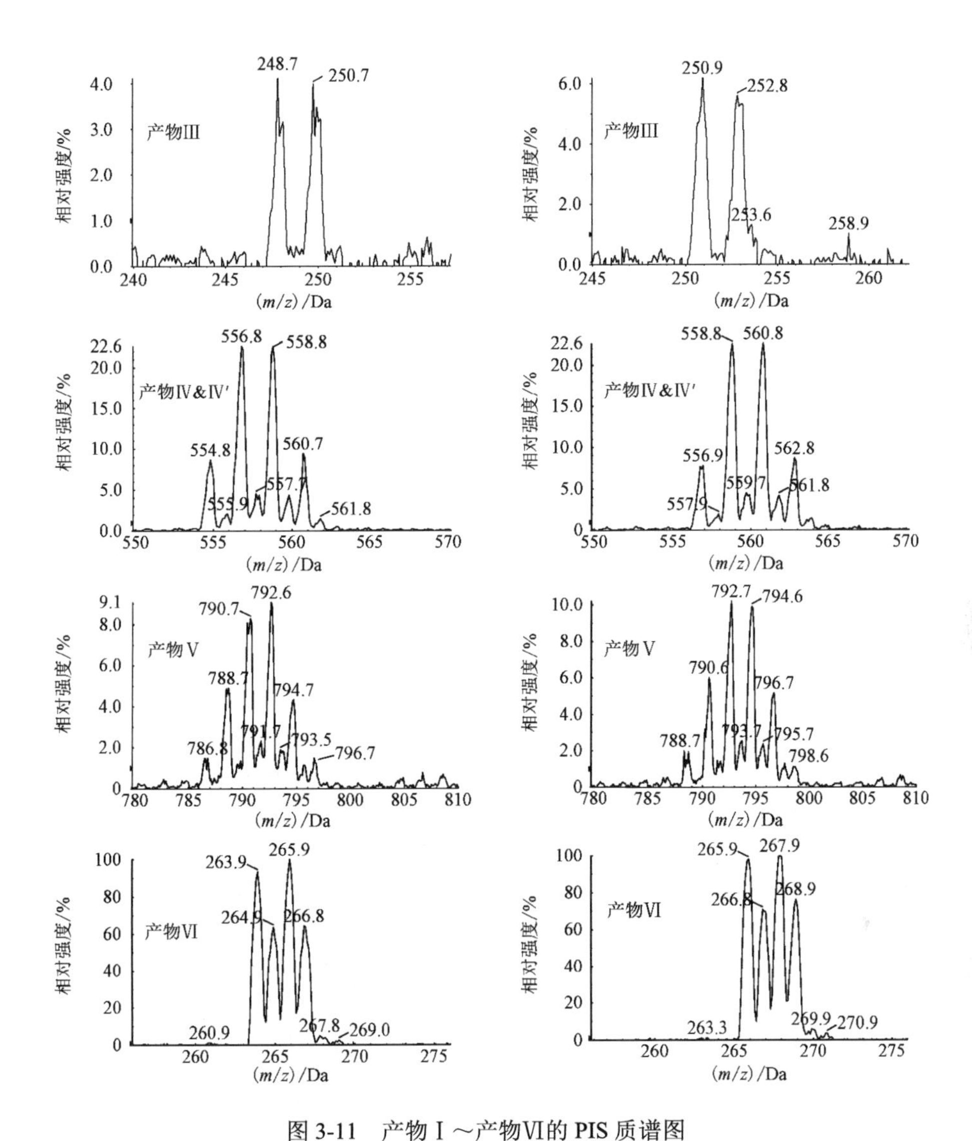


图 3-11　产物Ⅰ～产物Ⅵ的 PIS 质谱图

左侧为 PIS($Br^-$ $m/z$ 79)质谱图；右侧为 PIS($Br^-$ $m/z$ 81)质谱图

TBrBPA 和产物Ⅰ～产物Ⅵ的色谱与质谱信息见图 3-12～图 3-17。

图 3-12 给出了 TBrBPA 的色谱图与质谱图，从图中可以看出，分子结构含 4 个溴原子的 TBrBPA 在进行全扫描时有 5 个质谱峰，质量数为 539/541/543/545/547，且相对峰强比为 1∶4∶6∶4∶1，与表 3-2 中分子结构含 4 个溴原子的溴代有机物的规律相一致。图 3-12（b）～图 3-12（f）分别给出了质量数为 539、541、543、545、547 的子离子信息。

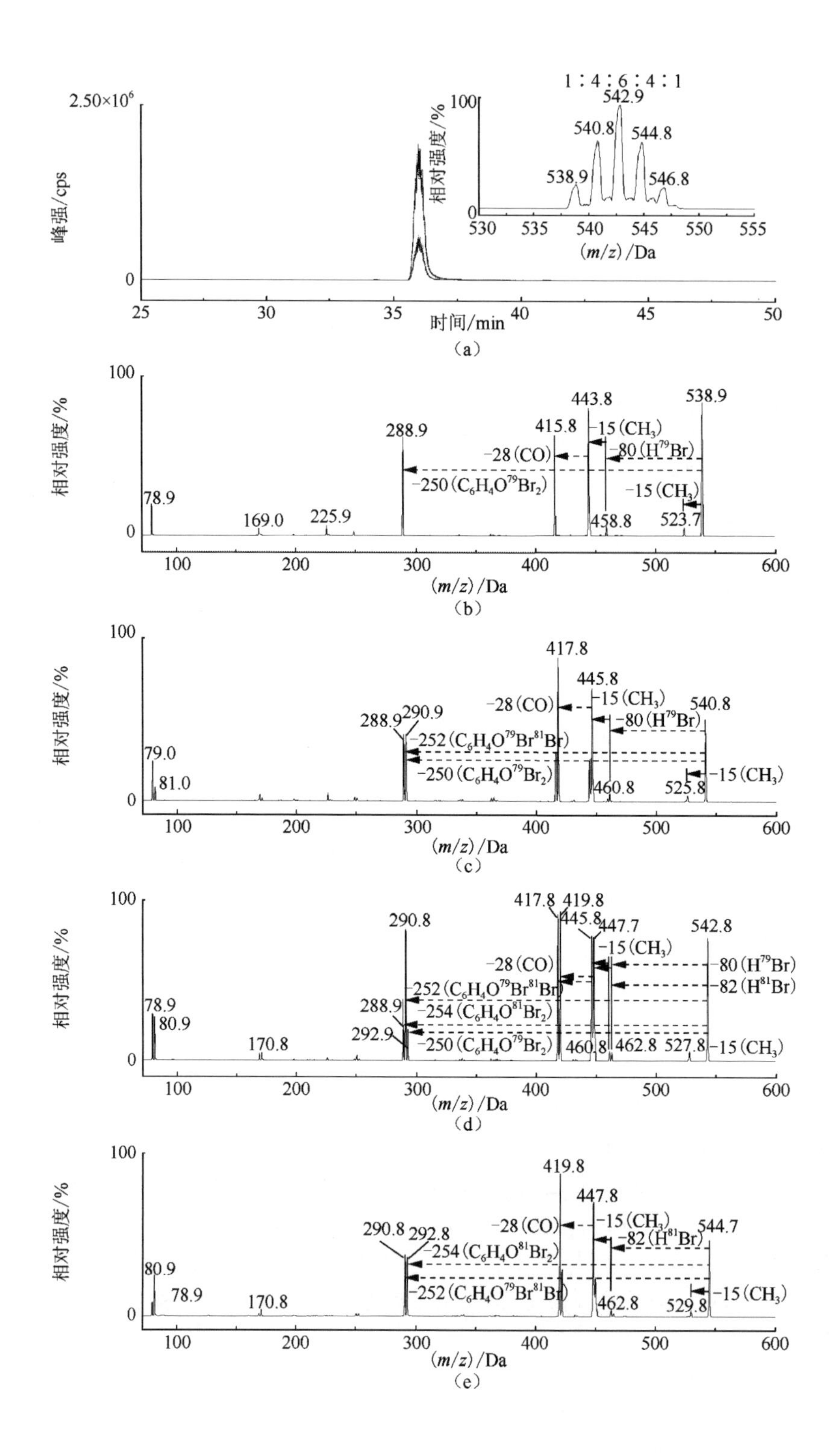
1：4：6：4：1
2.50×10⁶
峰强/cps
0
时间/min
相对强度/%
(m/z)/Da
542.9
540.8
544.8
538.9
546.8
288.9
415.8
443.8
538.9
-15(CH₃)
-28(CO)
-80(H⁷⁹Br)
-250(C₆H₄O⁷⁹Br₂)
78.9
169.0
225.9
458.8
523.7
417.8
445.8
540.8
290.9
-252(C₆H₄O⁷⁹Br⁸¹Br)
79.0
81.0
460.8
525.8
290.8
419.8
447.7
542.8
-82(H⁸¹Br)
-254(C₆H₄O⁸¹Br₂)
292.9
80.9
170.8
462.8
527.8
292.8
447.8
544.7
529.8

(a)

(b)

(c)

(d)

(e)

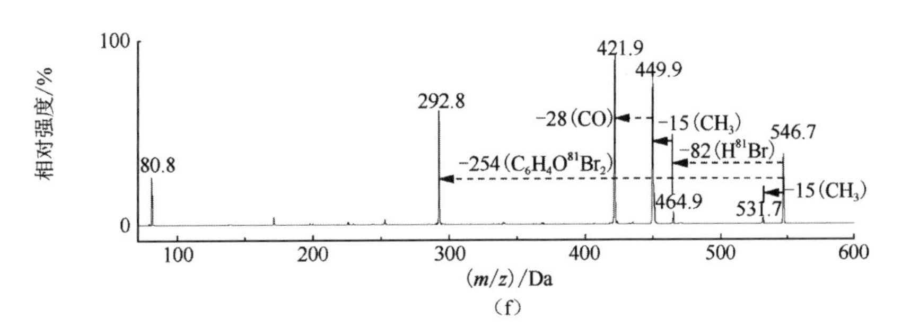

(f)

图 3-12　TBrBPA 的色谱图、全扫描质谱图及子离子质谱图

图 3-13 给出了产物 I 的色谱图与质谱图，从图中可以看出，全扫描时有 3 个质谱峰，质量数为 307/309/311，且相对峰强比为 1∶2∶1，根据表 3-2 推测产物的分子结构中含 2 个溴原子。通过图 3-13 的主要离子碎片信息 18（$H_2O$）、59[$(CH_3)_2$—C—OH] 和 80（$H^{79}Br$）/82（$H^{81}Br$），推测产物 I 可能是 4-(2-羟基异丙基)-2,6-二溴苯酚[4-(2-hydroxyisopropyl)-2,6-dibromophenol]。

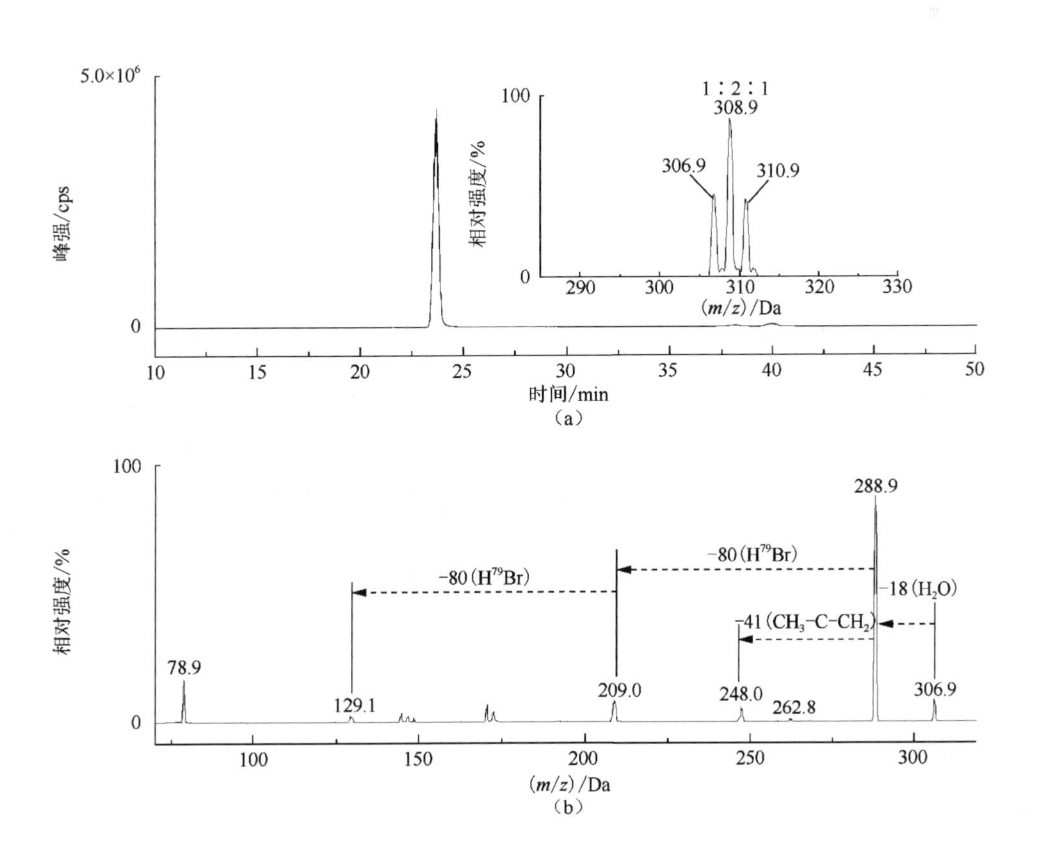

(a)

(b)

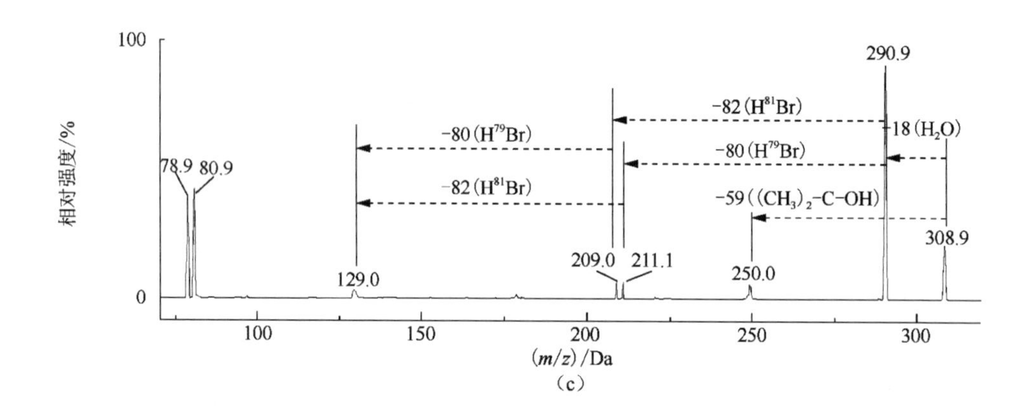

(c)

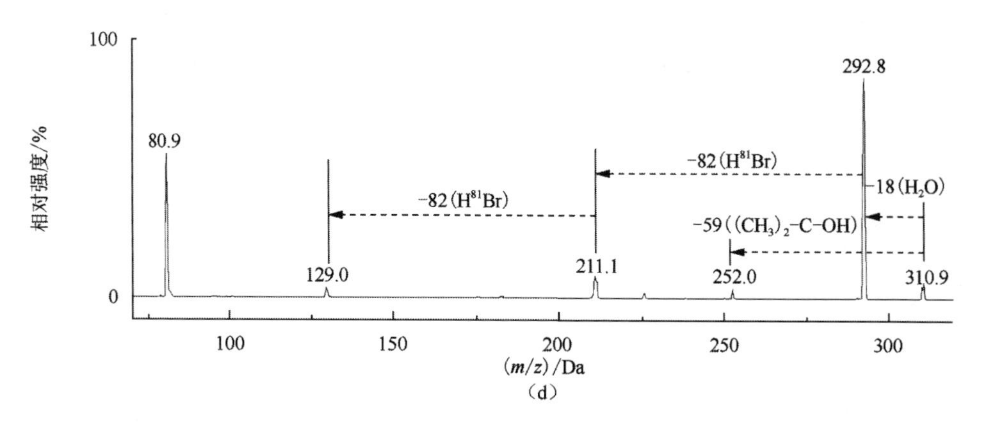

(d)

图 3-13　产物Ⅰ的色谱图、全扫描质谱图及子离子质谱图

图 3-14 给出了产物Ⅱ的色谱图与质谱图，从图中可以看出，全扫描时有 3 个质谱峰，质量数为 289/291/293，且相对峰强比为 1∶2∶1，根据表 3-2 推测产物的分子结构中含 2 个溴原子。通过图 3-14 的主要离子碎片信息 15（$CH_3$），28（CO）和 80（$H^{79}Br$）/82（$H^{81}Br$），推测产物Ⅱ可能是 4-异丙烯-2,6-二溴苯酚（4-isopropylene-2,6-dibromophenol）。

图 3-15 给出了产物Ⅲ的色谱图与质谱图，从图中可以看出，全扫描时有 3 个质谱峰，质量数为 249/251/253，且相对峰强比为 1∶2∶1，根据表 3-2 推测产物的分子结构中含 2 个溴原子。根据标准品确认产物Ⅲ为 2,6-二溴苯酚。

图 3-16 给出了产物Ⅳ&Ⅳ′的色谱图与质谱图，从图中可以看出，全扫描时有 5 个质谱峰，质量数为 555/557/559/561/563，且相对峰强比为 1∶4∶6∶4∶1，根据表 3-2 推测产物的分子结构中含 4 个溴原子。从色谱图中看出，质量数为 555/557/559/561/ 563 的产物有 2 种，属于同分异构体，推测为聚合物。

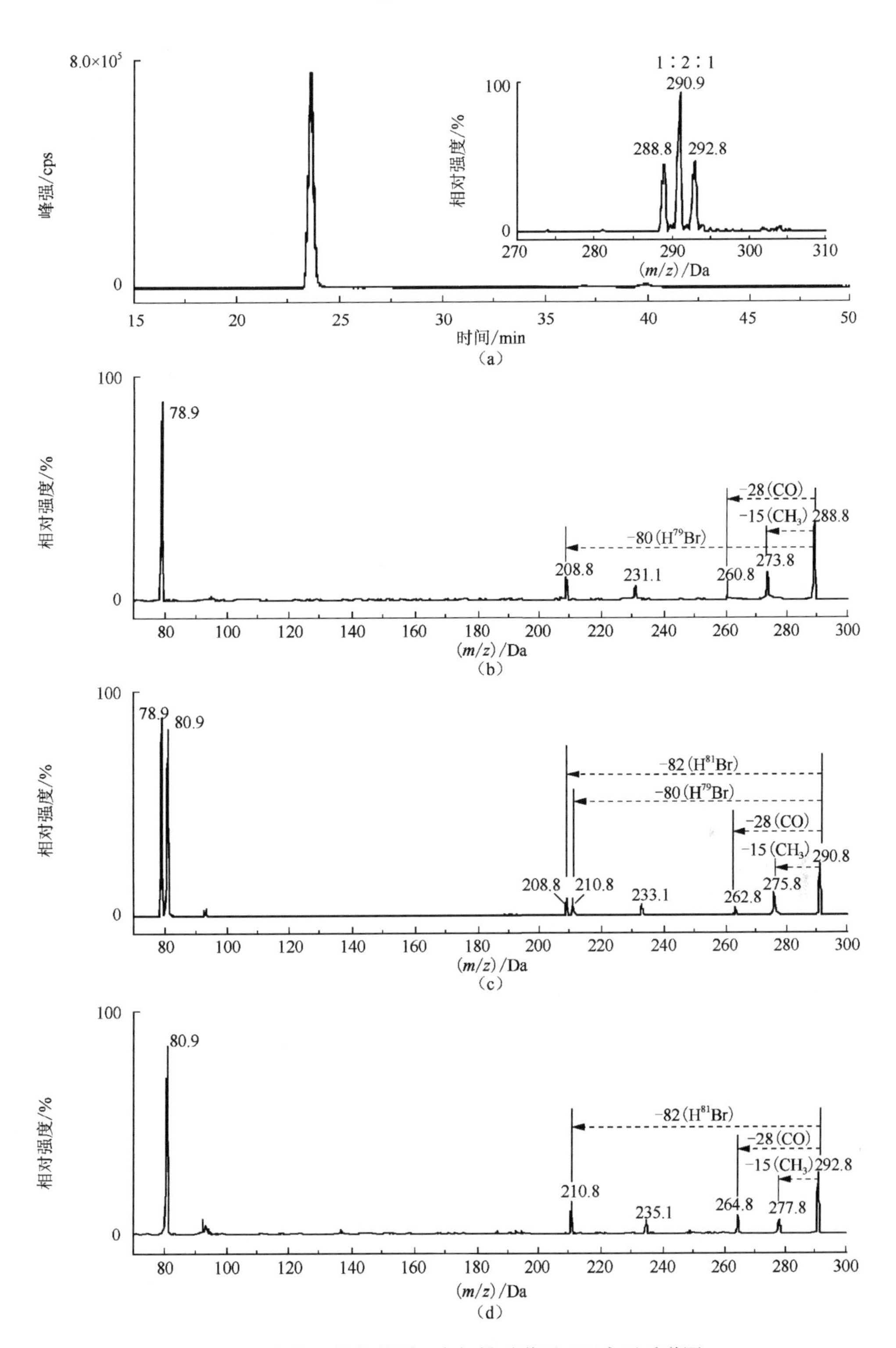


图 3-14 产物Ⅱ的色谱图、全扫描质谱图及子离子质谱图

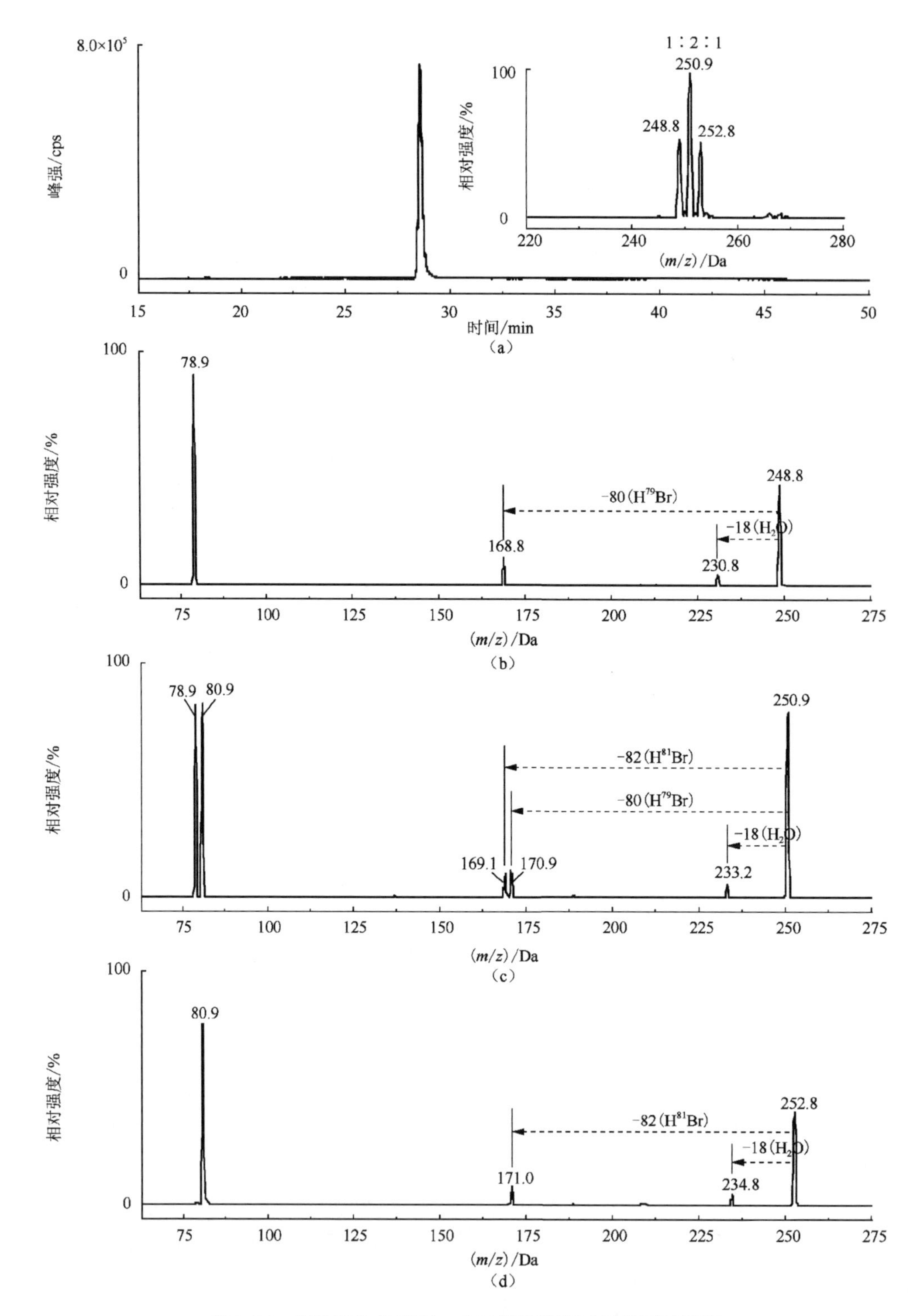


图 3-15　产物Ⅲ的色谱图、全扫描质谱图及子离子质谱图

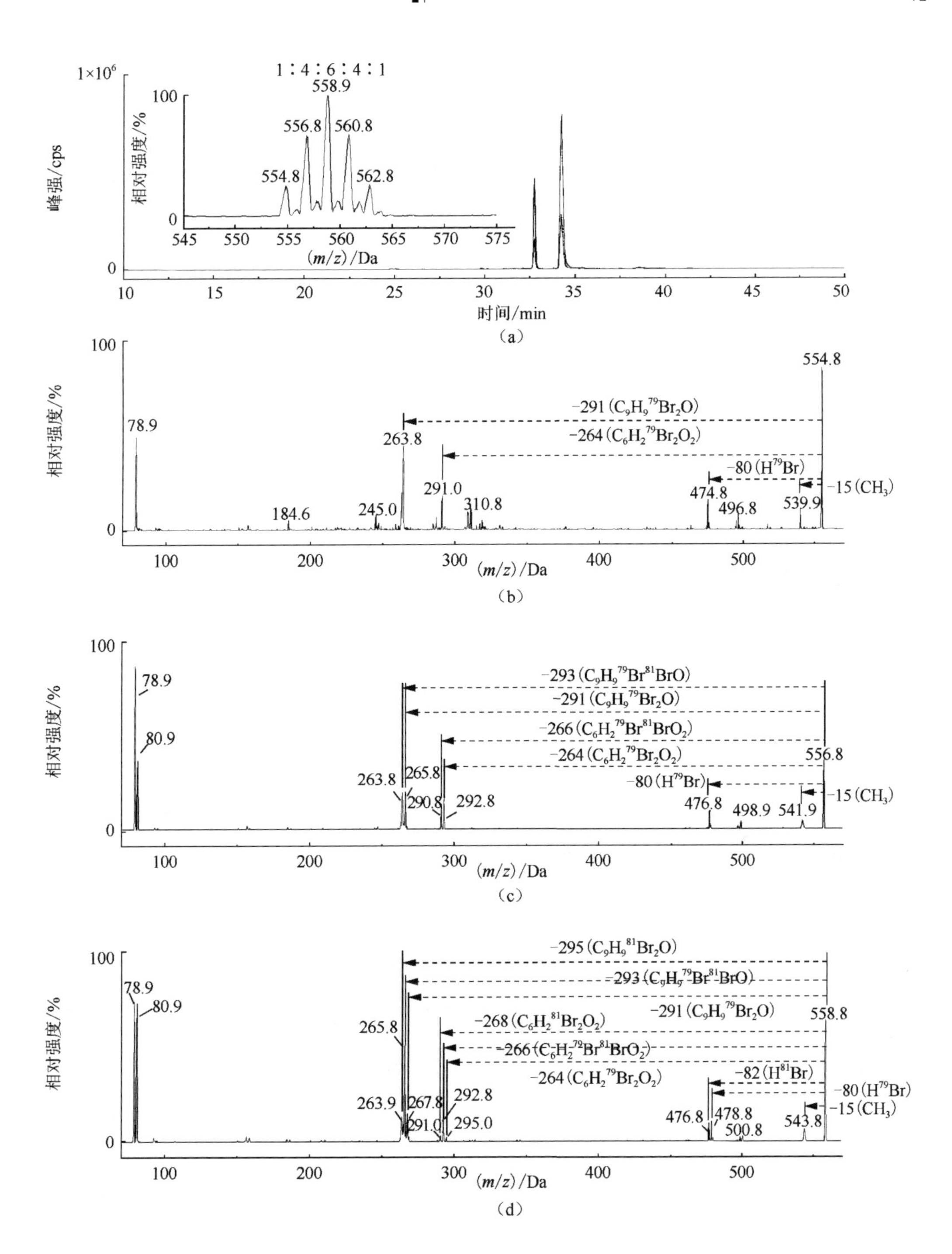

1×10^6
峰强/cps
0
10 15 20 25 30 35 40 45 50
时间/min
1∶4∶6∶4∶1
100
相对强度/%
0
554.8
556.8
558.9
560.8
562.8
545 550 555 560 565 570 575
(m/z)/Da
(a)
100
相对强度/%
0
78.9
184.6
245.0
263.8
291.0
310.8
474.8
496.8
539.9
554.8
-291 (C9H9 79Br2O)
-264 (C6H2 79Br2O2)
-80 (H79Br)
-15 (CH3)
100 200 300 400 500
(m/z)/Da
(b)
100
相对强度/%
0
78.9
80.9
263.8
265.8
290.8
292.8
476.8
498.9
541.9
556.8
-293 (C9H9 79Br81BrO)
-291 (C9H9 79Br2O)
-266 (C6H2 79Br81BrO2)
-264 (C6H2 79Br2O2)
-80 (H79Br)
-15 (CH3)
100 200 300 400 500
(m/z)/Da
(c)
100
相对强度/%
0
78.9
80.9
263.9
265.8
267.8
291.0
292.8
295.0
476.8
478.8
500.8
543.8
558.8
-295 (C9H9 81Br2O)
-293 (C9H9 79Br81BrO)
-291 (C9H9 79Br2O)
-268 (C6H2 81Br2O2)
-266 (C6H2 79Br81BrO2)
-264 (C6H2 79Br2O2)
-82 (H81Br)
-80 (H79Br)
-15 (CH3)
100 200 300 400 500
(m/z)/Da
(d)

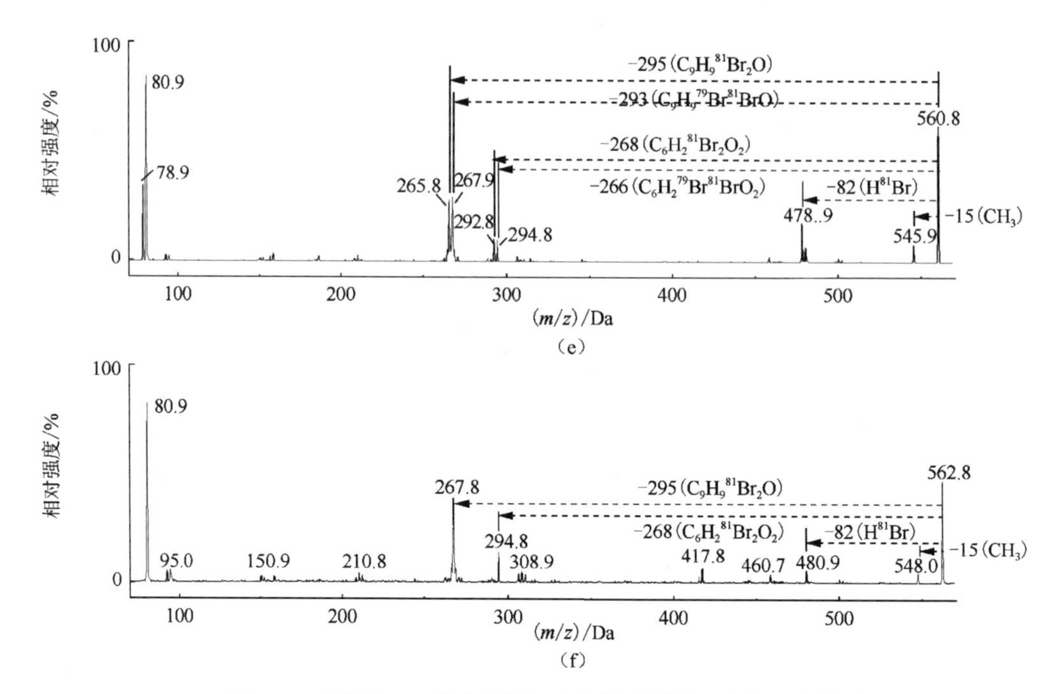


图 3-16　产物Ⅳ&Ⅳ′的色谱图、全扫描质谱图及子离子质谱图

图 3-17 给出了产物Ⅴ的色谱图与质谱图，从图中可以看出，全扫描时有 7 个质谱峰，质量数为 787/789/791/793/795/797/799，且相对峰强比为 1∶8∶16∶20∶16∶8∶1，根据表 3-2 推测产物的分子结构中含 6 个溴原子，推测可能为聚合产物。

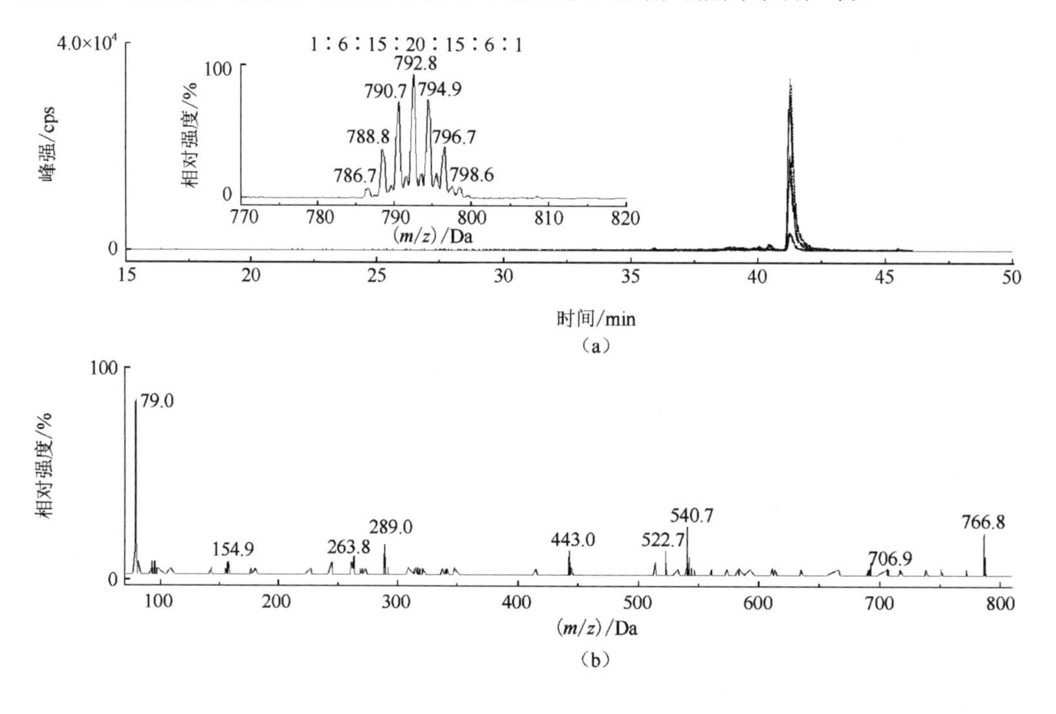

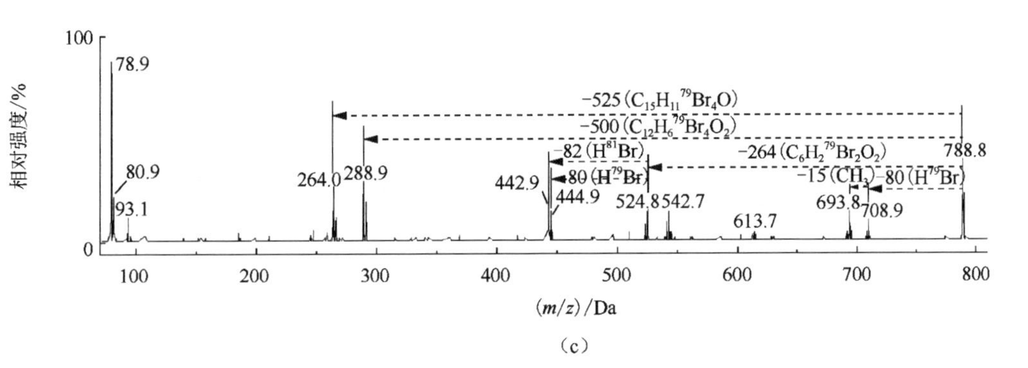

100
0
相对强度/%
78.9
80.9
93.1
264.0
288.9
442.9
444.9
524.8
542.7
613.7
693.8
708.9
788.8
−525 ($C_{15}H_{11}{}^{79}Br_4O$)
−500 ($C_{12}H_6{}^{79}Br_4O_2$)
−82 ($H^{81}Br$)
−80 ($H^{79}Br$)
−264 ($C_6H_2{}^{79}Br_2O_2$)
−15 ($CH_3$)
−80 ($H^{79}Br$)
100
200
300
400
500
600
700
800
($m/z$)/Da

(c)

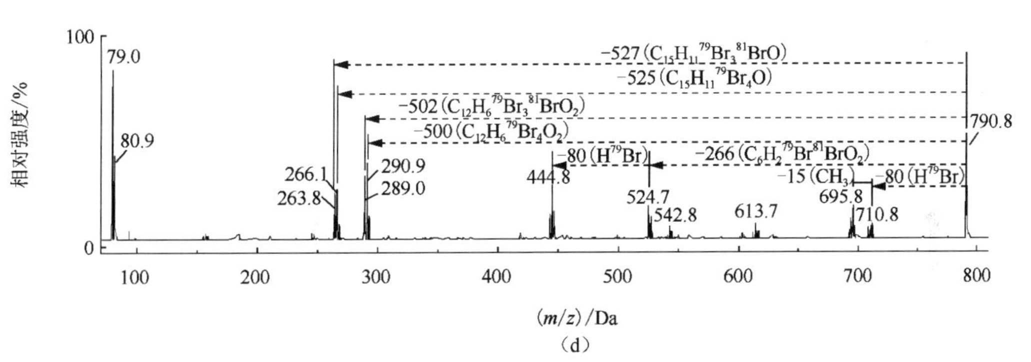

100
0
相对强度/%
79.0
80.9
266.1
263.8
290.9
289.0
444.8
524.7
542.8
613.7
695.8
710.8
790.8
−527 ($C_{15}H_{11}{}^{79}Br_3{}^{81}BrO$)
−525 ($C_{15}H_{11}{}^{79}Br_4O$)
−502 ($C_{12}H_6{}^{79}Br_3{}^{81}BrO_2$)
−500 ($C_{12}H_6{}^{79}Br_4O_2$)
−80 ($H^{79}Br$)
−266 ($C_6H_2{}^{79}Br^{81}BrO_2$)
−15 ($CH_3$)
−80 ($H^{79}Br$)
100
200
300
400
500
600
700
800
($m/z$)/Da

(d)

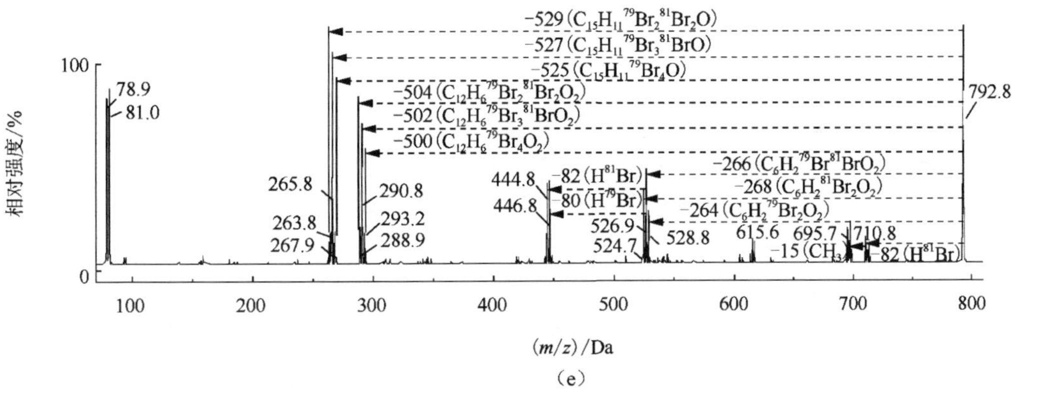

100
0
相对强度/%
78.9
81.0
265.8
263.8
267.9
290.8
293.2
288.9
444.8
446.8
526.9
524.7
528.8
615.6
695.7
710.8
792.8
−529 ($C_{15}H_{11}{}^{79}Br_2{}^{81}Br_2O$)
−527 ($C_{15}H_{11}{}^{79}Br_3{}^{81}BrO$)
−525 ($C_{15}H_{11}{}^{79}Br_4O$)
−504 ($C_{12}H_6{}^{79}Br_2{}^{81}Br_2O_2$)
−502 ($C_{12}H_6{}^{79}Br_3{}^{81}BrO_2$)
−500 ($C_{12}H_6{}^{79}Br_4O_2$)
−82 ($H^{81}Br$)
−80 ($H^{79}Br$)
−266 ($C_6H_2{}^{79}Br^{81}BrO_2$)
−268 ($C_6H_2{}^{81}Br_2O_2$)
−264 ($C_6H_2{}^{79}Br_2O_2$)
−15 ($CH_3$)
−82 ($H^{81}Br$)
100
200
300
400
500
600
700
800
($m/z$)/Da

(e)

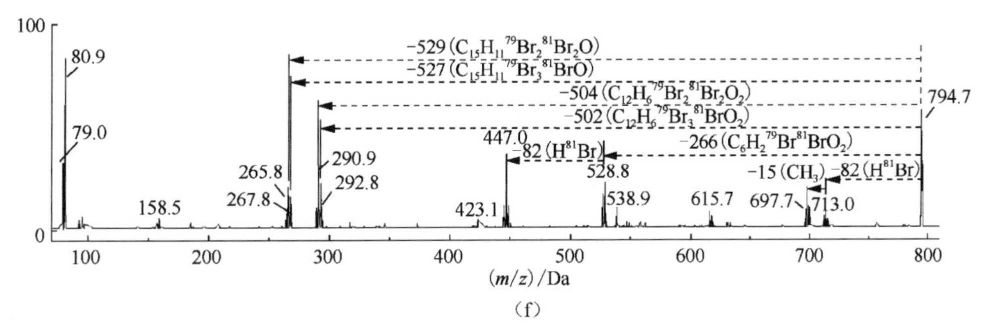

100
0
相对强度/%
80.9
79.0
158.5
265.8
267.8
290.9
292.8
423.1
447.0
528.8
538.9
615.7
697.7
713.0
794.7
−529 ($C_{15}H_{11}{}^{79}Br_2{}^{81}Br_2O$)
−527 ($C_{15}H_{11}{}^{79}Br_3{}^{81}BrO$)
−504 ($C_{12}H_6{}^{79}Br_2{}^{81}Br_2O_2$)
−502 ($C_{12}H_6{}^{79}Br_3{}^{81}BrO_2$)
−82 ($H^{81}Br$)
−266 ($C_6H_2{}^{79}Br^{81}BrO_2$)
−15 ($CH_3$)
−82 ($H^{81}Br$)
100
200
300
400
500
600
700
800
($m/z$)/Da

(f)

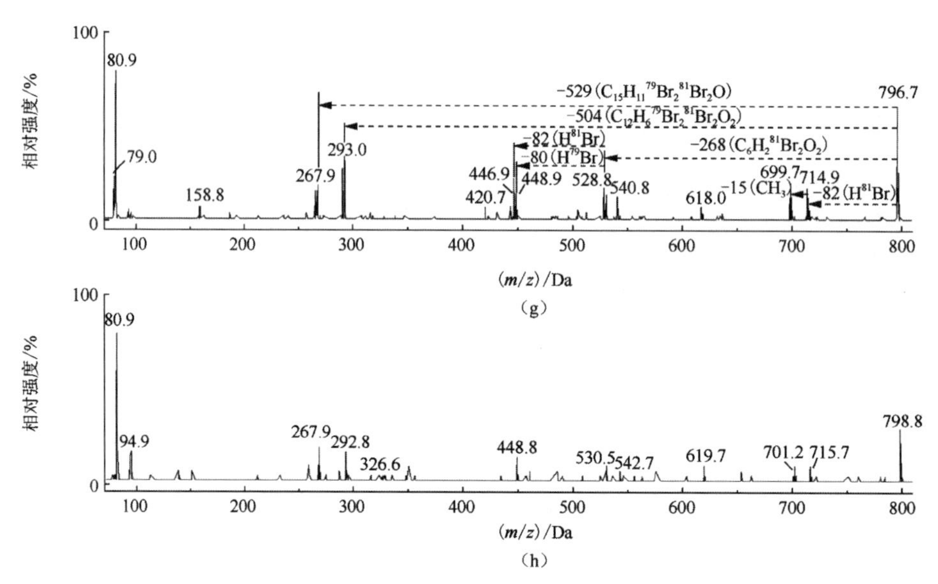


图 3-17　产物Ⅴ的色谱图、全扫描质谱图及子离子质谱图

根据产物Ⅰ～产物Ⅵ[①]的色谱图和子离子信息，推测出 $KMnO_4$ 降解 TBrBPA 的氧化产物结构式及反应路径，见图 3-18。首先，TBrBPA 被 $KMnO_4$ 氧化后发生一电子反应形

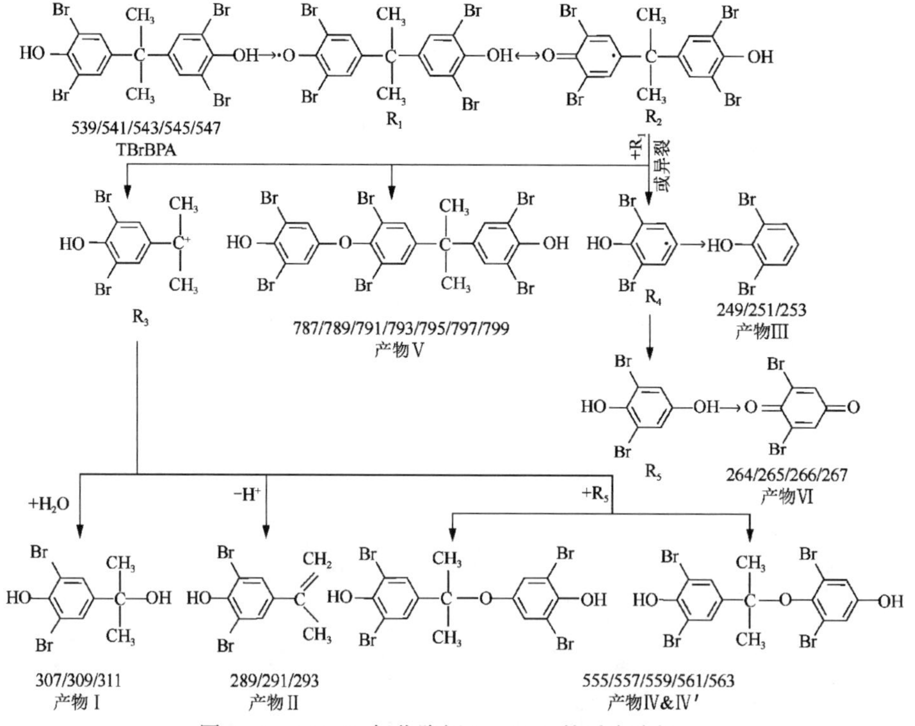


图 3-18　$KMnO_4$ 氧化降解 TBrBPA 的反应路径

① 产物Ⅵ为醌型产物，所以未给出色谱图和质谱图。

成酚氧自由基 $R_1$ 和 $R_2$；然后，自由基 $R_2$ 经过 $\beta$ 裂解形成碳正离子 $R_3$ 和自由基 $R_4$，也能够与自由基 $R_1$ 耦合形成产物Ⅴ（聚合产物）；自由基 $R_4$ 能够通过氢加成反应形成产物Ⅲ（2,6-二溴苯酚），也可以被进一步氧化形成中间体 2,6-二溴-4-羟基苯酚 $R_5$ 和产物Ⅵ（2,6-二溴-1,4-苯醌）；碳正离子 $R_3$ 与 $H_2O$ 反应形成产物Ⅰ[4-(2-羟基异丙基)-2,6-二溴苯酚]或去掉一个氢离子形成产物Ⅱ（4-异丙烯-2,6-二溴苯酚），也可以与 $R_5$ 发生反应形成产物Ⅳ&Ⅳ′（聚合产物）[6,26,27]。

### 3.3.2 $KMnO_4$ 降解 TClBPA 的氧化产物及反应路径

利用针泵子找母质谱检测方法对 $KMnO_4$ 氧化降解 TClBPA 过程中产生的氧化产物进行检测分析，并推测其反应路径。

图 3-19 给出了 PIS($Cl^-$ $m/z$ 35)模式下测定 $KMnO_4$ 氧化降解 TClBPA 的质谱图，其中，图 3-19（a）是 TClBPA 标准样品的质谱图，图 3-19（b）是 $KMnO_4$ 降解 TClBPA 所得氧化产物的质谱图。利用 PIS($Cl^-$ $m/z$ 35)模式测定时，TClBPA 的质量数为 363/365/367/369，且质谱峰的相对峰强比为 1∶1∶1/3∶1/27，见图 3-19（a），与表 3-1 中分子结构含 4 个氯原子的氯代有机物的规律相一致。从图 3-19（b）可以看出 TClBPA 被氧化后，产生了 4 种主要氧化产物，具体质量数见图 3-20。

从图 3-20 中可以看到，产物Ⅰ的质量数为 219/221，且质谱峰的相对峰强比为 1∶1/3，与表 3-1 中分子结构含 2 个氯原子的氯代有机物的规律相一致，推测其分子结构中含有 2 个氯原子；产物Ⅱ的质量数为 201/203，且质谱峰的相对峰强比为 1∶1/3，与表 3-1 中分子结构含 2 个氯原子的氯代有机物的规律相一致，推测其分子结构中含有 2 个氯分子；产物Ⅲ&Ⅲ′的质量数为 379/381/383/385，且质谱峰的相对峰强比为 1∶1∶1/3∶1/27，与表 3-1 中分子结构含 4 个氯原子的氯代有机物的规律相一致，推测其分子结构中含有 4 个氯原子，为聚合产物；产物Ⅳ的质量数为 523/525/527/529/531/533，且质谱峰的相对峰强比为 1∶5/3∶10/9∶10/27∶5/81∶1/243，与表 3-1 中分子结构含 6 个氯原子的氯代有机物的规律相一致，推测其分子结构中含有 6 个氯原子，为聚合产物。

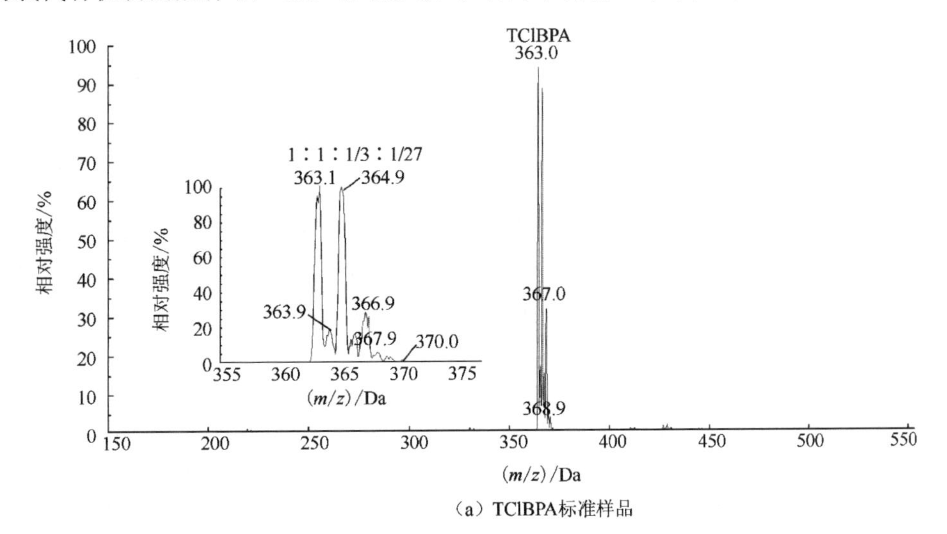


（a）TClBPA标准样品

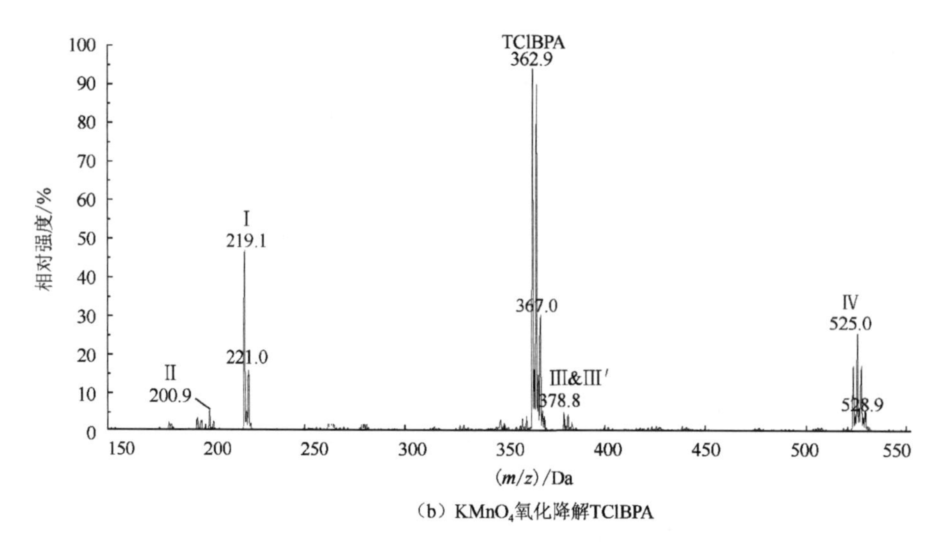


（b）$KMnO_4$氧化降解TClBPA

图 3-19　TClBPA 标准样品和 $KMnO_4$ 氧化降解 TClBPA 的质谱图

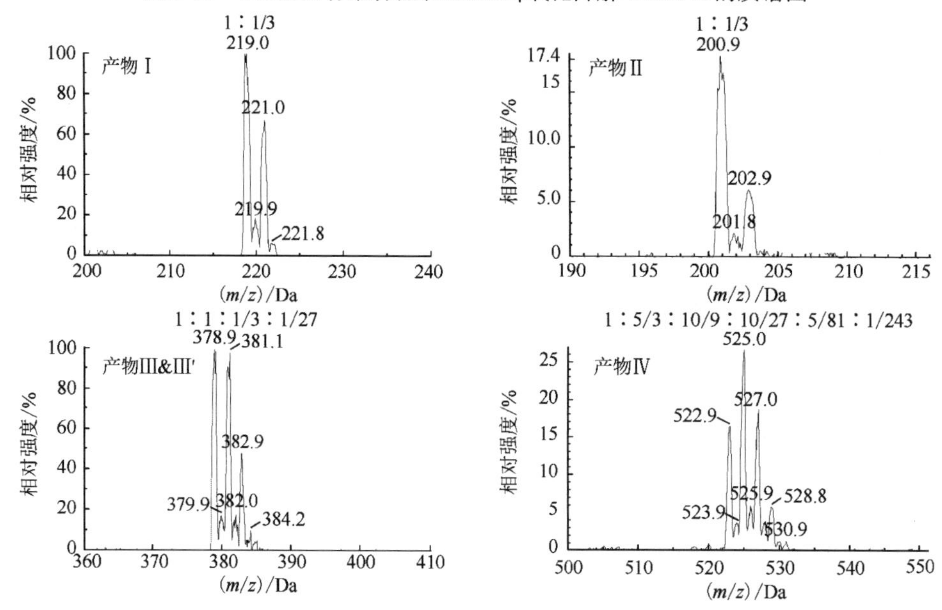


图 3-20　产物 I ～产物IV的 PIS($Cl^-$ $m/z$ 35)质谱图

图 3-21 给出了利用 LC-MS/MS 测定 $KMnO_4$ 氧化降解 TClBPA 的色谱图，其中图 3-21（a）是利用 PIS($Cl^-$ $m/z$ 35)模式测定的 TClBPA 标准样品的色谱图，图 3-21（b）是利用 PIS($Cl^-$ $m/z$ 35)模式测定的 $KMnO_4$ 氧化 TClBPA 的色谱图，图 3-21（c）是利用全扫描模式测定的 $KMnO_4$ 氧化降解 TClBPA 的色谱图。通过对比可以清晰地看出，全扫描色谱图中的色谱峰非常小，而在 PIS 色谱图中能够观察到响应值非常高的色谱峰。因此，与全扫描模式相比，PIS 模式对氯代有机物的测定更灵敏，响应值更高。图 3-21（b）$KMnO_4$ 氧化降解 TClBPA 的色谱图中除目标物 TClBPA（34.41min）外还有 4 种主要产物，分别为产物 I（23.68min）、产物 II（24.39min）、产物III&III′（31.69min 和 33.19min）、

产物Ⅳ（39.87min），与图 3-19 的结果相一致。

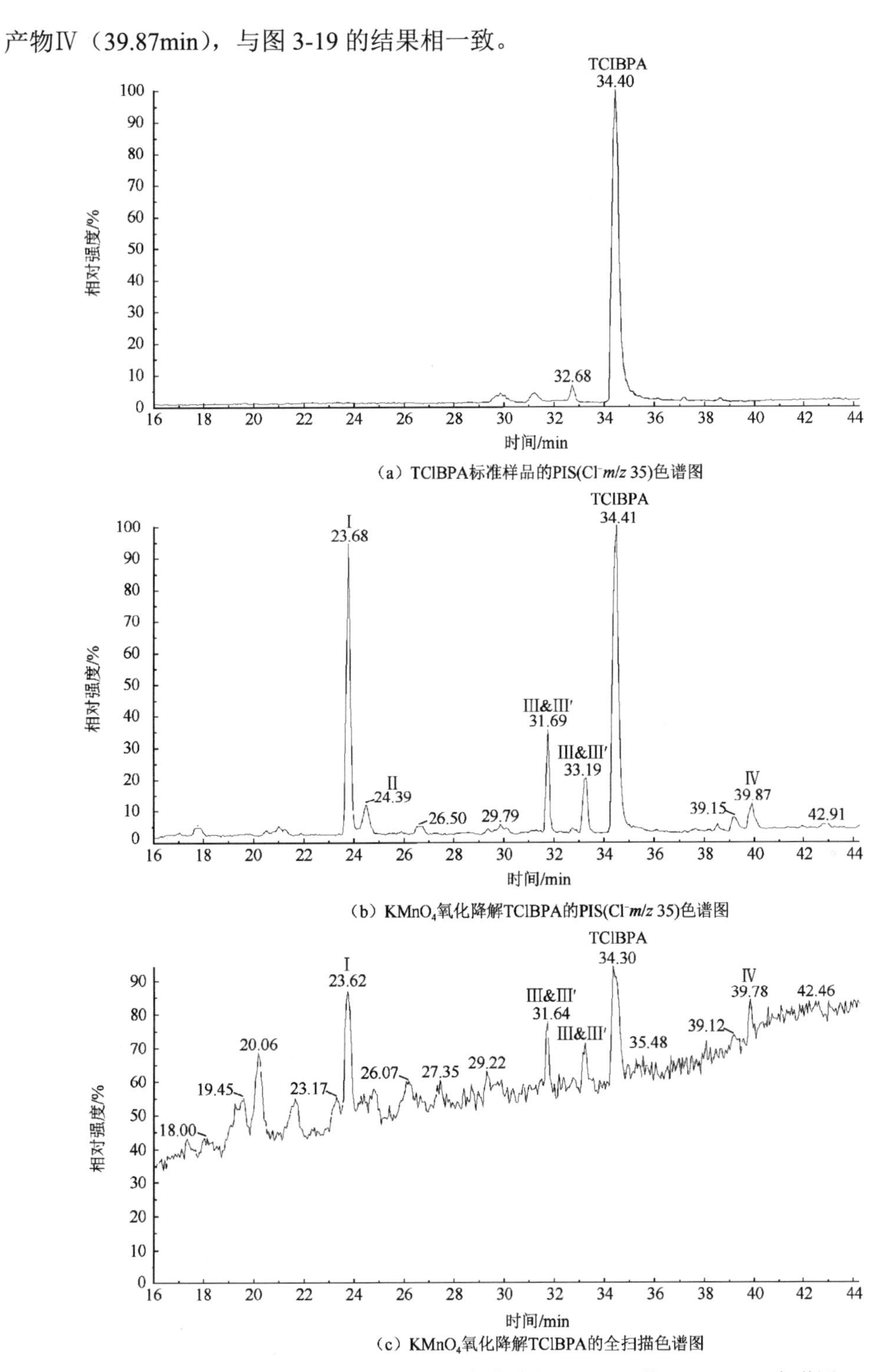


（a）TClBPA标准样品的PIS(Cl⁻ *m/z* 35)色谱图

（b）$KMnO_4$氧化降解TClBPA的PIS(Cl⁻ *m/z* 35)色谱图

（c）$KMnO_4$氧化降解TClBPA的全扫描色谱图

图 3-21　TClBPA 标准样品和 $KMnO_4$ 氧化降解 TClBPA 的 LC-MS/MS 色谱图

根据图 3-19、图 3-20、图 3-21 中产物Ⅰ～产物Ⅳ的质谱和色谱信息及表 3-1 氯代有机物的质谱信息规律，推测出 4 种产物的结构式及可能的反应路径，见图 3-22。首先，TClBPA 被 $KMnO_4$ 氧化后发生一电子反应形成酚氧自由基 $R_1$ 和 $R_2$；然后，自由基 $R_2$ 经过 $\beta$ 裂解形成碳正离子 $R_3$ 和自由基 $R_4$，也能够与自由基 $R_1$ 耦合形成产物Ⅳ（聚合产物）；自由基 $R_4$ 进一步氧化形成 2,6-二氯-4-羟基苯酚 $R_5$；碳正离子 $R_3$ 与 $H_2O$ 反应形成产物Ⅰ[4-(2-羟基异丙基)-2,6-二氯苯酚]或去掉一个 $H^+$ 形成产物Ⅱ[4-异丙烯-2,6-二氯苯酚]，也可以与 $R_5$ 发生反应形成产物Ⅲ&Ⅲ′（聚合产物）[6,26,27]。

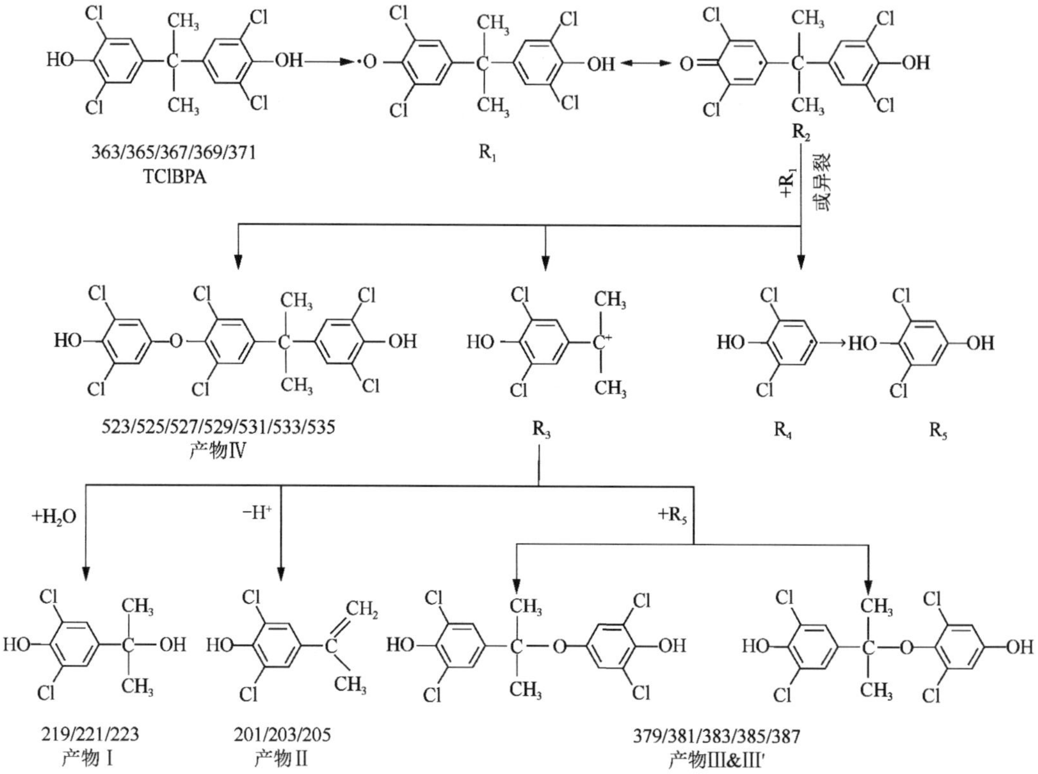

图 3-22　$KMnO_4$ 氧化降解 TClBPA 的反应路径

## 3.4　$KMnO_4$ 降解卤代酚类有机物的氧化产物及反应路径

### 3.4.1　$KMnO_4$ 降解 2,4-DClP 的氧化产物及反应路径

利用 LC-MS/MS-PIS 对 $KMnO_4$ 氧化降解 2,4-二氯酚(2,4-DClP)过程中产生的氯代聚合产物进行检测分析，并推测 $KMnO_4$ 氧化降解 2,4-DClP 的反应路径。

图 3-23 给出了利用 LC-MS/MS 测定 2,4-DClP 标准样品的色谱图和质谱图，其中图 3-23（a）和 3-23（b）是利用 PIS 模式测定的结果，图 3-23（c）是利用全扫描模式

测定的结果。通过对比可以清晰地看出，全扫描色谱图中 2,4-DClP 的色谱峰非常小，而在 PIS 色谱图中能够观察到响应值非常高的色谱峰。因此，与全扫描模式相比，PIS 模式对氯代有机物的测定更灵敏，响应值更高。

从图 3-23 中可以看出，2,4-DClP 的保留时间约为 28.3min，在嵌入的质谱图中，采用 PIS($Cl^-$ *m/z* 35)模式测定时质量数为 161/163，且质谱峰的相对峰强比为 1∶1/3 [图 3-23（a）]，采用 PIS($Cl^-$ *m/z* 37)模式测定时质量数为 163/165，且质谱峰的相对峰强比为 1/3∶1/9[图 3-23（b）]，采用全扫描模式测定时质量数为 161/163/165，且质谱峰的相对峰强比为 1∶2/3∶1/9，与表 3-1 中分子结构含 2 个氯原子的氯代有机物的规律相一致。

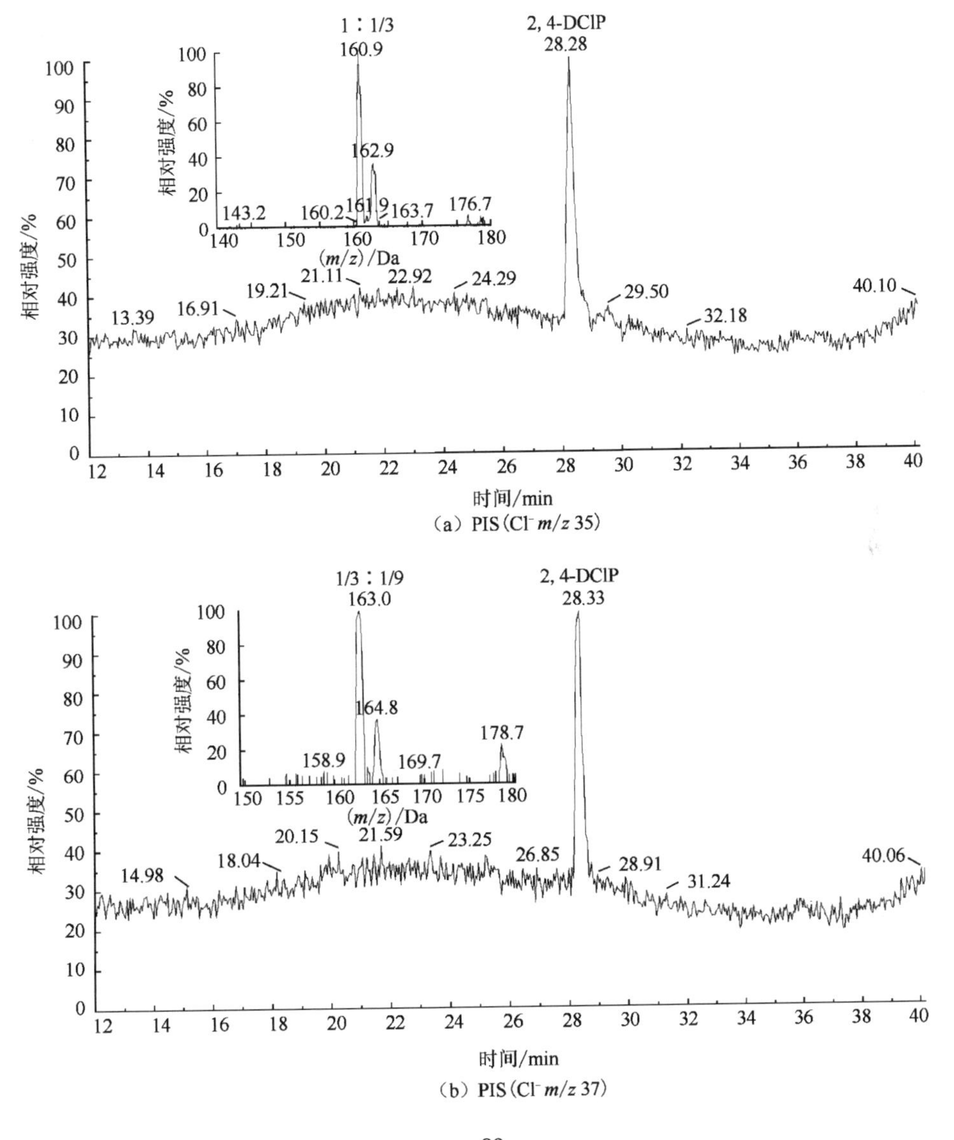

（a）PIS（$Cl^-$ *m/z* 35）

（b）PIS（$Cl^-$ *m/z* 37）

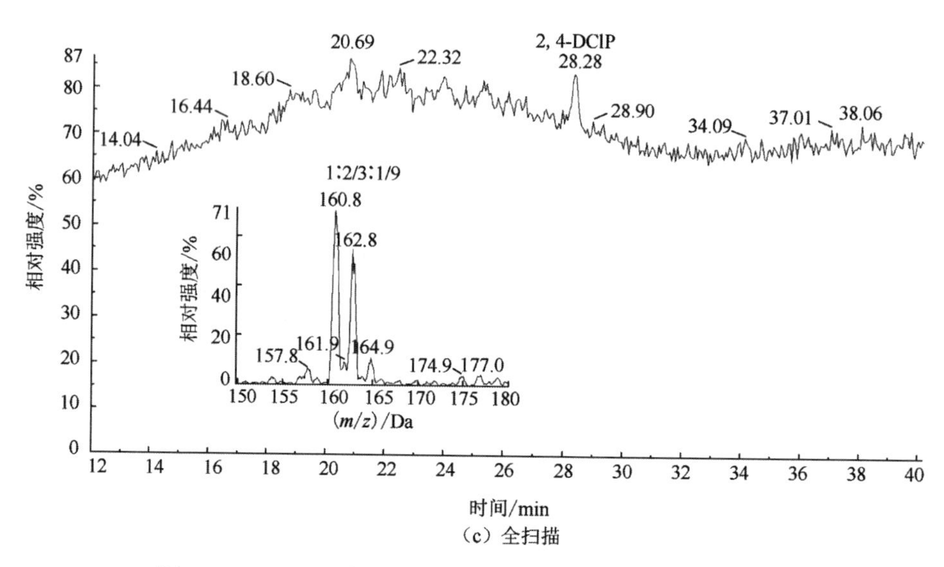

（c）全扫描

图 3-23　2,4-DClP 标准样品的 LC-MS/MS 色谱图及质谱图

图 3-24 给出了利用 LC-MS/MS 测定 $KMnO_4$ 氧化降解 2,4-DClP 的色谱图。从图 3-24 中可以明显地看出，与全扫描色谱图相比，采用 PIS 模式测定的产物色谱峰更清晰、更全面。在图 3-24 中通过采用 PIS 模式检测到 7 种主要产物，分别为产物Ⅰ（37.98min 和 38.04min）、产物Ⅱ（29.75min 和 29.76min）、产物Ⅲ（35.95min 和 35.98min）、产物Ⅳ（25.59min 和 25.65min）、产物Ⅴ（30.10min 和 30.06min）、产物Ⅵ（14.40min 和 14.31min）、产物Ⅶ（21.52min 和 21.48min），而在全扫描模式下只检测到产物Ⅳ（25.85min）、产物Ⅴ（30.06 min）、产物Ⅵ（14.40min）、产物Ⅶ（21.48min）。

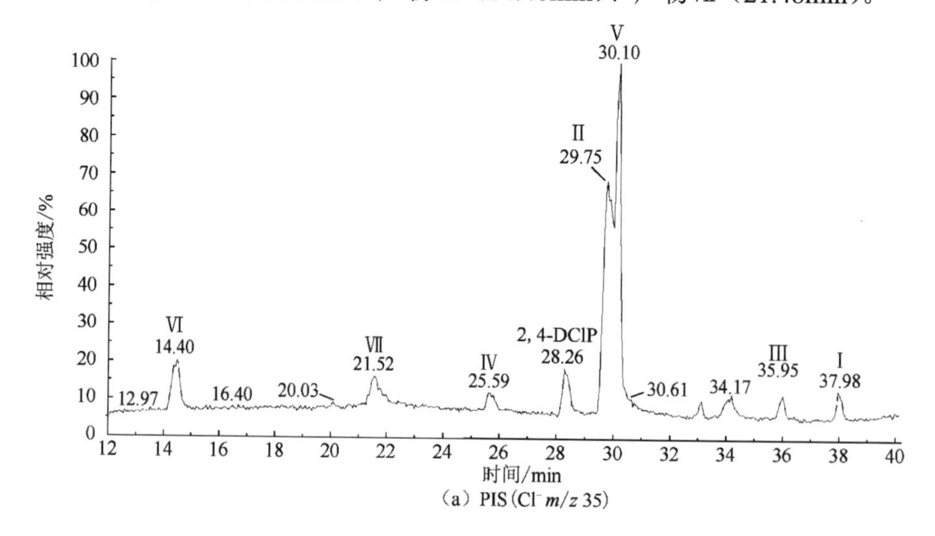

（a）PIS（Cl⁻ $m/z$ 35）

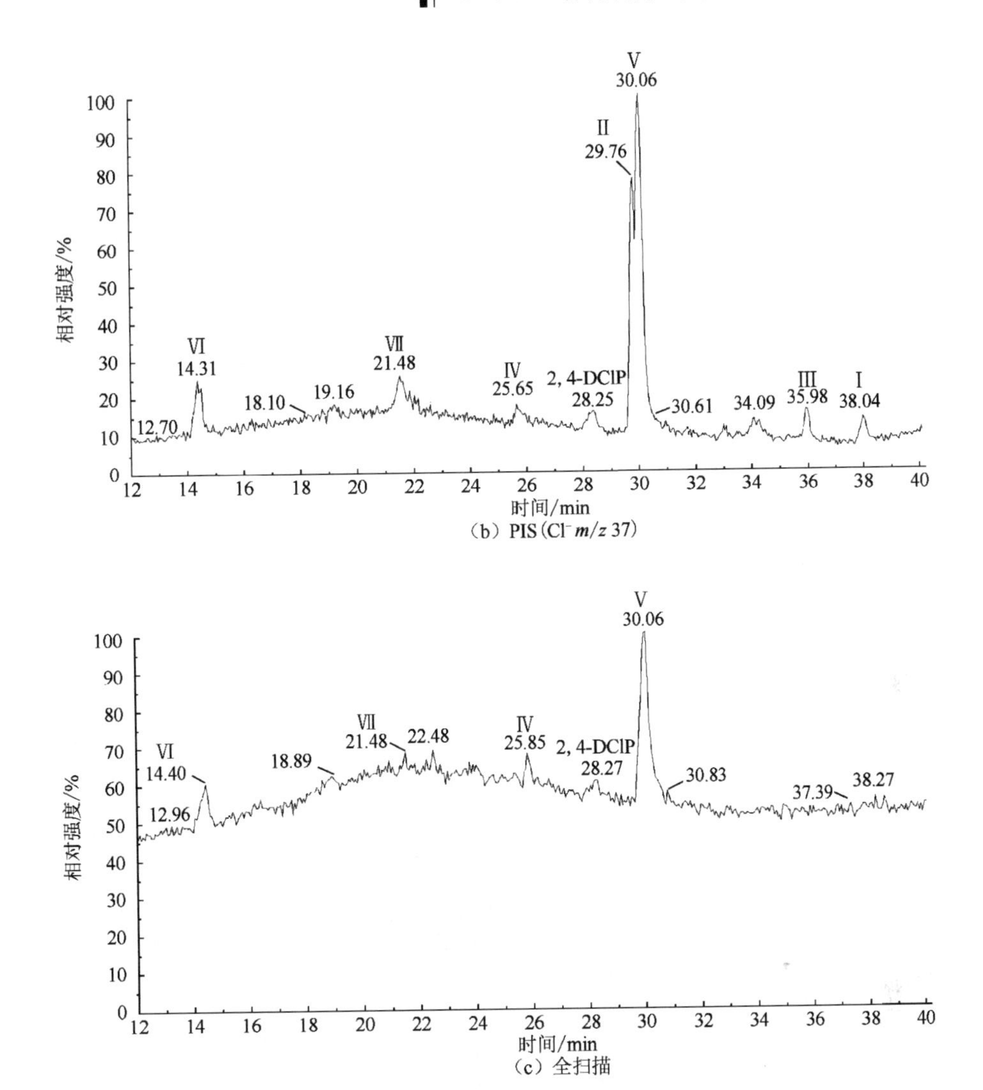

（b）PIS（$Cl^-$ *m/z* 37）

（c）全扫描

图 3-24 $KMnO_4$氧化降解 2,4-DClP 的 LC-MS/MS 色谱图

图 3-25 分别给出了产物Ⅰ～产物Ⅶ进行 PIS 和全扫描模式测定时的质谱图。产物Ⅰ和产物Ⅱ的质量数相同，为同分异构体，采用 PIS 模式测定时质量数为 321/323/325/ 327($Cl^-$ *m/z* 35)和 323/325/327/329($Cl^-$ *m/z* 37)，采用全扫描模式测定时质量数为 321/ 323/325/327/329。根据表 3-1，推测产物Ⅰ和产物Ⅱ的分子结构中应该含有 4 个氯原子，可能是 2,4-DClP 自由基的聚合产物，与前期研究[28]中 $KMnO_4$氧化降解 2,4-二溴酚(2,4- DBrP)的质谱检测结果相一致，产生 2 种分子结构中含有 4 个溴原子的聚合产物。

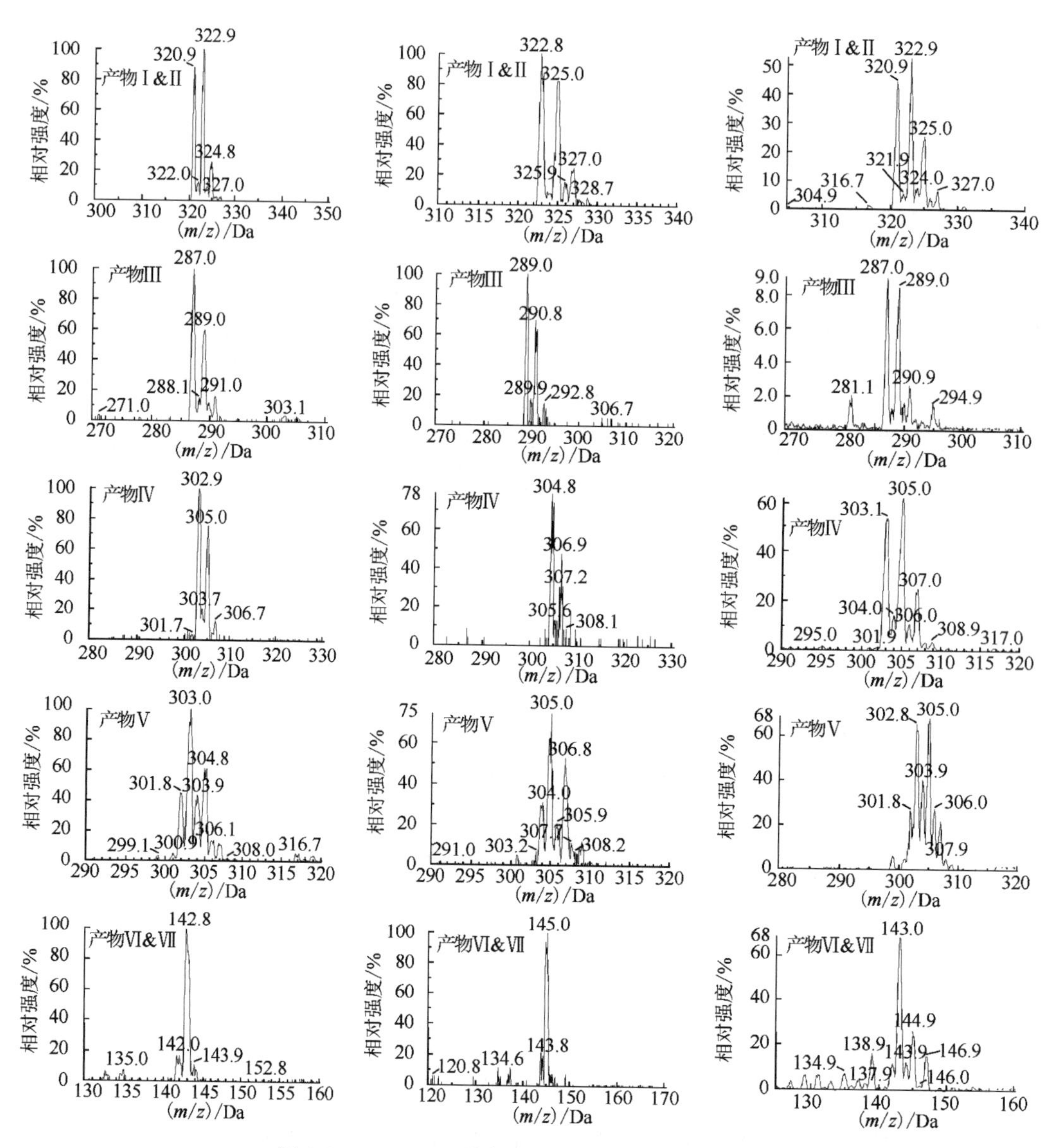

图 3-25 2,4-DClP 降解产物Ⅰ～产物Ⅶ的质谱图

左侧为 PIS($Cl^-$ $m/z$ 35)质谱图；中间为 PIS($Cl^-$ $m/z$ 37)质谱图；右侧为全扫描质谱图

酚氧自由基易发生氧化耦合反应，在反应过程中会产生各种聚合产物[29-32]。产物Ⅰ和产物Ⅱ的产生机理见图 3-26。理论上，2,4-DClP 的 4 种自由基如果能够全部参与反应，通过 C—O 和 C—C 耦合能够产生 9 种聚合产物。在这 9 种聚合产物中只有 2 种聚合产物的质量数为 321/323/325/327($Cl^-$ $m/z$ 35)，分子结构中含有 4 个氯原子，在聚合反应中没有脱氯。但反应机理只能说明产物Ⅰ和产物Ⅱ是通过 2,4-DClP 自由基聚合产生，不能将两个产物进行区分。

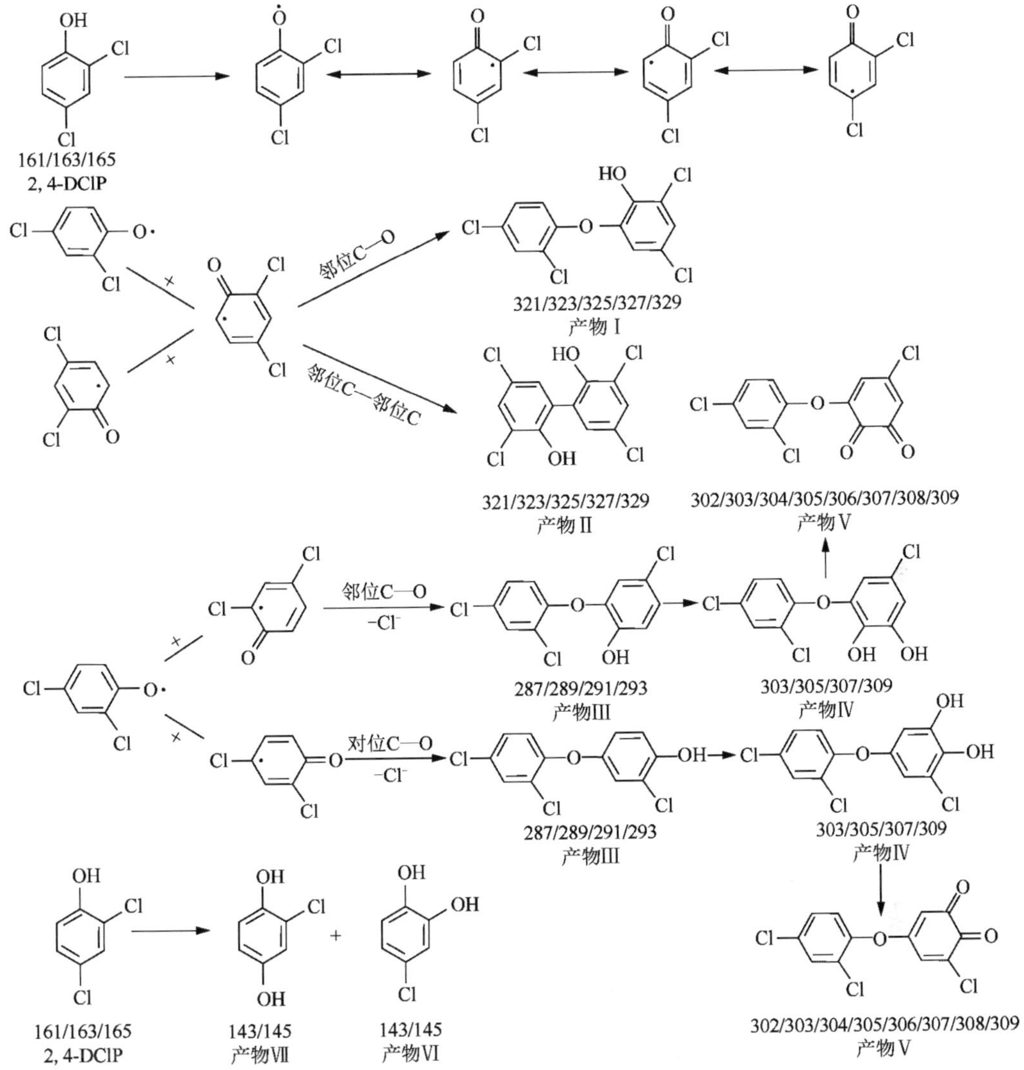

图 3-26　$KMnO_4$ 氧化降解 2,4-DClP 的反应路径

为了进一步验证产物Ⅰ和产物Ⅱ在色谱图上的位置，研究中选用两个结构相似的标准品进行比对。4,4′-二羟基苯酚（4,4′-dihydroxybiphenyl）的分子结构含有 2 个羟基，且每个苯环上含有 1 个，4-苯氧基苯酚（4-phenoxyphenol）的分子结构含有 1 个羟基，见图 3-27。从图 3-27 中可以看出，4,4′-二羟基苯酚先出峰，保留时间为 22.53min；4-苯氧基苯酚后出峰，保留时间为 29.56min。由此进一步确定了图 3-24 中产物Ⅰ和产物Ⅱ的位置，分子结构带有 2 个羟基的产物Ⅱ先出峰，分子结构带有 1 个羟基的产物Ⅰ后出峰。

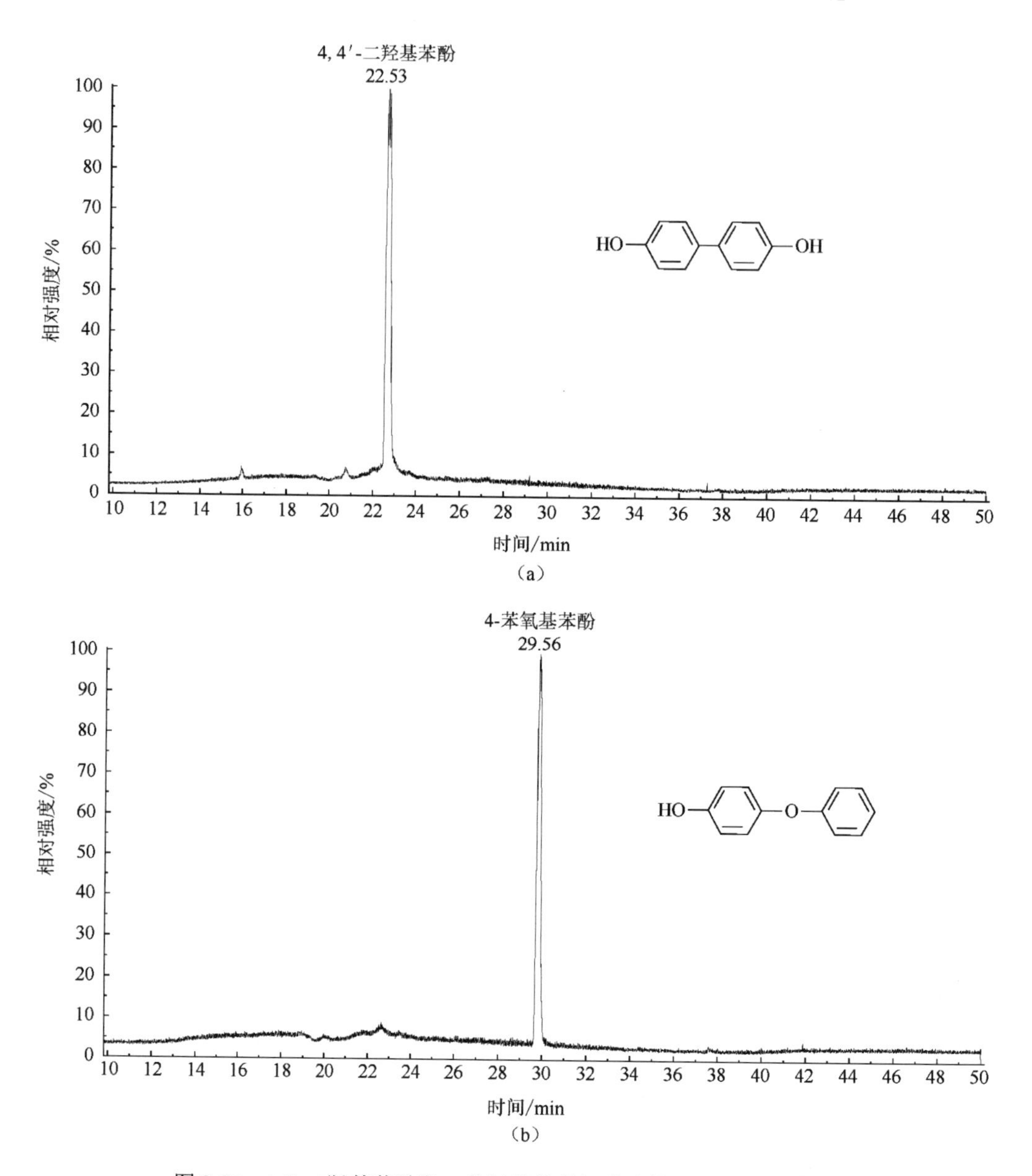


图 3-27 4,4′-二羟基苯酚和 4-苯氧基苯酚标准品的 LC-MS/MS 色谱图

从图 3-25 中可以看出，产物Ⅲ采用 PIS 模式测定时质量数为 287/289/291($Cl^-$ $m/z$ 35) 和 289/291/293($Cl^-$ $m/z$ 37)，全扫描模式测定时质量数为 287/289/291/293，根据表 3-1 推测产物Ⅲ的分子结构中含有 3 个氯原子。理论上，2,4-DClP 的 4 种自由基相互耦合能够产生 4 种质量数为 287/289/291($Cl^-$ $m/z$ 35)、由 2 个自由基通过脱掉 1 个氯离子形成的聚合产物，但是利用 LC-MS/MS 测定时，只检测到 1 种质量数为 287/289/291($Cl^-$ $m/z$ 35)的产物（产物Ⅲ），产生这种现象的主要原因是 2,4-DClP 的 4 种自由基氧化耦合的速率不同，在某种程度上限制了脱氯聚合产物的形成[29-31]。产物Ⅲ在图 3-24（a）中的保

留时间为35.95min，介于产物Ⅰ（37.98min）和产物Ⅱ（29.75min）之间出峰，由此可以断定产物Ⅲ是2个2,4-DClP自由基通过C—O耦合脱掉1个氯原子形成的聚合物，分子结构中含有1个羟基，但无法确定具体的分子结构，见图3-26。

从图3-25中可以看出，产物Ⅳ采用PIS模式测定时质量数为303/305/307($Cl^-$ $m/z$ 35)和305/307/309($Cl^-$ $m/z$ 37)，全扫描模式测定时质量数为303/305/307/309，分子结构中含有3个氯原子，推测产物Ⅳ是产物Ⅲ羟基化形成的产物，见图3-26。

从图3-25中可以看出，产物Ⅴ采用PIS模式测定时质量数为302/303/304/305/306/307($Cl^-$ $m/z$ 35)和304/305/306/307/308/309($Cl^-$ $m/z$ 37)，全扫描模式测定时质量数为302/303/304/305/306/307/308/309，为氯代醌型有机物，分子结构中含有3个氯原子，推测产物Ⅴ是产物Ⅳ被氧化形成的醌型产物，见图3-26。

从图3-25中可以看出，产物Ⅵ和产物Ⅶ的质量数相同，为同分异构体，采用PIS模式测定时质量数为143($Cl^-$ $m/z$ 35)和145($Cl^-$ $m/z$ 37)，采用全扫描模式测定时质量数为143/145，分子结构中含有1个氯原子，推测是由2,4-DClP中的1个氯原子被羟基取代而产生。根据有机物在色谱柱上的保留特点，羟基取代2,4-DClP邻位氯形成的产物极性更强，先出峰，故为产物Ⅵ，羟基取代对位氯形成的产物为产物Ⅶ，见图3-26。2,4-DClP自由基发生耦合反应理论上产生的聚合产物并没有全部被LC-MS/MS-PIS检测到，其主要原因是卤代酚氧自由基相互耦合的速率不同，导致聚合产物的产率有所不同[29-31]。

### 3.4.2　$KMnO_4$降解2-BrP的氧化产物及反应路径

利用LC-MS/MS对$KMnO_4$降解2-溴酚（2-BrP）的氧化产物进行测定并推测反应路径。

图3-28给出了利用LC-MS/MS测定2-BrP标准样品的色谱图和质谱图，其中图3-28（a）和图3-28（b）是利用PIS模式测定的结果，图3-27（c）是利用全扫描模式测定的结果。通过对比可以清晰地看出，全扫描色谱图中观察不到明显的2-BrP色谱峰，而在PIS色谱图中能够观察到响应值很高的色谱峰。因此，与全扫描模式相比，PIS模式对溴代有机物的测定更灵敏，响应值更高。

从图3-28中可以看出，2-BrP的保留时间为24.8min，在嵌入的质谱图中，采用PIS模式测定时质量数为171($Br^-$ $m/z$ 79)和173($Br^-$ $m/z$ 81)，采用全扫描模式测定时质量数为171/173，且质谱峰的相对峰强比为1∶1，与表3-2中分子结构含1个溴原子的溴代有机物的规律相一致。

图3-29给出了利用LC-MS/MS测定$KMnO_4$氧化降解2-BrP的色谱图和质谱图。从图3-29中可以明显地看出，与全扫描色谱图相比，采用PIS模式测定的产物色谱峰更清晰、更全面。与图3-28中2-BrP标准色谱图相比，在图3-29中通过PIS模式检测到4种主要产物，分别为产物Ⅰ、产物Ⅱ、产物Ⅲ、产物Ⅳ，而在全扫描模式下只检测到产物Ⅰ和产物Ⅱ，并且色谱峰非常小。从嵌入的质谱图可以看出，4种产物采用PIS模式测定时质量数相

同，为 341/343($Br^-$ *m/z* 79)和 343/345($Br^-$ *m/z* 81)，且质谱峰的相对峰强比为 1∶1，应该是同分异构体；采用全扫描模式时质量数为 341/343/345，且质谱峰的相对峰强比为 1∶2∶1。根据表 3-2 的计算结果，可以推测产物Ⅰ～产物Ⅳ的分子结构中含有 2 个溴原子，可能是 2-BrP 自由基的聚合产物。

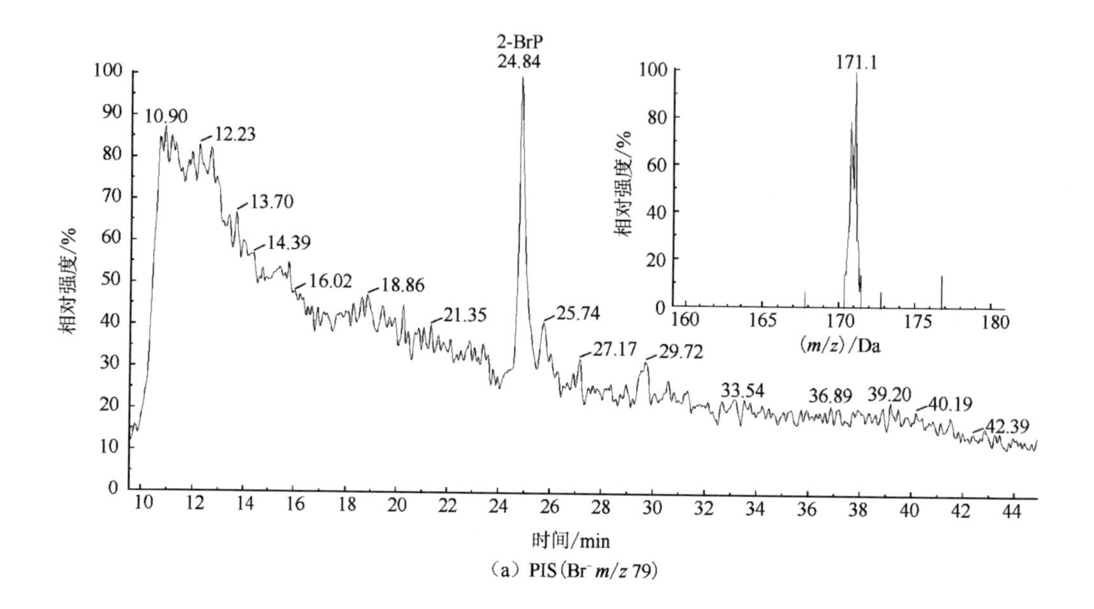


（a）PIS($Br^-$ *m/z* 79)

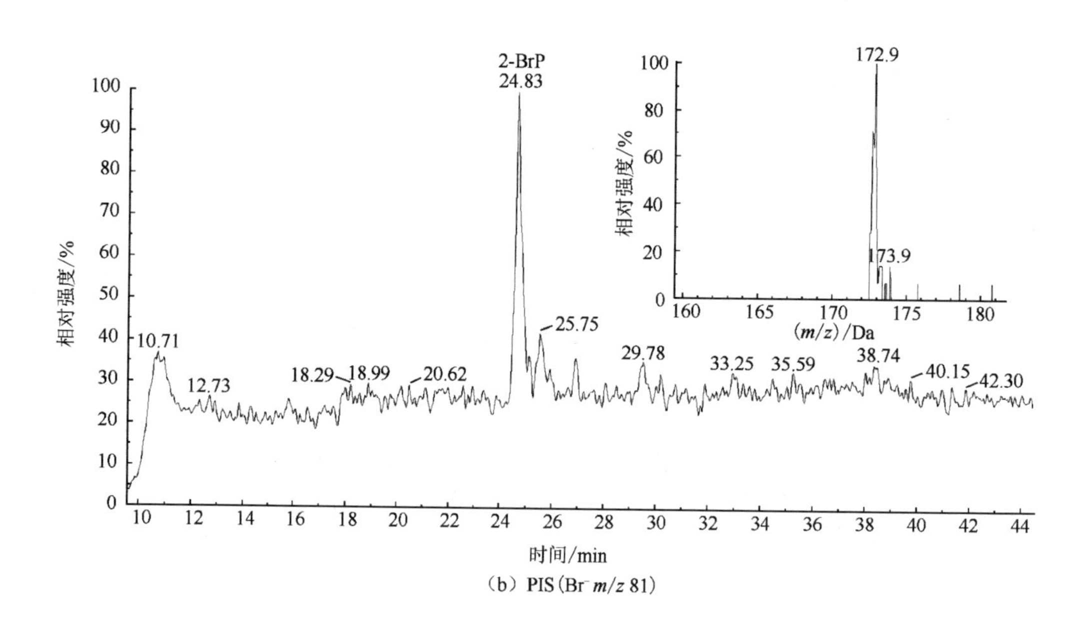


（b）PIS($Br^-$ *m/z* 81)

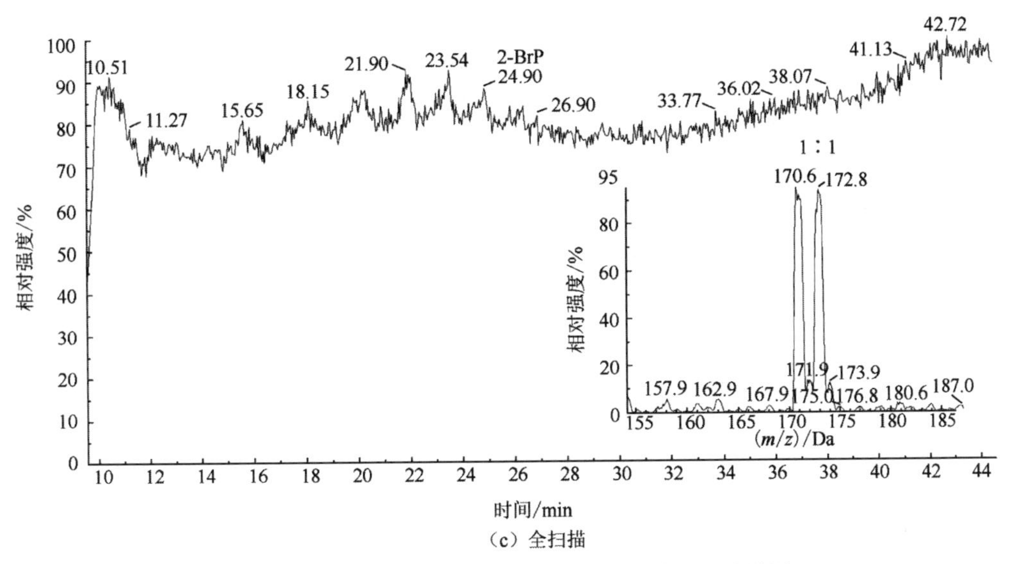


（c）全扫描

图 3-28 2-BrP 标准样品的 LC-MS/MS 色谱图及质谱图

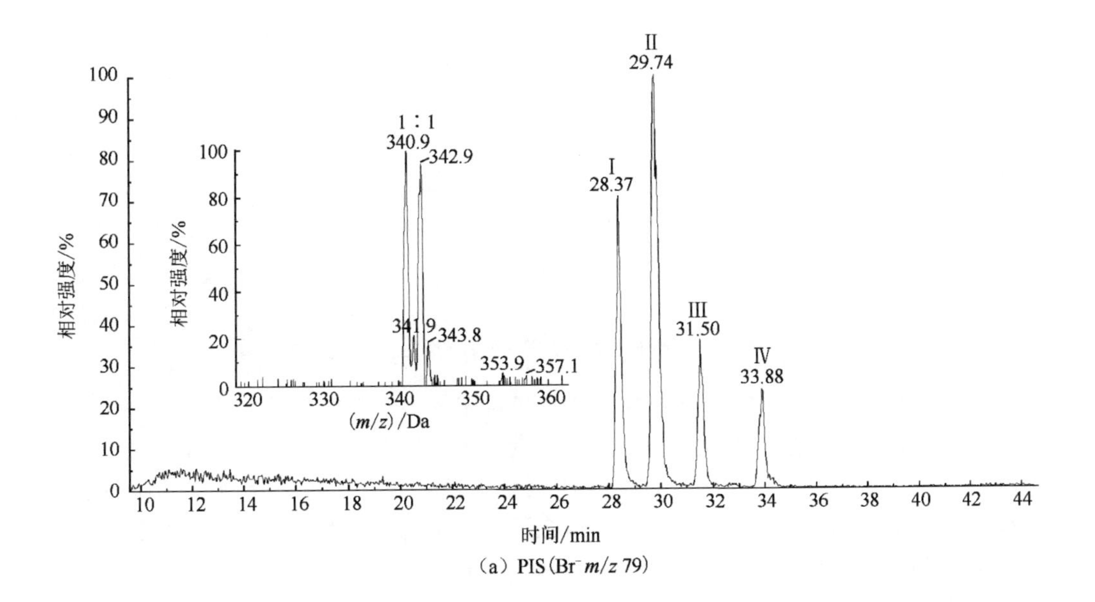


（a）PIS（Br⁻ m/z 79）

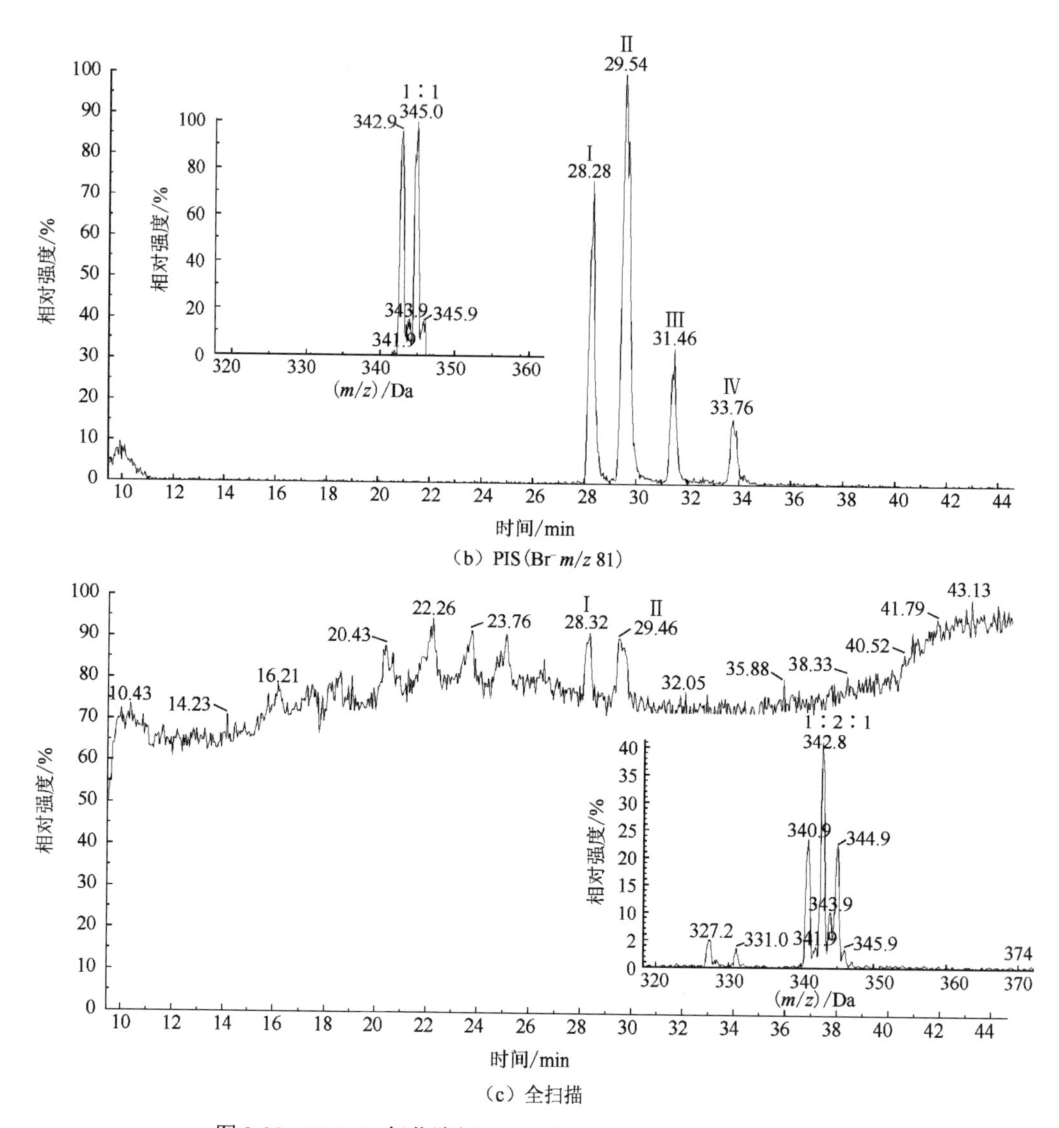


（b）PIS（Br⁻ *m/z* 81）

（c）全扫描

图 3-29 $KMnO_4$ 氧化降解 2-BrP 的 LC-MS/MS 色谱图及质谱图

酚氧自由基易发生氧化耦合反应，在耦合过程中会产生各种聚合产物[29-32]。理论上，2-BrP 的 4 种酚氧自由基如果全部参与反应，通过 C—O 和 C—C 耦合可能产生 8 种含溴代聚合产物，见图 3-30。这 8 种溴代聚合产物中有 5 种聚合产物的质量数为 341/343/345，分子结构中含有 2 个溴原子，其中有 2 种聚合产物是通过 C—O 耦合生成的，另外 3 种聚合产物是通过 C—C 耦合生成的。利用 LC-MS/MS-PIS 只检测到 4 种聚合产物，见图 3-29，但不能确定这 4 种产物是 5 种聚合产物中的哪 4 种。根据图 3-27 的验证结果，只能确定通过 C—C 耦合生成、分子结构含有 2 个羟基的聚合产物先出峰，通过 C—O 耦合生成、分子结构中含有 1 个羟基的聚合产物后出峰。图 3-30 中质量数为 263/265 的 3 种聚合产物是 2 个 2-BrP 自由基通过脱 1 个溴离子获得的，即产物的分子结构中含有 1 个溴原子，但是在 LC-MS/MS-PIS 测定过程中并未检测到质量数为 263/265 的产物。

171/173

邻位C—O
$-Br^-$
263/265

邻位C—O
341/343/345

对位C—O
341/343/345

邻位C—邻位C
$-2Br^-$
185

邻位C—邻位C
$-Br^-$
263/265

邻位C—对位C
$-Br^-$
263/265

邻位C—邻位C
341/343/345

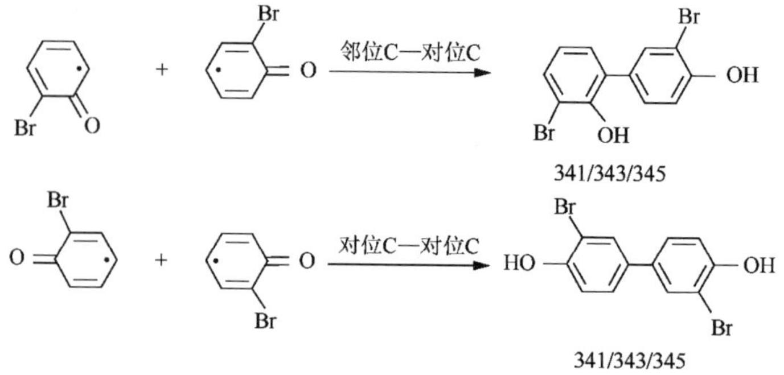

图 3-30　2-BrP 自由基的 C—C 和 C—O 耦合反应

2-BrP 自由基发生耦合反应理论上产生的聚合产物并没有全部被检测到，其主要原因是卤代酚氧自由基相互耦合的速率不同，导致聚合产物的产率有所不同[28-31]。

### 3.4.3　$KMnO_4$ 降解 4-BrP 的氧化产物及反应路径

利用 LC-MS/MS 对 $KMnO_4$ 降解 4-溴酚（4-BrP）的氧化产物进行测定并推测反应路径。

图 3-31 给出了利用 PIS($Br^-$ *m/z* 79)和 PIS($Br^-$ *m/z* 81)模式测定 $KMnO_4$ 氧化 4-BrP 的色谱图及质谱图。图中 25.8min 处的峰为 4-BrP 的色谱峰，从嵌入的质谱图可以看出，质量数为 171($Br^-$ *m/z* 79)和 173($Br^-$ *m/z* 81)。还检测到 2 种主要产物，分别为图中的产物Ⅰ（32.65min）、产物Ⅱ（35.61min），而且如果将图 3-31（a）和图 3-31（b）中的质谱峰进行对比，对应峰强的比为 1∶1，由此可以推测，产物的分子结构中应该含有溴原子。产物Ⅰ和产物Ⅱ的质量数相同，应该为同分异构体，质量数为 341/343($Br^-$ *m/z* 79)和 343/345($Br^-$ *m/z* 81)，根据表 3-2 可以推测产物Ⅰ和产物Ⅱ的分子结构中应该含有 2 个溴原子，且质谱峰的相对峰强比应为 1∶1，因此推测产物Ⅰ和产物Ⅱ可能是 4-BrP 自由基的聚合物，是 2 个 4-BrP 自由基通过邻位 C 与邻位 C 耦合或是邻位 C 与 O 耦合而产生的，见图 3-32。但只通过这个耦合方式不能区分产物Ⅰ和产物Ⅱ。

根据图 3-27 4,4′-二羟基苯酚和 4-苯氧基苯酚的色谱图，可以确定产物Ⅰ和产物Ⅱ的出峰位置，分子结构带有 2 个羟基的产物Ⅰ先出峰，带有 1 个羟基的产物Ⅱ后出峰。

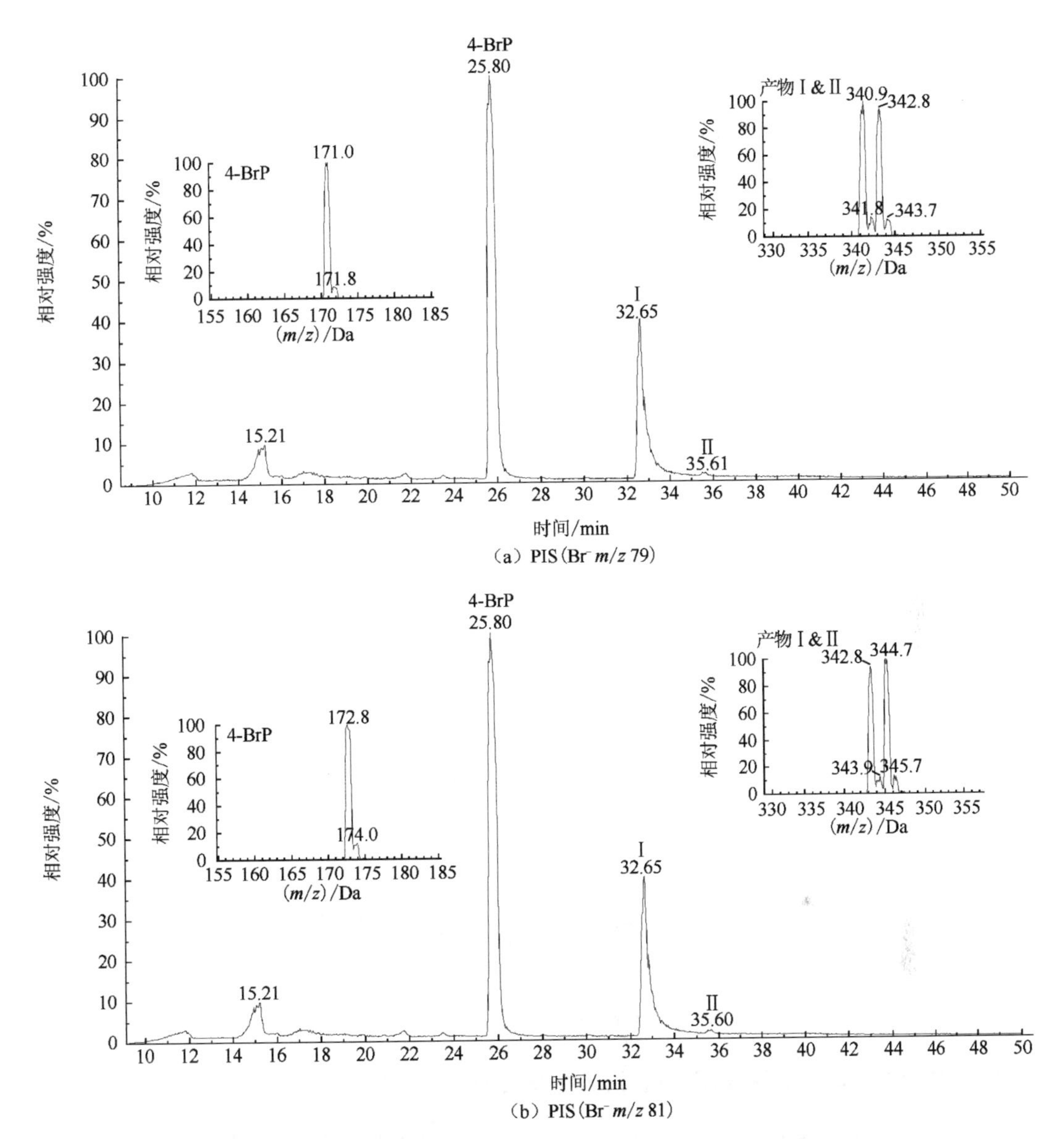


图 3-31　$KMnO_4$氧化降解 4-BrP 的 LC-MS/MS 色谱图及质谱图

图 3-32 给出了 4-BrP 的 3 种自由基通过 C—O 和 C—C 耦合产生的全部反应，可能有 5 种聚合产物。在这 5 种聚合产物中有 2 种聚合产物的质量数为 341/343($Br^-$ $m/z$ 79)，分子结构中含有 2 个溴原子，在聚合反应中没有脱溴，推测是产物 I 和产物 II（图 3-31），剩下 3 种聚合产物是 2 个 4-BrP 自由基通过脱 1 个或 2 个溴离子获得的，即产物的分子结构中含有 1 个或是不含溴原子，质量数为 263($Br^-$ $m/z$ 79)或 185。但是在采用 PIS($Br^-$ $m/z$ 79)模式测定过程中并未检测到质量数为 263 的产物，这种现象与 2-BrP 的反应机理相一致，卤代酚氧自由基相互耦合的速率不同，导致聚合产物的产率有所不同。

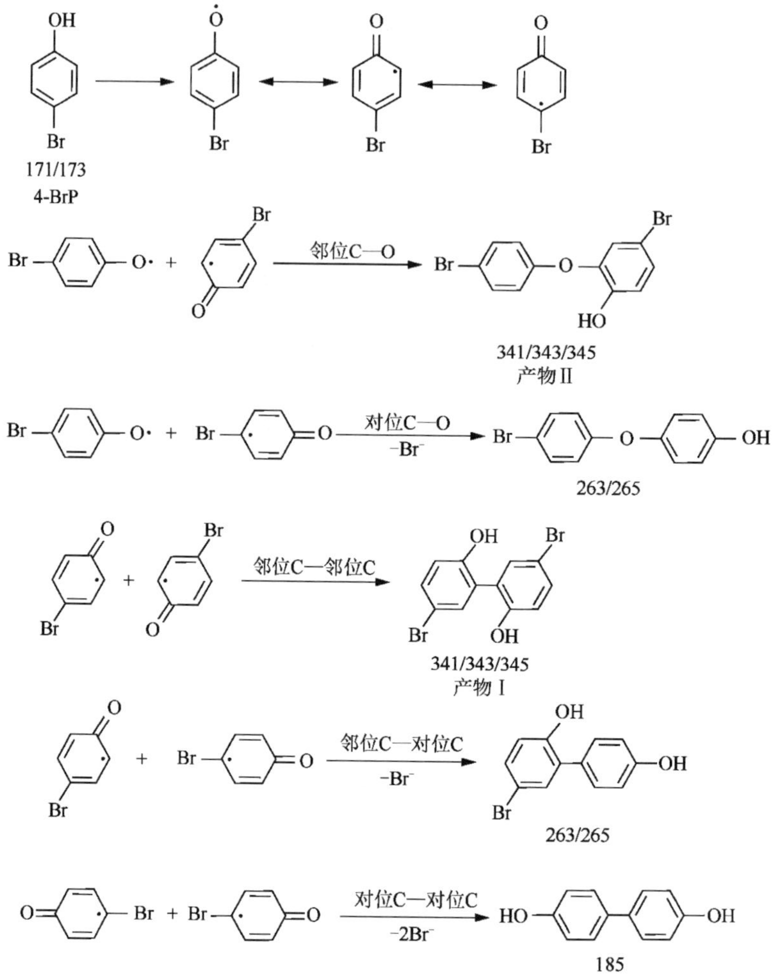

图 3-32　4-BrP 自由基的 C—C 和 C—O 耦合反应

### 3.4.4　$KMnO_4$ 降解 2,4-DBrP 的氧化产物及反应路径

利用 LC-MS/MS 测定 $KMnO_4$ 降解 2,4-二溴酚（2,4-DBrP）的氧化产物。

图 3-33 给出了利用 PIS($Br^-$ $m/z$ 79)和 PIS($Br^-$ $m/z$ 81)模式测定 2,4-DBrP 标准样品的色谱图和质谱图，将图 3-33（a）和图 3-33（b）中的质谱峰进行对比，对应峰强的比为 1∶1，这与溴的同位素特性相一致。从图 3-33 中可以看出，2,4-DBrP 的保留时间为 29.7min，色谱条件很好，存在一处杂质峰，已在图中标出。从嵌入的质谱图可以看出，质量数分别为 249/251($Br^-$ $m/z$ 79)和 251/253($Br^-$ $m/z$ 81)，且相对峰强比为 1∶1，由此可以推测有机物的分子结构中应该含有 2 个溴原子，2,4-DBrP 的分子结构中正好含有 2 个溴原子。

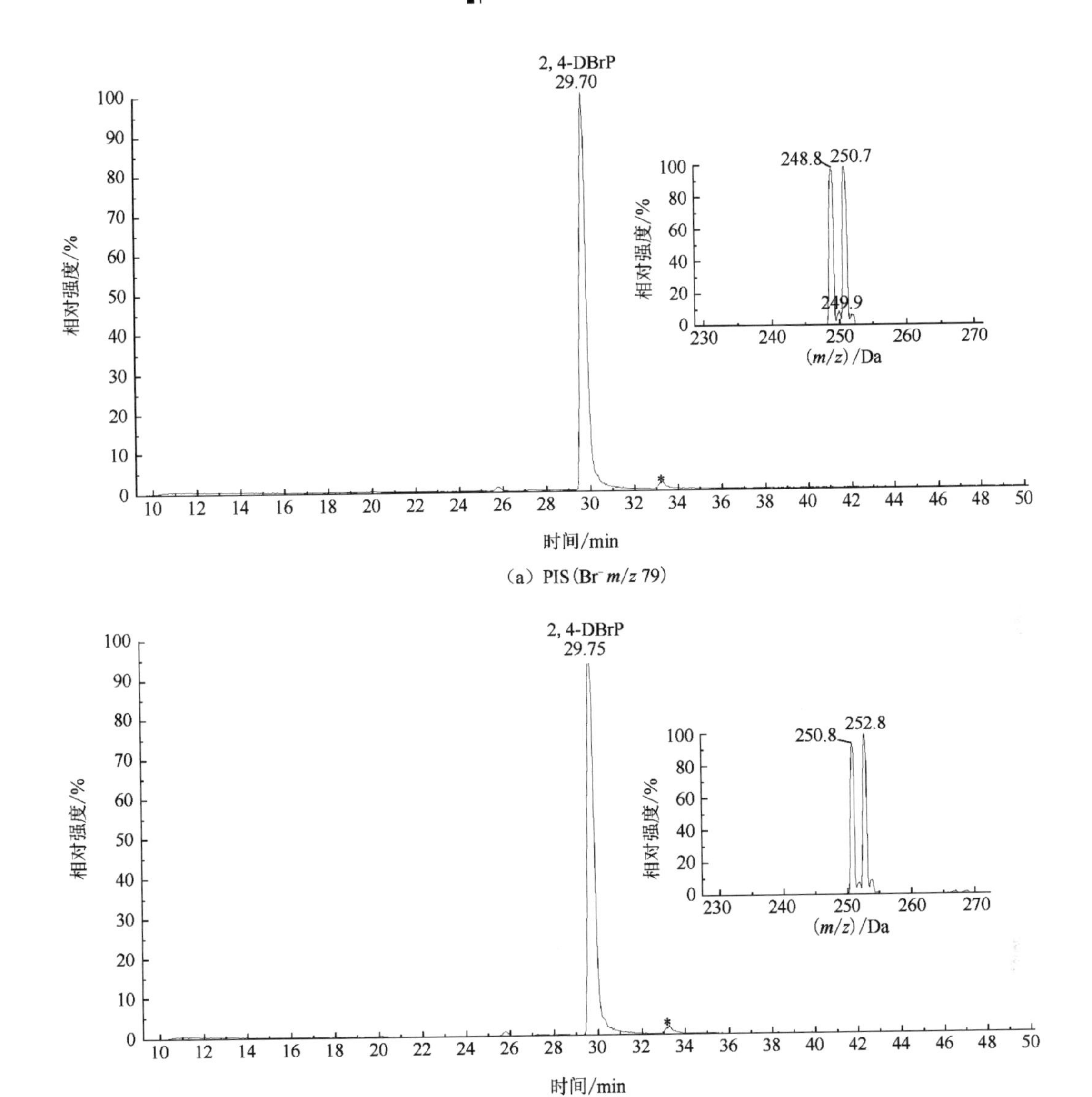


（a）PIS（$Br^-$ *m/z* 79）

（b）PIS（$Br^-$ *m/z* 81）

图 3-33 2,4-DBrP 标准样品的 LC-MS/MS 色谱图及质谱图

图 3-34 给出了利用 PIS($Br^-$ *m/z* 79)和 PIS($Br^-$ *m/z* 81)模式测定 $KMnO_4$ 氧化降解 2,4-DBrP 的色谱图及质谱图。与图 3-33 2,4-DBrP 标准色谱图相比，在图 3-34 中除 2,4-DBrP（29.73min）的色谱峰外，还检测到 3 种主要产物的色谱峰，分别为产物 Ⅰ（39.79min 和 39.82min）、产物Ⅱ（30.88min 和 30.88min）、产物Ⅲ（34.76min 和 34.80min），而且如果将图 3-34（a）和图 3-34（b）中的质谱峰进行对比，对应峰强的比为 1∶1，由此可以推测产物的分子结构中应该含有溴原子。

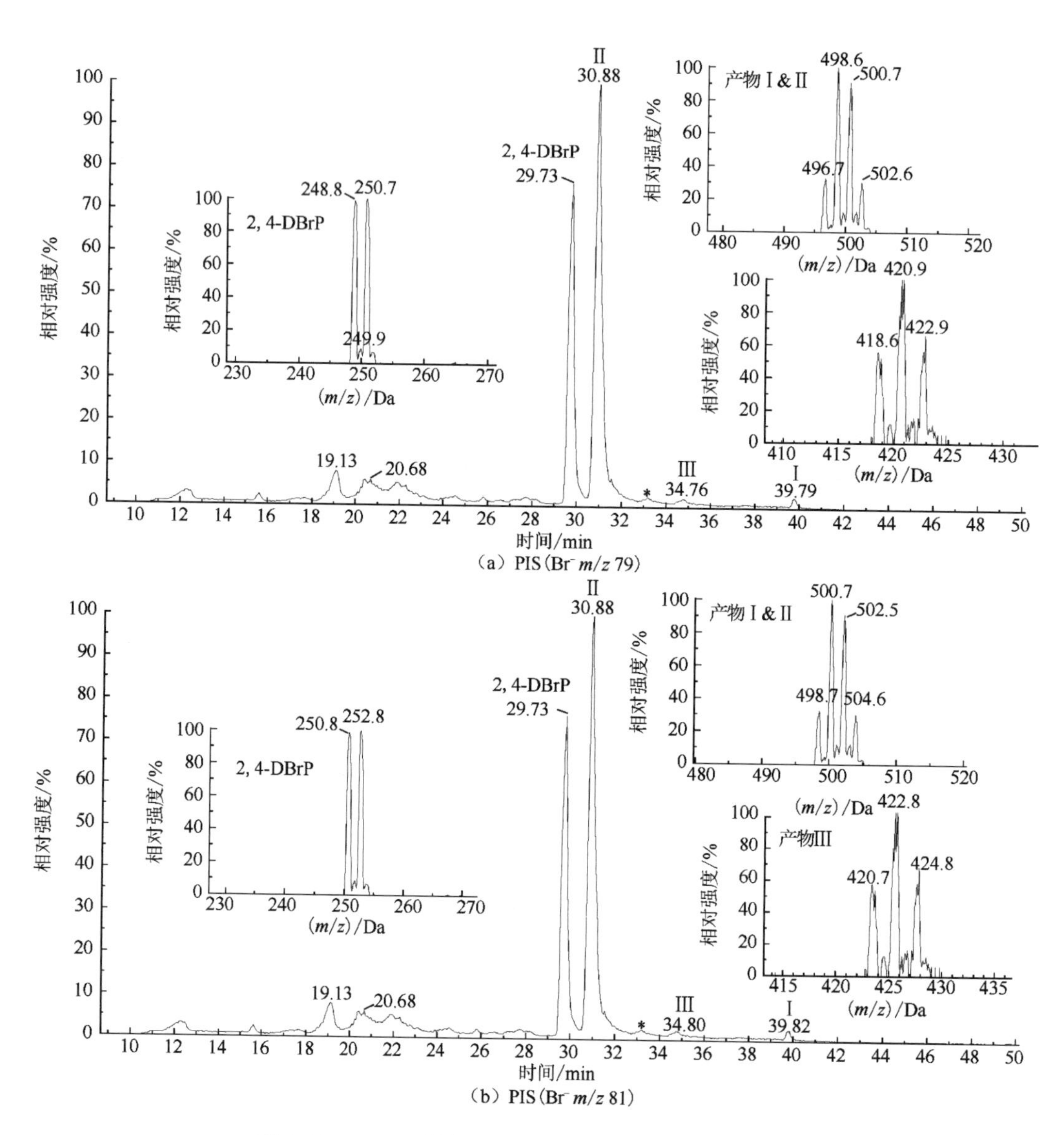


图 3-34　$KMnO_4$ 氧化 2,4-DBrP 的 LC-MS/MS-PIS 色谱图

图 3-34 的色谱图中保留时间为 39.79min 和 39.82min 处出现的产物峰属于产物 I，质量数分别为 497/499/501/503($Br^-$ $m/z$ 79)和 499/501/503/505($Br^-$ $m/z$ 81)，根据表 3-2 可以推测产物 I 的分子结构中含有 4 个溴原子，且质谱峰的相对峰强比为 1∶3∶3∶1，因此，产物 I 可能是2,4-DBrP(249/251 和 251/253)自由基的聚合产物。通过与购买的标准品对比，确定产物 I 为一种多溴联苯醚（2′-OH-BDE-68），见图 3-35，采用 PIS 模式测定其质量数为 497/499/501/503($Br^-$ $m/z$ 79)和 499/501/503/505($Br^-$ $m/z$ 81)。根据 2,4-DBrP 氧化耦合的反应路径，2′-OH-BDE-68 是 2 个 2,4-DBrP 自由基通过邻位 C 与 O 耦合产生的，见图 3-36。

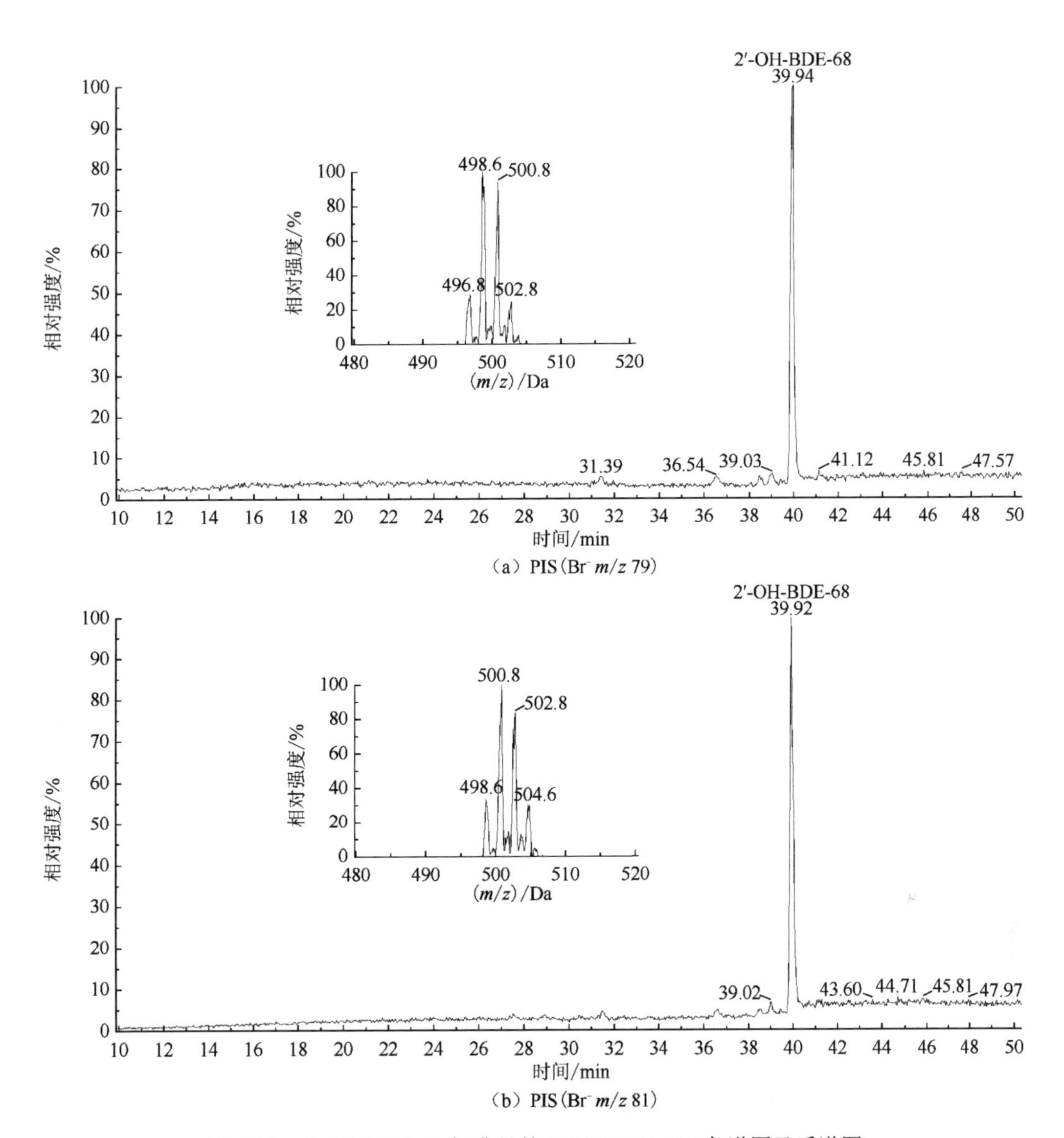


图 3-35 2′-OH-BDE-68 标准品的 LC-MS/MS-PIS 色谱图及质谱图

OH Br Br O Br Br O Br Br O Br Br O Br Br

2,4-DBrP
249/251/253

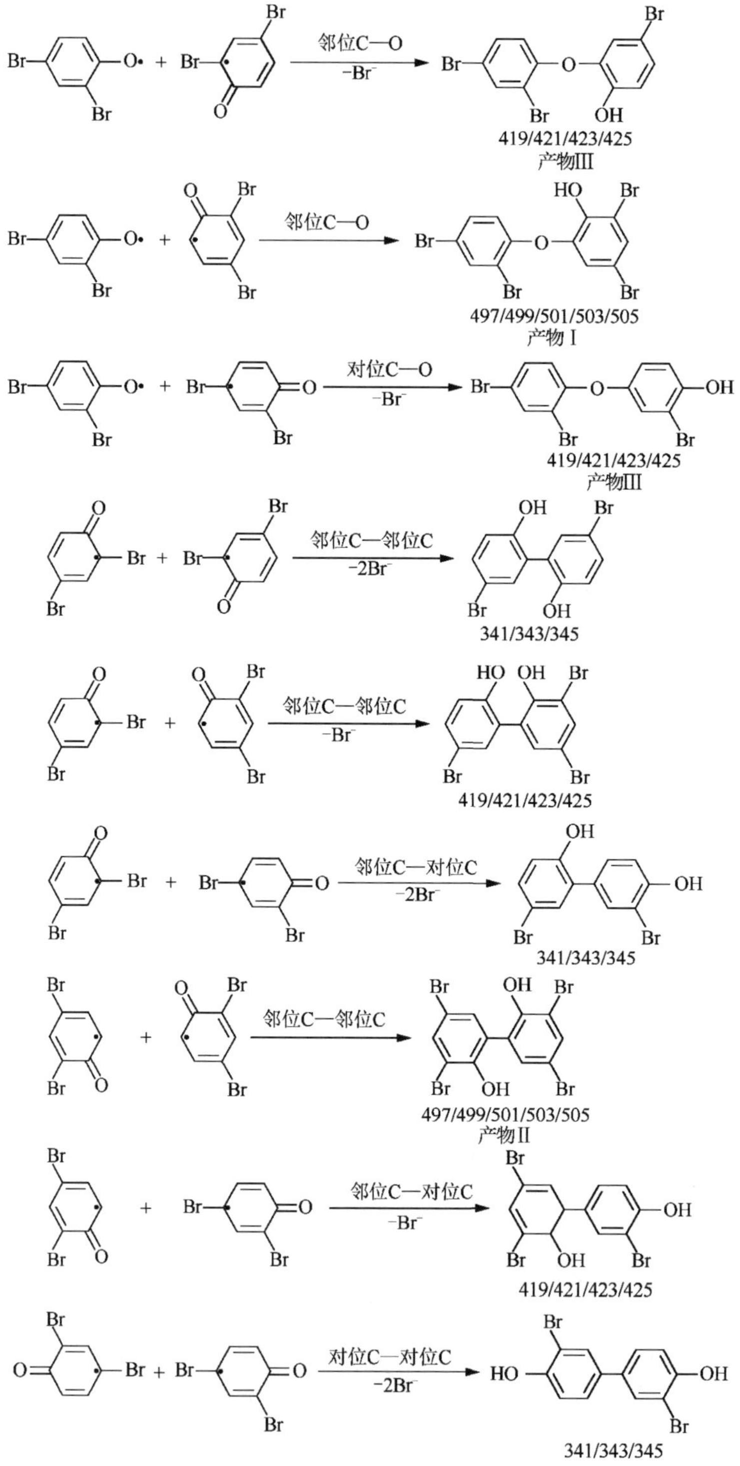

邻位C—O
$-Br^-$
419/421/423/425
产物Ⅲ

邻位C—O
497/499/501/503/505
产物Ⅰ

对位C—O
$-Br^-$
419/421/423/425
产物Ⅲ

邻位C—邻位C
$-2Br^-$
341/343/345

邻位C—邻位C
$-Br^-$
419/421/423/425

邻位C—对位C
$-2Br^-$
341/343/345

邻位C—邻位C
497/499/501/503/505
产物Ⅱ

邻位C—对位C
$-Br^-$
419/421/423/425

对位C—对位C
$-2Br^-$
341/343/345

图 3-36　2,4-DBrP 自由基的 C—C 和 C—O 耦合反应

图 3-34 的色谱图中保留时间为 30.88min 处出现的产物峰属于产物Ⅱ，质量数分别为 497/499/501/503($Br^-$ *m/z* 79)和 499/501/503/505($Br^-$ *m/z* 81)，与产物Ⅰ的质量数相同，二者互为同分异构体，反应机理见图 3-36。产物Ⅱ是由 2 个 2,4-DBrP 自由基通过邻位 C 与邻位 C 耦合产生，分子结构中含有 2 个羟基，且每个苯环中都含有 1 个。同时与 2′-OH-BDE-68（分子结构中含有 1 个羟基）相比，产物Ⅱ在色谱图中的流出时间更早。

根据图 3-27 可以确定产物Ⅰ和和产物Ⅱ的出峰位置，分子结构带有 2 个羟基的产物Ⅱ先出峰，带有 1 个羟基的产物Ⅰ后出峰。

理论上，2,4-DBrP 的 4 种自由基如果能够全部参与反应，通过 C—O 和 C—C 耦合可能有 9 种聚合产物生成，见图 3-36。在这 9 种聚合产物中有 2 种聚合产物的质量数为 497/499/501/503($Br^-$ *m/z* 79)，分子结构中含有 4 个溴原子，在聚合反应中没有脱溴，剩下的 7 种聚合产物是 2 个 2,4-DBrP 自由基通过脱 1 个或 2 个溴离子获得的，即产物的分子结构中含有 3 个或 2 个原子，质量数为 419/421/423($Br^-$ *m/z* 79)或 341/343($Br^-$ *m/z* 79)。

从图 3-36 的聚合路径可以看出，质量数为 419/421/423($Br^-$ *m/z* 79)的产物应该有 4 种，质量数为 341/343($Br^-$ *m/z* 79)的产物有 3 种。但是在图 3-34 测定过程中只检测到了 1 种质量数为 419/421/423($Br^-$ *m/z* 79)的产物（产物Ⅲ），在图 3-34 的色谱图中保留时间为 34.76min 和 34.80min。产生这种现象的主要原因是 4 种 2,4-DBrP 自由基氧化耦合的速率不同，在某种程度上限制了脱溴聚合产物的形成[29-31]。

产物Ⅲ的质量数为 419/421/423($Br^-$ *m/z* 79)和 421/423/425($Br^-$ *m/z* 81)，分子结构中含有 3 个溴原子，同时保留时间为 34.76min 和 34.80min，在产物Ⅰ（39.79min 和 39.82min）和产物Ⅱ（30.88min 和 30.88min）之间出峰，而产物Ⅰ和产物Ⅱ的分子结构中含有 4 个溴原子，由此可以断定产物Ⅲ的分子结构中含有 3 个溴原子和 1 个羟基，但无法确定具体的分子结构，见图 3-36。

### 3.4.5 $KMnO_4$ 降解 2,6-DBrP 的氧化产物及反应路径

图 3-37 给出了利用 LC-MS/MS-PIS 测定 $KMnO_4$ 氧化 2,6-DBrP 的色谱图及质谱图。图中 28.73min 处的峰为 2,6-DBrP 的色谱峰，从嵌入的质谱图可以看出，质量数为 249/251($Br^-$ *m/z* 79)和 251/253($Br^-$ *m/z* 81)，图中有 3 种背景杂质，已经用“*”号标出。还检测到 2 种主要产物，产物Ⅰ（33.62min）和产物Ⅱ（37.41min）。而且如果将图 3-37（a）和图 3-37（b）中的质谱峰进行对比，对应峰强的比为 1∶1，由此可以推测产物的分子结构中应该含有溴原子。产物Ⅰ和产物Ⅱ的质量数相同，应该为同分异构体，质量数为 497/ 499/501/503($Br^-$ *m/z* 79)和 499/501/503/505($Br^-$ *m/z* 81)，根据表 3-2 可以推测产物Ⅰ和产物Ⅱ的分子结构中应该含有 4 个溴原子，且质谱峰的相对峰强比应为 1∶3∶3∶1，因此推测产物Ⅰ和产物Ⅱ可能是 2,6-DBrP 自由基的聚合产物，是 2 个 2,6-DBrP 自由基通过对位 C 与对位 C 耦合或是对位 C 与 O 耦合而产生的，见图 3-38。但只通过耦合方式不能区分产物Ⅰ和产物Ⅱ，根据图 3-27 中 4,4′-二羟基苯酚和 4-苯氧基苯酚出峰的先后，可以很清楚地判断分子结构带有 2 个羟基的产物Ⅰ先出峰，带有 1 个羟基的产物Ⅱ

后出峰。图 3-37 中还观察到在 21.91min 处有 2,6-二溴苯醌（2,6-diBrBQ）的色谱峰产生，质量数为 264/265/266/267(Br⁻ *m/z* 79)和 266/267/268/269(Br⁻ *m/z* 81)，这一测定结果与图 3-11 中 2,6-二溴苯醌的质谱图相一致。

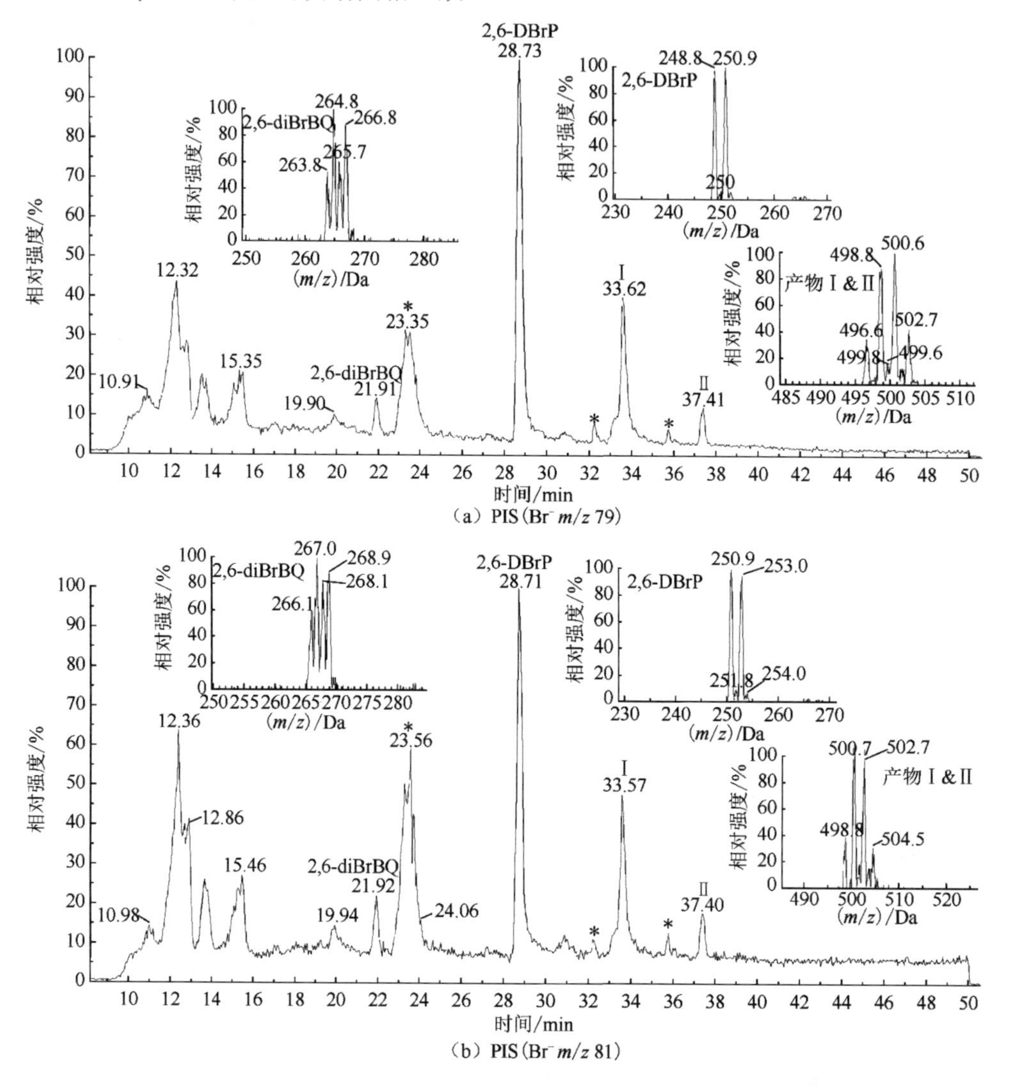


图 3-37 $KMnO_4$ 氧化 2,6-DBrP 的 LC-MS/MS-PIS 色谱图及质谱图

图 3-38 给出了 2,6-DBrP 的 3 种自由基通过 C—O 和 C—C 耦合产生的全部反应，可能有 5 种聚合产物。在这 5 种聚合产物中有 2 种聚合产物的质量数为 497/499/501/503(Br⁻ *m/z* 79)，分子结构中含有 4 个溴原子，在聚合反应中没有脱溴，推测是产物 I 和产物 II（图 3-38）。剩下 3 种聚合产物是 2 个 2,6-DBrP 自由基通过脱 1 个或 2 个溴离子获得的，即产物的分子结构中含有 2 个或 3 个溴原子，质量数为 341/343(Br⁻ *m/z* 79)或 419/421/423(Br⁻ *m/z* 79)。但是在 LC-MS/MS-PIS(Br⁻ *m/z* 79)测定过程中并未检测到质

量数为 341/343 和 419/421/423 的产物，这种现象与 2,4-DBrP 的反应机理相一致，卤代酚氧自由基相互耦合的速率不同，导致聚合产物的产率有所不同。

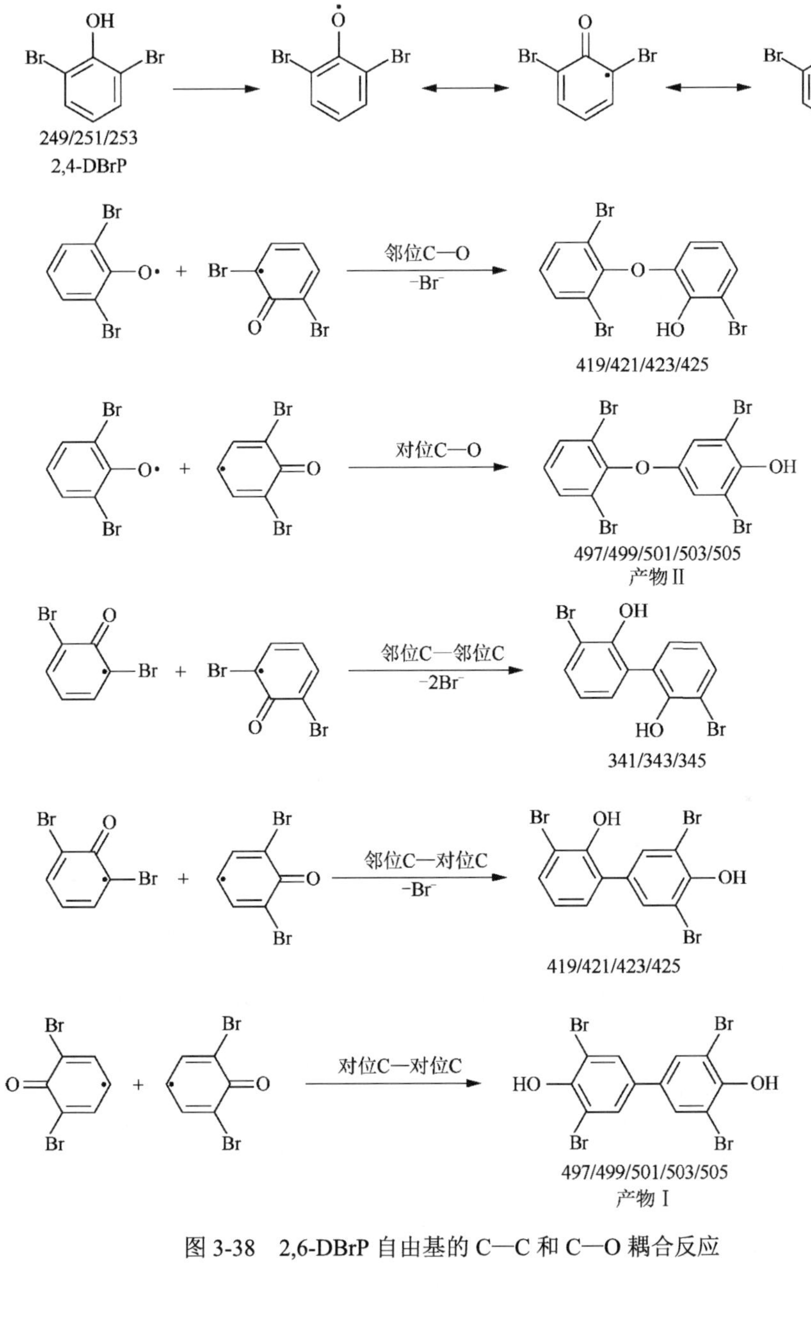

图 3-38 2,6-DBrP 自由基的 C—C 和 C—O 耦合反应

# 参考文献


[1] Zhang X, Talley J W, Boggess B, et al. Fast selective detection of polar brominated disinfection byproducts in drinking water using precursor ion scans [J]. Environmental Science & Technology, 2008, 42(17): 6598-6603.

[2] Zhai H, Zhang X. Formation and decomposition of new and unknown polar brominated disinfection byproducts during chlorination [J]. Environmental Science & Technology, 2011, 45(6): 2194-2201.

[3] Pan Y, Zhang X. Four groups of new aromatic halogenated disinfection byproducts: Effect of bromide concentration on their formation and speciation in chlorinated drinking water [J]. Environmental Science & Technology, 2013, 47(3): 1265-1273.

[4] Xiao F, Zhang X, Zhai H, et al. New halogenated disinfection byproducts in swimming pool water and their permeability across skin [J]. Environmental Science & Technology, 2012, 46(13): 7112-7119.

[5] Ding G, Zhang X, Yang M, et al. Formation of new brominated disinfection byproducts during chlorination of saline sewage effluents [J]. Water Research, 2013, 47(8): 2710-2718.

[6] Pang S Y, Jiang J, Gao Y, et al. Oxidation of flame retardant tetrabromobisphenol A by aqueous permanganate: Reaction kinetics, brominated products, and pathways [J]. Environmental Science & Technology, 2014, 48(1): 615-623.

[7] Huber M M, Ternes T A, von Gunten U. Removal of estrogenic activity and formation of oxidation products during ozonation of 17$\alpha$-ethinylestradiol [J]. Environmental Science & Technology, 2004, 38(19): 5177-5186.

[8] Lee Y, Escher B, von Gunten U. Efficient removal of estrogenic activity during oxidative treatment of waters containing steroid estrogens [J]. Environmental Science & Technology, 2008, 42(17): 6333-6339.

[9] Pereira R O, Postigo C, de Alda M L, et al. Removal of estrogens through water disinfection processes and formation of by-products [J]. Chemosphere, 2011, 82(6): 789-799.

[10] Mazellier P, Meite L, Laat J D. Photodegradation of the sterriod hormones 17$\beta$-estradiol (E2) and 17$\alpha$-ethinylestradiol (EE2) in dilute aqueous solution [J]. Chemosphere, 2008, 73(8):1216-1223.

[11] Caupos E, Mazellier P, Croue J P. Photodegradation of estrone enhanced by dissolved organic matter under simulated sunlight [J]. Water Research, 2011, 45(11): 3341-3350.

[12] Pereira R O, de Alda M L, Joglar J, et al. Identification of new ozonation disinfection byproducts of 17$\beta$-estradioland and estrone in water [J]. Chemosphere, 2011, 84(11): 1535-1541.

[13] Yasmine S, Sophie B, Stephane B, et al. Estrone direct photolysis: By-product identification using LC-Q-TOF [J]. Chemosphere, 2012, 87(2): 185-193.

[14] Rosenfeldt E J, Linden K G. Degradation of endocrine disrupting chemicals bisphenol A, ethinyl estradiol, and estradiol during UV photolysis and advanced oxidation processes [J]. Environmental Science & Technology, 2004, 38(20): 5476-5483.

[15] Ohko Y, Iuchi K , Niwa C, et al. 17$\beta$-estradiol degradation by $TiO_2$ photocatalysis as a means of reducing estrogenic activity [J]. Environmental Science & Technology, 2002, 36(19): 4175-4181.

[16] Irmak S, Erbatur O, Akgerman A. Degradation of 17$\beta$-estradiol and bisphenol A in aqueous medium by using ozone and ozone/UV techniques [J]. Journal of Hazardous Materials, 2005, 126(1-3): 54-62.

[17] Mai J, Sun W, Xiong L, et al. Titanium dioxide mediated photocatalytic degradation of 17$\beta$-estradiol in aqueous solution [J]. Chemosphere, 2008, 73(4): 600-606.

[18] Diaz M, Luiz M, Alegretti P, et al. Visible-light-mediated photodegradation of 17$\beta$-estradiol: Kinetics, mechanism and photoproducts [J]. Journal of Photochemisty and Photobiology A: Chemistry, 2009, 202(2-3): 221-227.

[19] Maniero M G, Bila D M, Dezotti M. Degradation and estrogenic activity removal of 17$\beta$-estradiol and 17$\alpha$-ethinylestradiol by ozonation and $O_3/H_2O_2$ [J]. Science of the Total Environment, 2008, 47(1): 105-115.

[20] Larcher S, Delbes G, Robarie B, et al. Degradation of 17$\alpha$-ethinylestradiol by ozonation—identification of the by-products and assessment of their estrogenicity and toxicity [J]. Environmental International, 2012, 39(1): 66-72.

[21] Zhang X, Chen P, Wu F, et al. Degradation of 17$\alpha$-ethinylestradiol in aqueous solution by ozonation [J]. Journal of Hazardous Materials, 2006, 133(1): 291-298.

[22] Zhang X, Talley J W, Boggess B, et al. Fast selective detection of polar brominated disinfection by-products in drinking water using precursor ion scans [J]. Environmental Science & Technology, 2008, 42(17): 6598-6603.

[23] Bender M, Maccrehan W A. Transformation of acetaminophen by chlorination produces the toxicants 1,4-benzoquinone and N-Acetyl-p-benzoquinone imine [J]. Environmental Science & Technology, 2006, 40(2): 516-522.

[24] Zhao Y, Qin F, Boyd J M, et al. Characterization and determination of chloro- and bromo-benzoquinones as new chlorination disinfection byproducts in drinking water [J]. Analytical Chemistry, 2010, 82(11) 4599-4605.

[25] Huang R, Wang W, Qian Y, et al. Ultra pressure liquid chromatography-negative electrospray ionization mass spectrometry determination of twelve halobenzoquinones at ng/L levels in drinking water [J]. Analytical Chemistry, 2013, 85(9): 4520-4529.

[26] Lin K, Liu W, Gan J. Reaction of tetrabromobisphenol A (TBBPA) with manganese dioxide: Kinetics, products, and pathways [J]. Environmental Science & Technology, 2009, 43(12): 4480-4486.

[27] Feng Y, Colosi L M, Gao S, et al. Transformation and removal of tetrabromobisphenol A from water in the presence of natural organic matter via laccase-catalyzed reactions: Reaction rates, products, and pathways [J]. Environmental Science & Technology, 2013, 47(2): 1001-1008.

[28] Jiang J, Gao Y, Pang S Y, et al. Oxidation of bromophenols and formation of brominated polymeric products of concern during water treatment with potassium permanganate [J]. Environmental Science & Technology, 2014, 48(18): 10850-10858.

[29] Dec J, Bollag J M. Dehalogenation of chlorinated phenols during oxidative coupling [J]. Environmental Science & Technology, 1994, 28(3): 484-490.

[30] Dec J, Bollag J M. Effect of various factors on dehalogenation of chlorinated phenols and anilines during oxidative coupling [J]. Environmental Science & Technology, 1995, 29(3): 657-663.

[31] Dec J, Haider K, Bollag J M. Release of substituents from phenolic compounds during oxidative coupling reactions [J]. Chemosphere, 2003, 52(3): 549-556.

[32] Huguet M, Deborde M, Papot S, et al. Oxidative decarboxylation of diclofenac by manganese oxide bed filter [J]. Water Research, 2013, 47(14): 5400-5408.

# 4 原位生成 $MnO_2$ 催化 $KMnO_4$ 氧化降解有机污染物

在 $KMnO_4$ 氧化降解水中有机物的过程中，有机物被氧化的同时伴随着 $KMnO_4$ 被还原生成 $MnO_2$，这种新生胶体 $MnO_2$ 具有颗粒小、分散度高、水合作用强等特点，可以通过吸附、氧化、助凝等多重功能协同 $KMnO_4$ 除污染[1,2]。$KMnO_4$ 氧化降解有机物的反应过程中存在着自催化现象，即原位产生的胶体 $MnO_2$ 可以催化 $KMnO_4$ 氧化降解有机物[3-10]。虽然 Jiang 等[4]通过实验分析得出 $MnO_2$ 通过催化作用来强化 $KMnO_4$ 氧化降解有机物，但也有文献报道该强化作用是 $MnO_2$ 自身氧化能力的贡献[11]。因此需要进一步讨论 $MnO_2$ 强化 $KMnO_4$ 氧化降解有机物的原因，进而对 $MnO_2$ 协同 $KMnO_4$ 除污有更加深入的认识。

## 4.1 原位生成 $MnO_2$ 对 $KMnO_4$ 氧化降解有机物的促进作用

### 4.1.1 $KMnO_4$ 氧化降解有机物的自催化现象

图 4-1 给出了 pH 为 4 和 5 假一级实验条件下（$KMnO_4$ 初始浓度是目标有机物初始浓度的 10 倍），$KMnO_4$ 氧化降解苯酚、2,4-DClP、4-BrP、BPA、TCS 和 TBrBPA 的动力学曲线。从图 4-1 中可以看出，$KMnO_4$ 氧化降解酚类有机物的过程中存在着明显的自催化现象，即假一级动力学曲线的斜率随着时间的延长逐渐增大，这种自催化现象主要是由原位生成 $MnO_2$ 的促进作用产生的。

图 4-2 给出了 pH 为 4 和 5 假一级实验条件下（$KMnO_4$ 初始浓度是目标有机物初始浓度的 10 倍），$KMnO_4$ 氧化降解苯胺（AN）、4-溴苯胺（4-BrAN）、4-氯苯胺（4-ClAN）、SM、DCF 和 MG 的动力学曲线。从图 4-2 中可以看出，$KMnO_4$ 氧化降解芳胺类有机物过程中同样存在着明显的自催化现象，即假一级动力学曲线的斜率随着时间的延长逐渐增大，这种自催化现象主要是由原位生成 $MnO_2$ 的促进作用产生的。

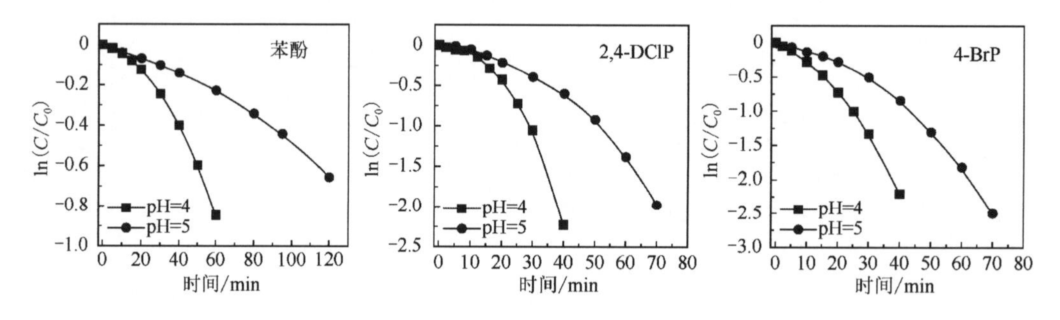

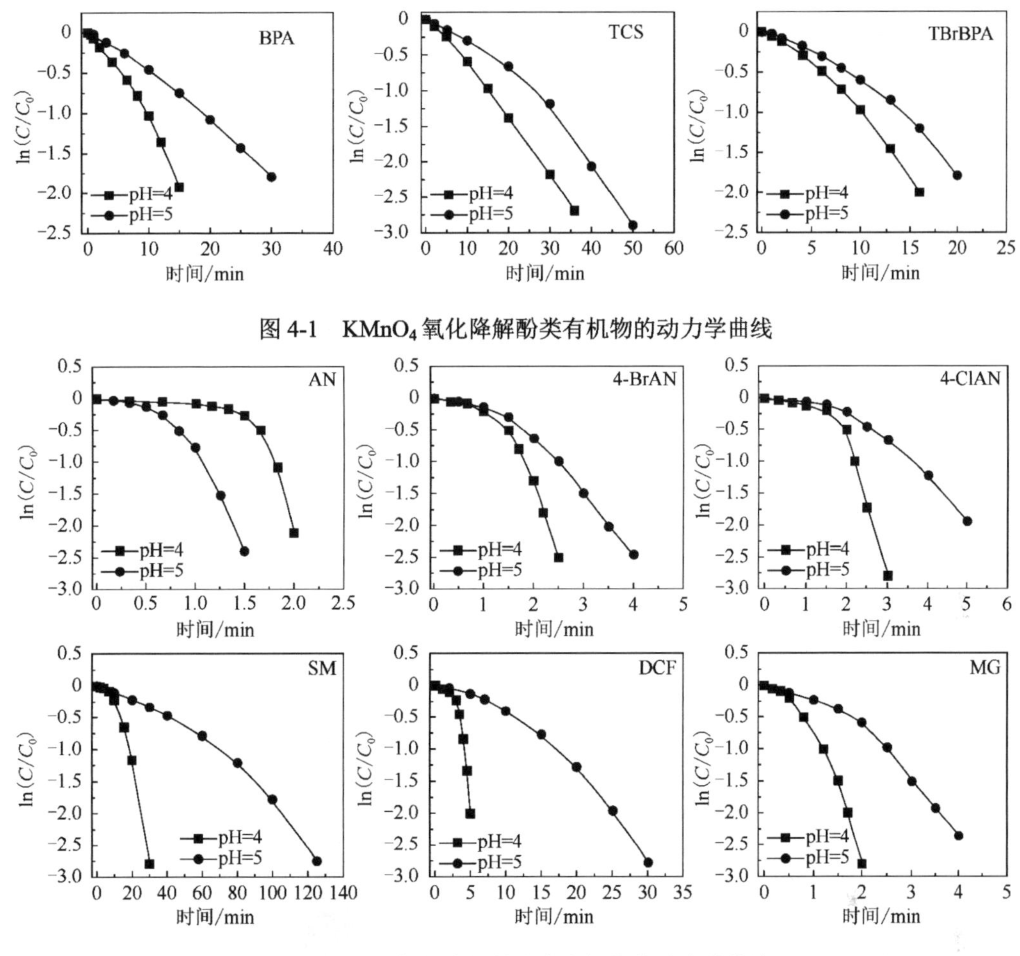


图 4-1 $KMnO_4$ 氧化降解酚类有机物的动力学曲线

图 4-2 $KMnO_4$ 氧化降解芳胺类有机物的动力学曲线

### 4.1.2 阳离子对原位生成 $MnO_2$ 促进 $KMnO_4$ 氧化降解有机物的影响

为了进一步验证原位生成 $MnO_2$ 对 $KMnO_4$ 氧化降解酚类和芳胺类有机物的促进作用，向反应中加入二价阳离子（$Ca^{2+}$、$Mg^{2+}$），见图 4-3。从图 4-3 中可以看出，二价阳离子的加入明显抑制了 $KMnO_4$ 对酚类和芳胺类有机物的氧化降解。

产生这种现象的主要原因是加入的二价阳离子占据了 $KMnO_4$ 氧化降解过程中原位生成 $MnO_2$ 的表面活性位，使得 $MnO_2$ 颗粒尺寸增加，从而降低了其促进作用[12-16]。图 4-4 给出了利用马尔文激光粒度仪测得的加入 $Ca^{2+}$ 前后 $MnO_2$ 的颗粒尺寸。从图 4-4 中可以看出，加入 $Ca^{2+}$ 后 $MnO_2$ 颗粒明显增大，降低其表面活性位。

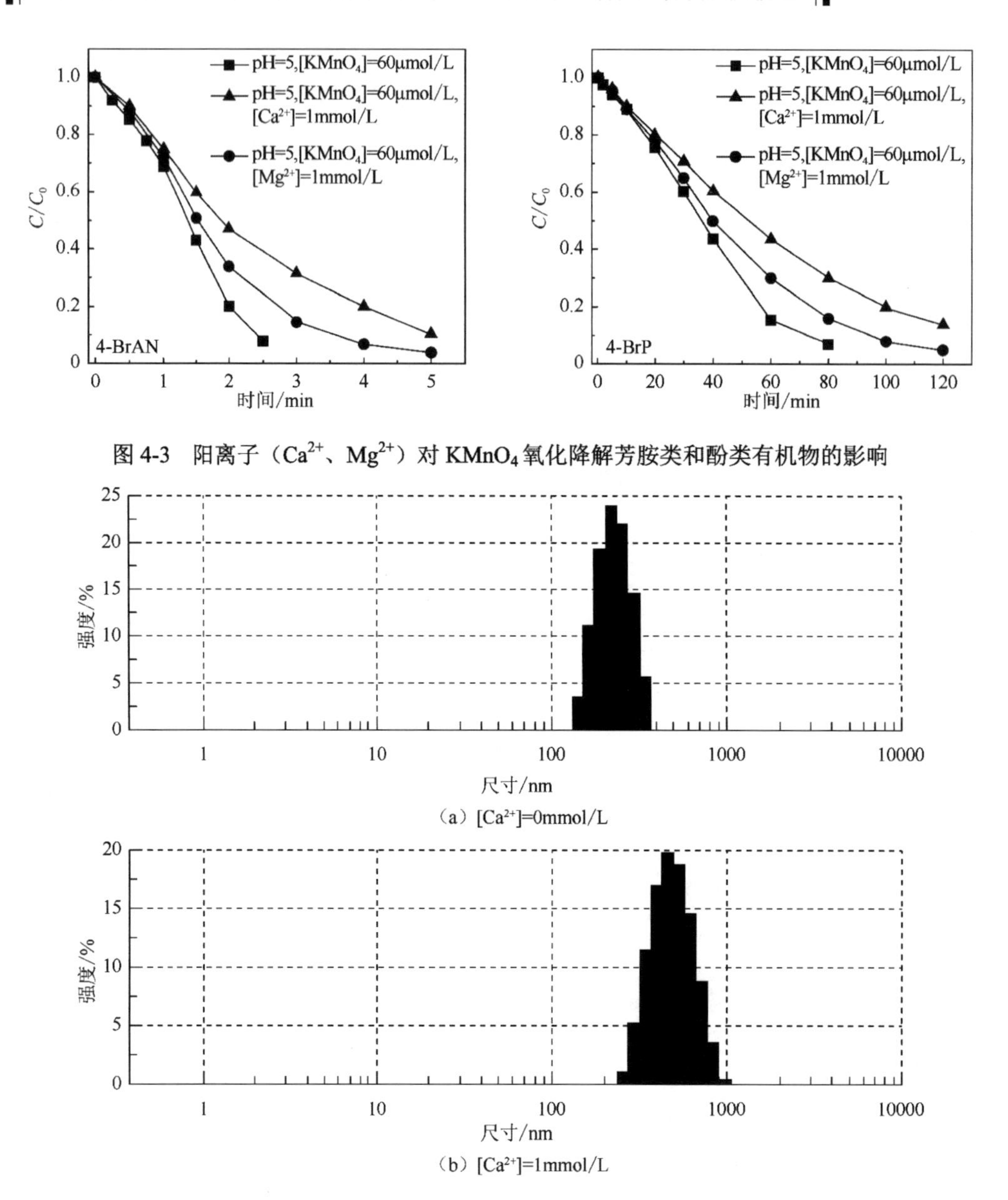


图 4-3　阳离子（$Ca^{2+}$、$Mg^{2+}$）对 $KMnO_4$ 氧化降解芳胺类和酚类有机物的影响

图 4-4　$Ca^{2+}$对 $KMnO_4$ 氧化降解 4-BrAN 过程中形成的 $MnO_2$ 颗粒尺寸的影响

## 4.2　原位生成 $MnO_2$ 促进 $KMnO_4$ 氧化降解有机物的机理推测

原位生成 $MnO_2$ 对 $KMnO_4$ 氧化降解酚类和芳胺类有机物的促进作用是 $MnO_2$ 自身对有机物的氧化作用还是 $MnO_2$ 对 $KMnO_4$ 的催化作用呢？研究中选择了几个典型有机物对 $MnO_2$ 促进 $KMnO_4$ 氧化的反应机理进行验证。

### 4.2.1 原位生成 $MnO_2$ 促进 $KMnO_4$ 氧化难降解有机物的机理推测

为了验证原位生成 $MnO_2$ 促进 $KMnO_4$ 氧化降解有机物的机理，选用单独 $KMnO_4$、单独 $MnO_2$ 都不能氧化降解的难降解有机物 4-硝基苯胺（4-NAN）和 4-硝基苯酚（4-NP）作为目标物进行研究，有机物结构式见图 4-5。

$NH_2$ $NO_2$ 4-硝基苯胺(4-NAN)

OH $NO_2$ 4-硝基苯酚(4-NP)

图 4-5　4-NAN 和 4-NP 的结构式

图 4-6 给出了外加 $MnO_2$（0～120μmol/L）对 $KMnO_4$ 氧化降解 4-NAN 和 4-NP 的影响。从图中可以看出，$MnO_2$ 的加入能够促进 $KMnO_4$ 对 4-NAN 和 4-NP 的氧化降解，同时随着 $MnO_2$ 浓度的增加，降解效率逐渐加快。单独 $KMnO_4$ 和单独 $MnO_2$ 很难氧化硝基类有机物，即二者对这类物质的氧化能力很弱，但当二者联用时有机物的氧化速率得到了明显提高。据此可以推测 $MnO_2$ 对 $KMnO_4$ 氧化的强化作用不是 $MnO_2$ 氧化能力的贡献，而是由于 $MnO_2$ 的催化作用[17,18]。

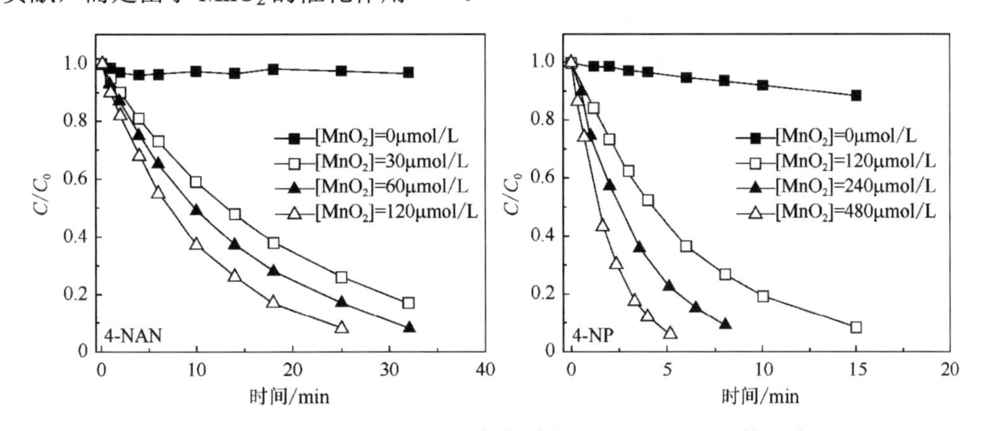


图 4-6　外加 $MnO_2$ 对 $KMnO_4$ 氧化降解 4-NAN 和 4-NP 的影响

### 4.2.2 原位生成 $MnO_2$ 促进 $KMnO_4$ 氧化易降解有机物的机理推测

为了进一步验证原位生成 $MnO_2$ 对 $KMnO_4$ 氧化降解有机物的促进作用是催化作用而非氧化作用，选用易被 $MnO_2$ 和 $KMnO_4$ 氧化降解的有机物 TCS 和 2-(2,4-二氯苯氧基)苯胺（DClPOAN）作为目标物进行研究，有机物结构式见图 4-7。选择这两个有机物的主要原因是单独 $KMnO_4$、单独 $MnO_2$ 氧化 TCS 及 DClPOAN 的产物截然不同。

三氯生(TCS)

2-(2,4-二氯苯氧基)苯胺(DClPOAN)

图 4-7　TCS 和 DClPOAN 的结构式

Zhang 和 Huang[19]发现 $MnO_2$ 氧化降解 TCS 易发生氧化耦合反应，产生聚合产物，不产生2,4-DClP。然而，Wu 等[20]研究发现 $KMnO_4$ 氧化降解 TCS 的主要产物是2,4- DClP。因此，根据 $KMnO_4$ 和 $MnO_2$ 氧化 TCS 的产物不同，可以选择 TCS 作为指示有机物，研究 $MnO_2$ 促进 $KMnO_4$ 氧化的反应机理。

#### 4.2.2.1　原位生成 $MnO_2$ 促进 $KMnO_4$ 氧化降解 TCS 的机理推测

1. $MnO_2$ 氧化降解 TCS 的氧化产物及反应路径

本节利用第 3 章建立的 LC-MS/MS 对胶体 $MnO_2$ 氧化降解 TCS 的产物进行分析测定，见图 4-8。图 4-8 对比给出了采用 PIS($Cl^-$ $m/z$ 35)模式测定 TCS 标准样品和 $MnO_2$ 氧化 TCS 后的色谱图与质谱图。从图 4-8（a）中可以看出，色谱图中保留时间为 35.85min 处的峰属于 TCS 标准样品，质量数为 287/289/291($Cl^-$ $m/z$ 35)。与 TCS 标准样品色谱图相比，图 4-8（b）中 $MnO_2$ 氧化 TCS 产生了很多的产物，在保留时间为 39.6min（产物 1）、40.76 min（产物 2）、41.91 min（产物 3）、42.90min（产物 4）和 44.83min（产物 5）处产生了 5 个质量数为 573/575/577/579/581($Cl^-$ $m/z$ 35)的色谱峰，推测可能是 TCS 自由基通过 C—C 和 C—O 耦合产生的二聚产物的色谱峰，见图 4-9。

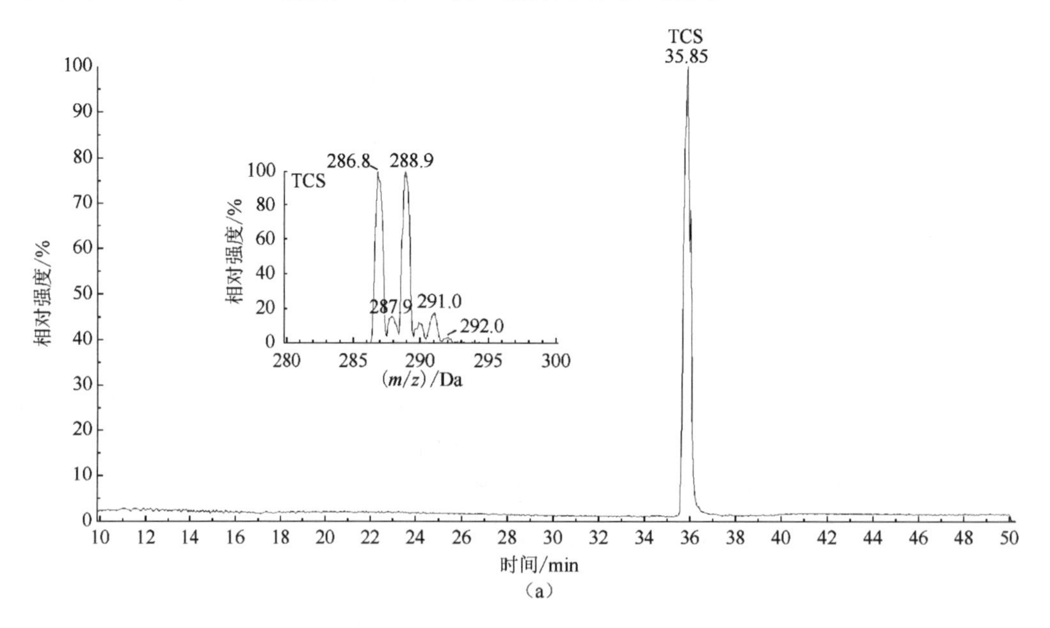


（a）

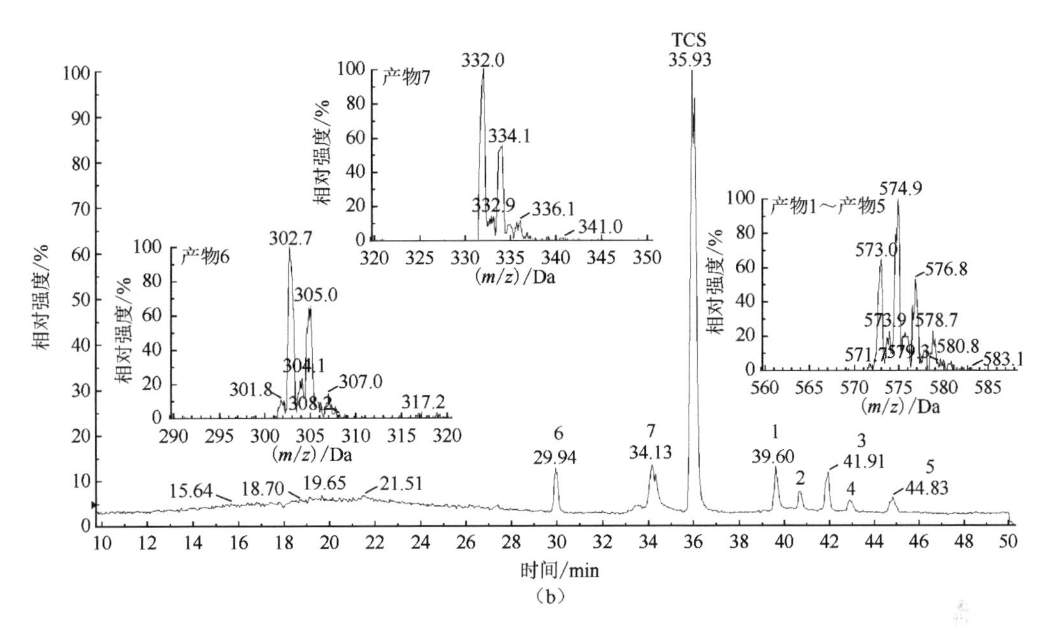


图 4-8 TCS 标准样品和 $MnO_2$ 氧化降解 TCS 的 LC-MS/MS-PIS($Cl^-$ *m*/*z* 35)色谱图及质谱图

图 4-9 给出了 TCS 自由基发生的所有 C—C 和 C—O 耦合反应，共产生 5 种聚合产物，在进行 LC-MS/MS-PIS($Cl^-$ *m*/*z* 35)质谱测定时，全部被检出，但不能确定 5 种产物的出峰位置。

图 4-8（b）中保留时间为 29.94min、质量数为 303/305/307($Cl^-$ *m*/*z* 35)的产物（产物 6），分子结构中含有 3 个氯原子，其质量数与 TCS 质量数相差 16，可能是 TCS 自由基进一步被氧化得到的产物。在色谱图中保留时间为 34.17min 的产物 7，其质量数为偶数，332/334/336($Cl^-$ *m*/*z* 35)，可能是 TCS 的羟基化产物进一步被氧化形成的醌类有机物。

OH Cl Cl Cl TCS $+MnO_2$ Cl Cl Cl O Cl Cl Cl O Cl Cl Cl

Cl O· Cl Cl + O Cl Cl Cl 邻位C—O Cl OH Cl Cl Cl Cl Cl Cl

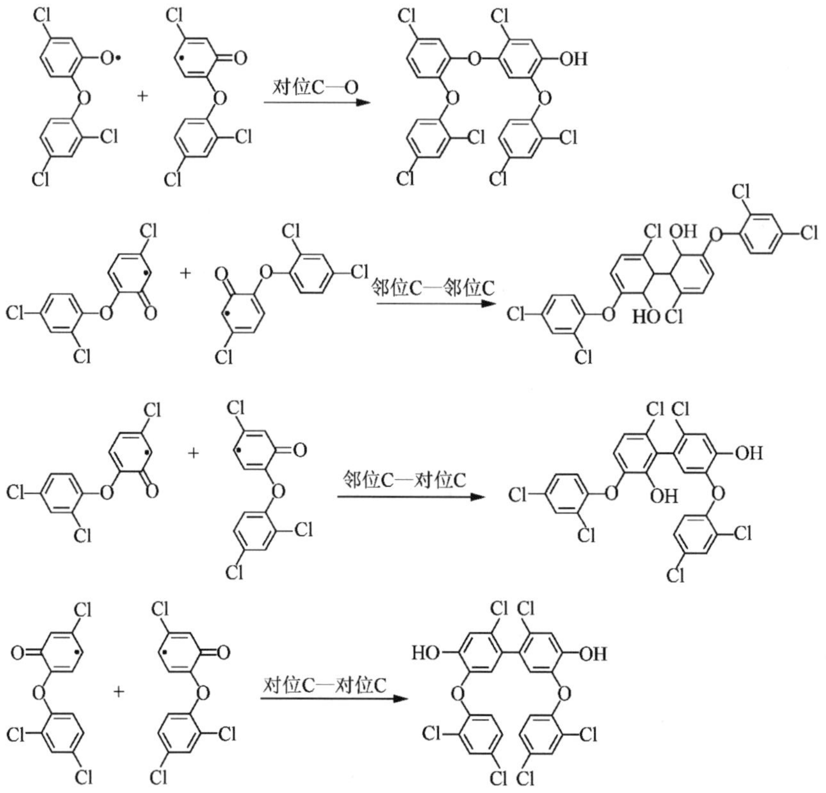

图 4-9　TCS 自由基的 C—C 和 C—O 耦合反应

2. $KMnO_4$ 氧化降解 TCS 的氧化产物及反应路径

图 4-10 给出了利用 LC-MS/MS-PIS($Cl^-$ *m/z* 35)测定 $KMnO_4$ 氧化 TCS 的色谱图与质谱图。从图 4-10 中可以看出，色谱图中除目标物 TCS 外，还有 4 个产物峰，保留时间分别为 17.89min（产物 9）、28.30 min（产物 8）、29.53 min（产物 10）、37.98min（产物 11），测得的产物与 $MnO_2$ 氧化 TCS 的产物不同（图 4-8）。在保留时间为 28.3min、质量数为 161/163($Cl^-$ *m/z* 35)处的峰属于产物 8，该产物可能是 2,4-DClP，是通过 TCS 键裂而产生的，利用 2,4-DClP 标准样品进行验证，见图 4-11（a）。在保留时间为 17.89min、质量数为 145（*m/z* 35）处的峰属于产物 9，可以看出该产物的分子结构中只含有 1 个氯原子，它的碎片子离子为 44（$CO_2$）和 36/38（$H^{35}Cl/H^{37}Cl$），因此可以断定产物 9 是一个具有开环结构的有机物。

在图 4-10 中保留时间为 29.53min 和 37.98min、质量数为 321/323/325/327($Cl^-$ *m/z* 35)处的峰属于产物 10 和产物 11，是分子结构中含有 4 个氯原子的同分异构体，推测可能是 2,4-DClP 自由基的聚合产物。为了进一步证实这个结论，实验在相同条件下测定了 $KMnO_4$ 氧化 2,4-DClP 的产物，见图 4-11。与图 4-11（a）中 2,4-DClP 的标准色谱图相比，图 4-11（b）中明显观察到了 $KMnO_4$ 氧化 2,4-DClP 的产物，在保留时间为 29.86min 和 38.16min 处有两个明显的产物峰，与图 4-10 中产物 10 和产物 11 的保留时间相同，且质量数也为 321/323/325/327($Cl^-$ $m/z$ 35)，推测是 2,4-DClP 自由基的聚合产物。产物 10 是 2,4-DClP 自由基的邻位 C 与邻位 C 耦合的产物，而产物 11 是 2,4-DClP 自由基的邻位 C 与 O 耦合的产物。推测 $KMnO_4$ 氧化降解 TCS 的反应路径见图 4-12。

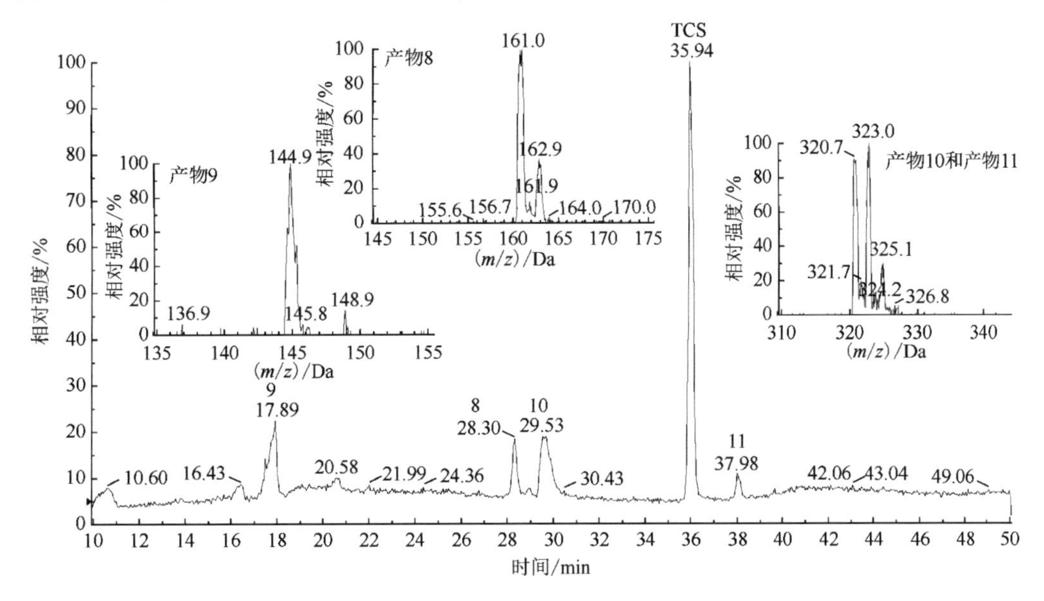


图 4-10　$KMnO_4$ 氧化降解 TCS 的 LC-MS/MS-PIS($Cl^-$ $m/z$ 35)色谱图及质谱图

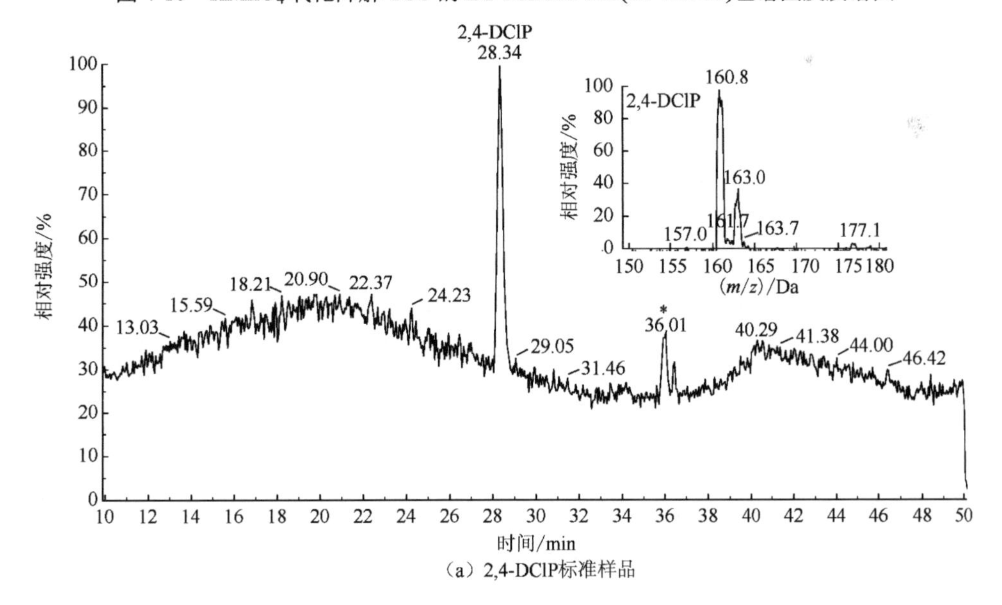


（a）2,4-DClP标准样品

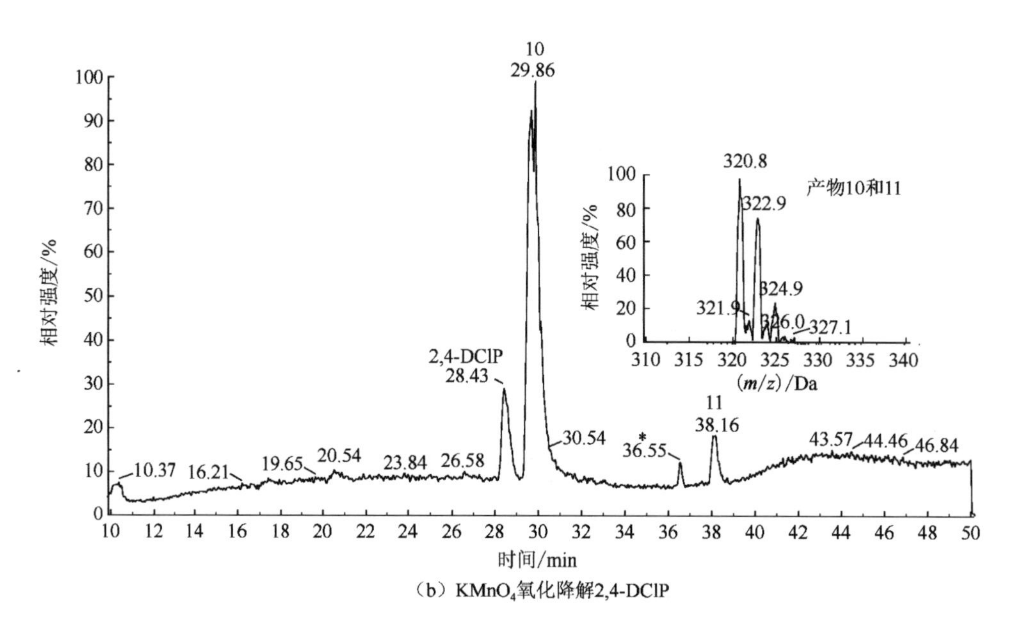


（b）$KMnO_4$氧化降解2,4-DClP

图 4-11　2,4-DClP 标准样品和 $KMnO_4$ 氧化降解 2,4-DClP 的 LC-MS/MS-PIS($Cl^-$ $m/z$ 35)色谱图及质谱图

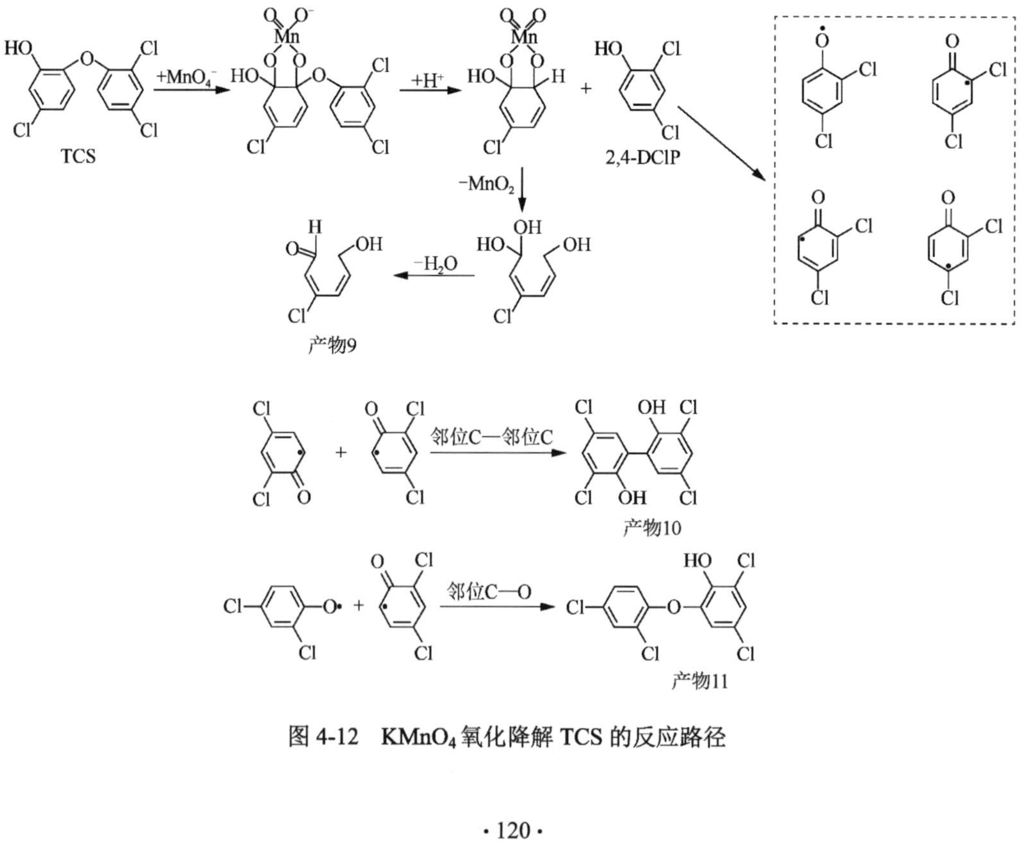

图 4-12　$KMnO_4$ 氧化降解 TCS 的反应路径

3. $MnO_2$ 催化 $KMnO_4$ 氧化降解 TCS

以 TCS 作为酚类指示有机物，研究了 pH=5、10mmol/L 乙酸缓冲条件下，单独 $KMnO_4$、单独胶体 $MnO_2$-I、单独颗粒 $MnO_2$-Ⅱ、$MnO_2$-I/$KMnO_4$ 联合、$MnO_2$-Ⅱ/$KMnO_4$ 联合氧化降解 TCS 的动力学、产物 2,4-DClP 的生成量及产率，见图 4-13。其中，[$KMnO_4$]=[$MnO_2$-Ⅰ]=[$MnO_2$-Ⅱ]=60μmol/L。从图 4-13（a）中可以看出，在所研究的时间段内，单独胶体 $MnO_2$-Ⅰ、单独颗粒 $MnO_2$-Ⅱ对 TCS 的降解速率非常慢，而 $MnO_2$-Ⅰ/$KMnO_4$、$MnO_2$-Ⅱ/$KMnO_4$ 联合氧化降解 TCS 的反应速率明显高于 $KMnO_4$ 和 $MnO_2$ 单独氧化。可见，$MnO_2$/$KMnO_4$ 联合作用的结果是 $MnO_2$ 与 $KMnO_4$ 协同氧化作用。从图 4-13（b）中可以看出，在利用 $KMnO_4$、$MnO_2$-Ⅰ/$KMnO_4$、$MnO_2$-Ⅱ/$KMnO_4$ 氧化降解 TCS 时会产生中间产物 2,4-DClP，生成的 2,4-DClP 浓度达到最大值后又降低，但 $MnO_2$-Ⅰ和 $MnO_2$-Ⅱ单独氧化 TCS 时并未有 2,4-DClP 生成。同时，根据图 4-13（a）和图 4-13（b）计算生成 2,4-DClP 的产率 $R_{2,4\text{-DClP}}$（2,4-DClP 与降解的 TCS 的摩尔比），见图 4-13（c）。从图 4-13（c）中可以看出，2,4-DClP 的产率 $R_{2,4\text{-DClP}}$ 随着 TCS 氧化降解浓度的增加而减小。

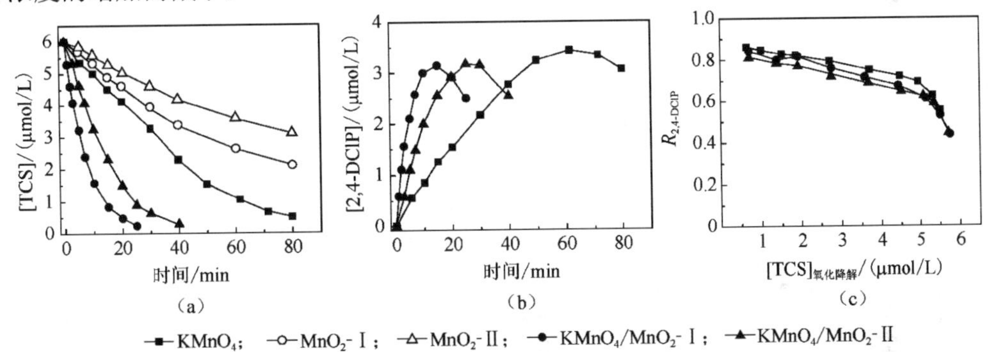


图 4-13 异位制备 $MnO_2$ 对 $KMnO_4$ 氧化降解 TCS 及产物 2,4-DClP 生成的影响

利用还原剂 Mn(Ⅱ)、As(Ⅲ)、Fe(Ⅱ)与 $KMnO_4$ 反应原位生成 $MnO_2$，同样能够促进 $KMnO_4$ 氧化降解 TCS 和产物 2,4-DClP 的生成，且 2,4-DClP 的产率始终保持不变，见图 4-14。

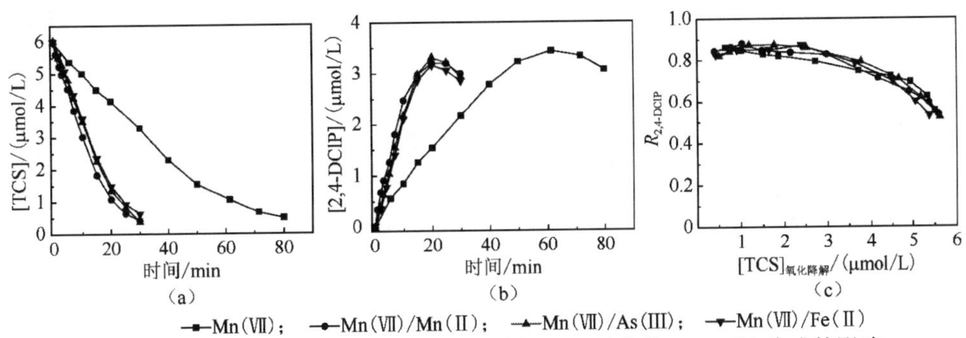


图 4-14 原位生成 $MnO_2$ 对 $KMnO_4$ 氧化降解 TCS 及产物 2,4-DClP 生成的影响

由此可见，$MnO_2$ 强化 $KMnO_4$ 氧化降解酚类有机物被证实是一种催化作用，而非 $MnO_2$ 作为氧化剂参与反应的氧化作用[17,18]。

#### 4.2.2.2　原位生成 $MnO_2$ 促进 $KMnO_4$ 氧化降解 DClPOAN 的机理推测

1. $MnO_2$ 氧化降解 DClPOAN 的氧化产物及反应路径

利用 LC-MS/MS-APCI(+)对 $MnO_2$ 氧化降解 DClPOAN 的产物进行测定，结果见图 4-15。从图 4-15 中可以看到，DClPOAN 的保留时间为 29.94min，质量数为 254/256。除目标物外，还有 5 种产物生成，质量数均为 503/505/507/509/511，这 5 种产物互为同分异构体，推测是 DClPOAN 自由基发生耦合反应产生的聚合产物，其反应路径见图 4-16。

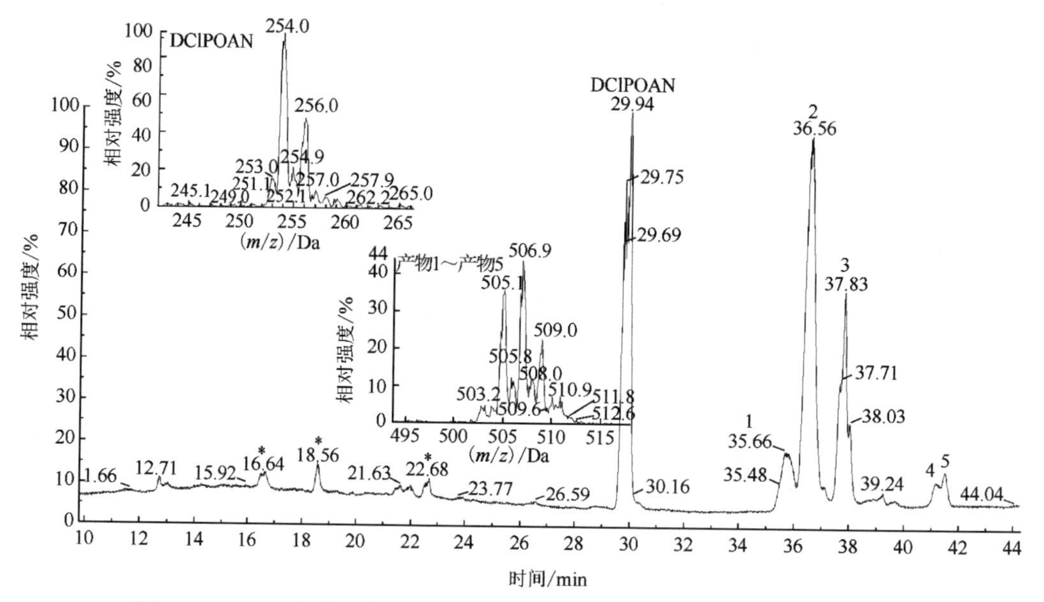


图 4-15　$MnO_2$ 氧化降解 DClPOAN 的 LC-MS/MS-APCI(+)色谱图及质谱图

+$KMnO_4$

DClPOAN

邻位C—N

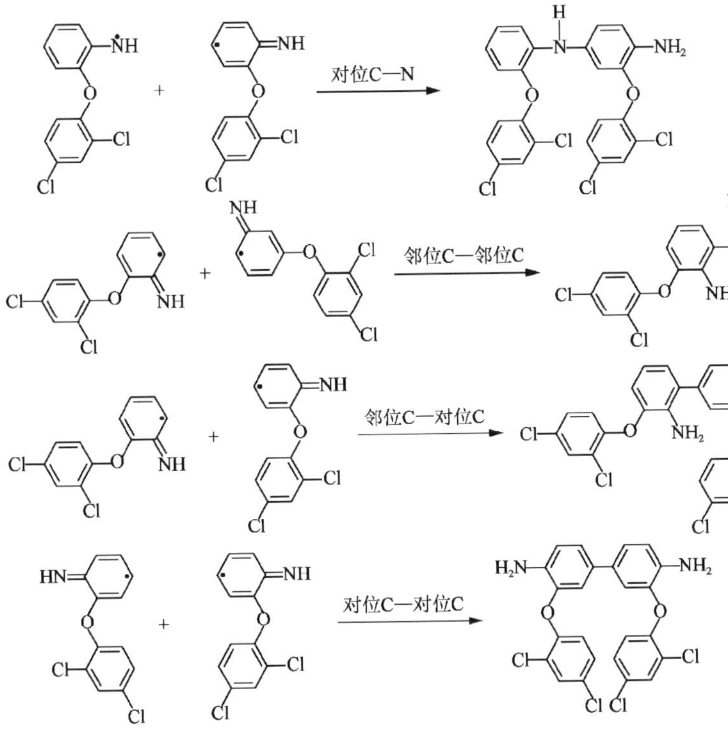

图 4-16　DClPOAN 自由基的 C—C 和 C—O 耦合反应

2. $KMnO_4$ 氧化降解 DClPOAN 的氧化产物及反应路径

利用 LC-MS/MS-ESI(−)对 $KMnO_4$ 氧化降解 DClPOAN 的产物进行测定，结果见图 4-17。从图 4-17 中可以看到，主要产物为 2,4-DClP。$KMnO_4$ 氧化降解 DClPOAN 的反应路径推测见图 4-18。

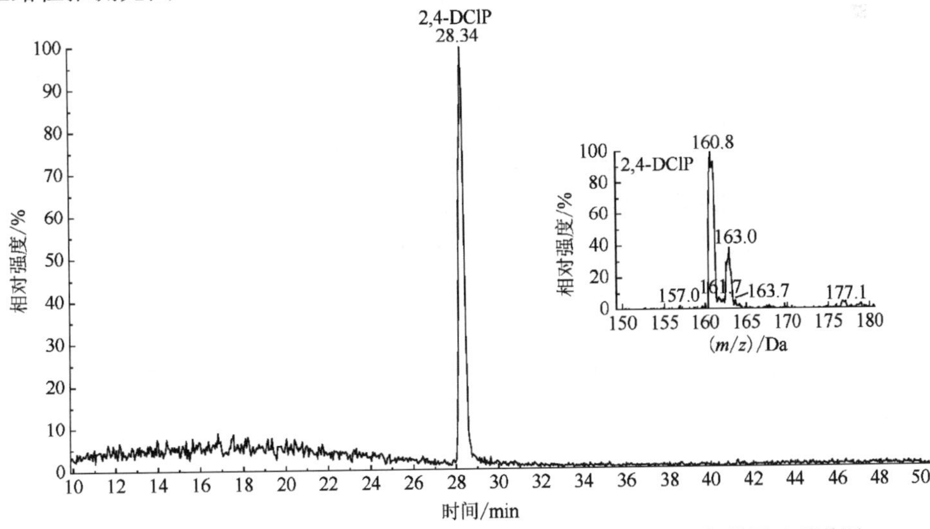


图 4-17　$KMnO_4$ 氧化降解 DClPOAN 的 LC-MS/MS-ESI(−)色谱图及质谱图

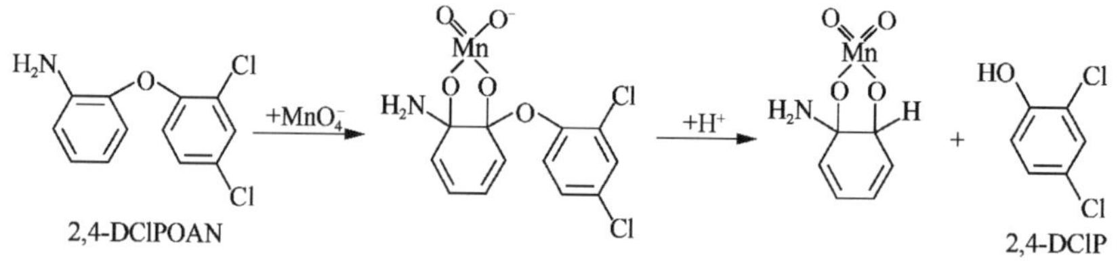

图 4-18　$KMnO_4$ 氧化降解 DClPOAN 的反应路径

3. $MnO_2$ 催化 $KMnO_4$ 氧化降解 DClPOAN

以 DClPOAN 作为芳胺类指示有机物，研究 pH=5 条件下，单独 $KMnO_4$、单独胶体 $MnO_2$-Ⅰ、单独颗粒 $MnO_2$-Ⅱ、$MnO_2$-Ⅰ/$KMnO_4$ 联合、$MnO_2$-Ⅱ/$KMnO_4$ 联合氧化降解 DClPOAN 的动力学、产物 2,4-DClP 的生成量及产率，见图 4-19。其中，[$KMnO_4$]=[$MnO_2$-Ⅰ]=[$MnO_2$-Ⅱ]=60μmol/L。

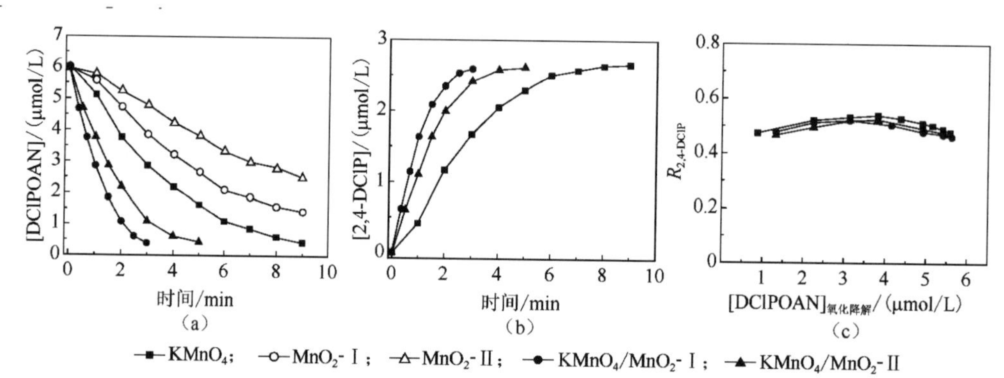


图 4-19　异位制备 $MnO_2$ 对 $KMnO_4$ 氧化降解 DClPOAN 及产物 2,4-DClP 生成的影响

从图 4-19（a）中可以看出，在所研究的时间段内，单独胶体 $MnO_2$-Ⅰ、单独颗粒 $MnO_2$-Ⅱ对 DClPOAN 的降解速率非常慢，而 $MnO_2$-Ⅰ/$KMnO_4$、$MnO_2$-Ⅱ/$KMnO_4$ 联合氧化降解 DClPOAN 的反应速率明显高于 $KMnO_4$ 和 $MnO_2$ 单独氧化，可见，$MnO_2$/$KMnO_4$ 联合作用的结果是 $MnO_2$ 与 $KMnO_4$ 协同氧化作用。从图 4-19（b）中可以看出，在利用 $KMnO_4$、$MnO_2$-Ⅰ/$KMnO_4$、$MnO_2$-Ⅱ/$KMnO_4$ 氧化降解 DClPOAN 时会产生中间产物 2,4-DClP，生成的 2,4-DClP 浓度达到最大值后又降低，但 $MnO_2$-Ⅰ和 $MnO_2$-Ⅱ单独氧化 TCS 时并未有 2,4-DClP 生成。利用液相色谱法测定 $MnO_2$、$KMnO_4$、$MnO_2$/$KMnO_4$ 氧化降解 DClPOAN 和生成的 2,4-DClP 的色谱图，见图 4-20。

图 4-20 给出了单独 $MnO_2$、单独 $KMnO_4$、$MnO_2$/$KMnO_4$ 氧化降解 DClPOAN 的液相色谱图，其中 14.2min 处的色谱峰属于 DClPOAN，3.4min 处的色谱峰属于 2,4-DClP。从图 4-20 中可以看出，单独 $MnO_2$ 氧化 DClPOAN 时没有产物 2,4-DClP 生成，而单独 $KMnO_4$ 氧化 DClPOAN 时有产物 2,4-DClP 生成。由此可见，$MnO_2$ 和 $KMnO_4$ 氧化降解 DClPOAN 的产物截然不同，当同时投加 $MnO_2$ 和 $KMnO_4$ 氧化 DClPOAN 时有产物 2,4-DClP 生成，与 $KMnO_4$ 氧化产物一致。此外，根据图 4-19（a）和图 4-19（b）计算

生成 2,4-DClP 的产率 $R_{2,4\text{-DClP}}$（生成的 2,4-DClP 与降解的 DClPOAN 的摩尔比），见图 4-19（c），2,4-DClP 的产率随着 DClPOAN 氧化降解浓度的增加先增加而后降低。

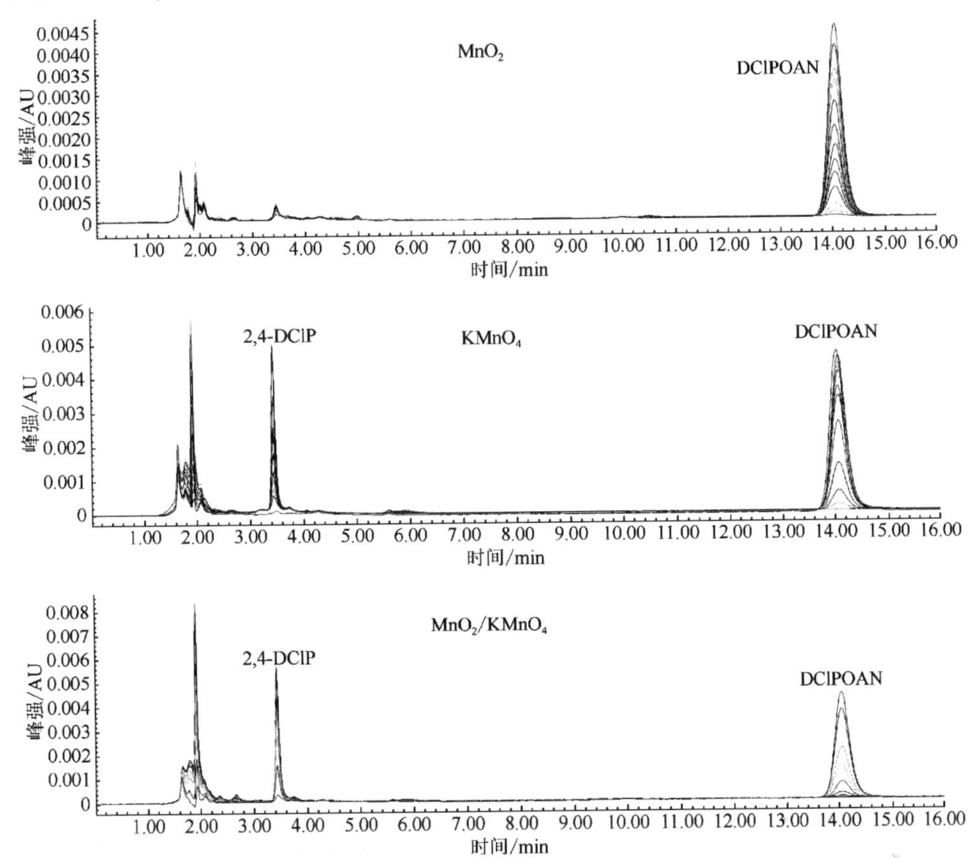


图 4-20 $MnO_2$ 催化 $KMnO_4$ 氧化降解 DClPOAN 的液相色谱图

利用还原剂 Mn(Ⅱ)、As(Ⅲ)、Fe(Ⅱ)与 $KMnO_4$ 反应，原位生成 $MnO_2$，同样能够促进 $KMnO_4$ 氧化降解 DClPOAN 和产物 2,4-DClP 的生成，且 2,4-DClP 的产率始终保持不变，见图 4-21。

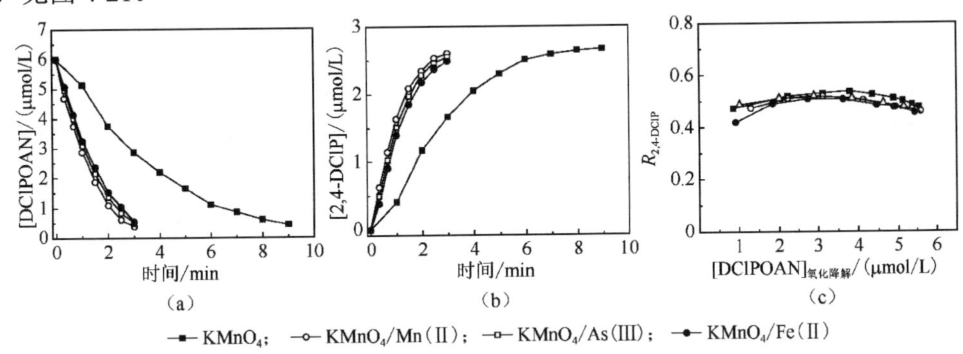


图 4-21 原位生成 $MnO_2$ 对 $KMnO_4$ 氧化降解 DClPOAN 及产物 2,4-DClP 生成的影响

由此可见，$MnO_2$强化$KMnO_4$氧化降解芳胺类有机物被证实是一种催化作用，而非$MnO_2$作为氧化剂参与反应的氧化作用。

综上所述，$KMnO_4$与$MnO_2$氧化TCS和DClPOAN的产物明显不同，$MnO_2$氧化TCS和DClPOAN易形成聚合产物，$KMnO_4$氧化TCS和DClPOAN易生成2,4-DClP，通过氧化产物的不同可以推测氧化剂的氧化机理。因此，TCS和DClPOAN可以作为很好的指示剂去评价$MnO_2$促进$KMnO_4$氧化降解芳胺类和酚类有机污染物。

## 参考文献


[1] 李圭白，杨艳玲，李星，等. 锰有机物净水技术 [M]. 北京：中国建筑工业出版社, 2006.

[2] Walker H W, Bob M M. Stability of particle flocs upon addition of natural organic matter under quiescent conditions [J]. Water Research, 2001, 35(4): 875-882.

[3] Jiang J, Pang S Y, Ma J. Oxidation of triclosan by permanganate [Mn(Ⅶ)]: Importance of ligands and in situ formed manganese oxides [J]. Environmental Science & Technology, 2009, 43(21): 8326-8331.

[4] Jiang J, Pang S Y, Ma J. Role of ligands in permanganate oxidation of organics [J]. Environmental Science & Technology, 2010, 44(11): 4270-4275.

[5] Jiang J, Pang S Y, Ma J, et al. Oxidation of phenolic endocrine disrupting chemicals by potassium permanganate in synthetic and real waters [J]. Environmental Science & Technology, 2012, 46(3): 1774-1781.

[6] Pang S Y, Jiang J, Gao Y, et al. Oxidation of flame retardant tetrabromobisphenol A by aqueous permanganate: Reaction kinetics, brominated products, and pathways [J]. Environmental Science & Technology, 2014, 48(1): 615-623.

[7] Jiang J, Gao Y, Pang S Y, et al. Understanding the role of manganese dioxide in the oxidation of phenolic compounds by aqueous permanganate [J]. Environmental Science & Technology, 2015, 49(1): 520-528.

[8] 庞素艳，江进，马军，等. $MnO_2$催化$KMnO_4$氧化降解酚类有机物 [J]. 环境科学, 2010, 31(10): 2331-2335.

[9] 丁浩. 高锰酸钾氧化水中典型二级芳香胺类污染物动力学与机理 [D]. 哈尔滨：哈尔滨工业大学, 2013.

[10] 鲁雪婷. $KMnO_4$氧化水中芳香胺类有机物的效能及应用研究 [D]. 哈尔滨：哈尔滨理工大学, 2016.

[11] Sun B, Zhang J, Du J. Reinvestigation of the role of humic acid in the oxidation of phenols by permanganate [J]. Environmental Science & Technology, 2013, 47(24): 14332-14340.

[12] Huangfu X, Jiang J, Ma J, et al. Aggregation kinetics of manganese dioxide colloids in aqueous solution: Influence of humic substances and biomacromolecules [J]. Environmental Science & Technology, 2013, 47(18): 10285-10292.

[13] Perez-Benito J F, Aris C, Amat E. A kinetic study of the reduction of colloidal manganese dioxide by oxalic acid [J]. Journal of Colloid and Interface Science, 1996, 177(2): 288-297.

[14] Huangfu X, Jiang J, Ma J, et al. Reduction-induced aggregation and/or dissolution of $MnO_2$ colloids by organics [J]. Colloids and Surfaces A: Physicochemical and Engineering Aspects, 2015, 482: 485-490.

[15] Huangfu X, Jiang J,Wang Y, et al. Reduction-induced aggregation of manganese dioxide colloids by guaiacol [J]. Colloids and Surfaces A: Physicochemical and Engineering Aspects, 2015, 465: 106-112.

[16] Huangfu X, Wang Y, Liu Y, et al. Effects of humic acid and surfactants on the aggregation kinetics of manganese dioxide colloids [J]. Frontiers of Environmental Science & Engineering, 2015, 9(1): 105-111.

[17] Perez-Benito J F. Permanganate oxidation of α-amino acids: Kinetic correlations for the nonautocatalytic and autocatalytic reaction pathways [J]. Journal of Physical Chemistry A, 2011, 115(35): 9876-9885.

[18] Perez-Benito J F. Autocatalytic reaction pathway on manganese dioxide colloidal particles in the permanganate oxidation of glycine [J]. Journal of Physical Chemistry C, 2009, 113(36): 15982-15991.

[19] Zhang H, Huang C H. Oxidative transformation of triclosan and chlorophene by manganese oxides [J]. Environmental Science & Technology, 2003, 37(11): 2421-2430.

[20] Wu Q, Shi H, Adams C D, et al. Oxidative removal of selected endocrine-disruptors and pharmaceuticals in drinking water treatment systems, and identification of degradation products of triclosan [J]. Science of the Total Environment, 2012, 439(22): 18-25.

# 5 络合中间价态锰强化 $KMnO_4$ 氧化降解有机污染物

$KMnO_4$ 与高价态金属氧化物高铁酸钾（$K_2FeO_4$）和重铬酸钾（$K_2Cr_2O_7$）相似，在氧化降解有机物过程中会伴随着中间价态锰[Mn(Ⅲ)、Mn(Ⅴ)和 Mn(Ⅵ)]的产生[1,2]。这些活性物种具有很强的氧化能力，例如，Mn(Ⅴ)和 Mn(Ⅵ)与有机物的反应速率比 Mn(Ⅶ)本身要快百倍甚至上千倍[3,4]。但这些活性物种的稳定性差、存活时间短，极易分解生成稳定性的 $MnO_2$，氧化能力很难得到有效利用。

## 5.1 络合剂对 $KMnO_4$ 氧化降解酚类有机物的影响

### 5.1.1 磷酸盐对 $KMnO_4$ 氧化降解酚类有机物的影响

评价各种氧化技术除污染效能的一个重要方法就是确定氧化剂与目标有机物的二级反应速率常数。但相比于其他常用的水处理氧化剂（HClO 与 $O_3$）[5,6]，关于 $KMnO_4$ 与有机污染物的氧化反应动力学研究比较少。本章沿用了 Hu 等[7-9]采用的方法，在磷酸盐（phosphate，PP）缓冲和假一级实验条件（$KMnO_4$ 浓度为目标有机物浓度的 10 倍）下对 $KMnO_4$ 的氧化动力学进行研究。实验中惊奇地发现，磷酸盐的加入严重影响了 $KMnO_4$ 的氧化动力学，见图 5-1。图 5-1 的实验是在 pH=6 的条件下进行的，从图中可以看出，磷酸盐的加入明显加快了 $KMnO_4$ 对苯酚、2,4-DClP、BPA 和 TCS 的氧化降解。从图 5-1 中可以看出，随着磷酸盐浓度的增加 $KMnO_4$ 对酚类有机物的氧化降解速度加快，当磷酸盐浓度增加到 50mmol/L 时，$KMnO_4$ 对酚类有机物的促进作用最强，而后随着磷酸盐浓度的增加有机物的降解速度减慢，即过量的磷酸盐反而使得 $KMnO_4$ 氧化降解酚类有机物的强化作用减弱。产生这种现象的主要原因是 $KMnO_4$ 氧化降解有机物过程中中间价态锰的稳定性和反应活性受络合剂浓度的影响，即受络合剂与中间价态锰配比的影响。

图 5-2 考察了不同 pH（4～9）条件下磷酸盐对 $KMnO_4$ 氧化降解 TCS 的影响。从图中可以看出，在 pH=4～8 条件下，10mmol/L 磷酸盐的加入可以强化 $KMnO_4$ 氧化降解 TCS，但是随着 pH 的升高，这种强化作用逐渐减弱。一般来说，中间价态锰的稳定性随 pH 的降低而升高，氧化性也是随着 pH 的降低而升高。因此，二者综合的结果导致随着 pH 的升高中间价态锰的强化作用减弱。虽然到目前为止还不知道中间价态锰与磷酸根形成的配位络合物的稳定性、氧化性与 pH 的关系，但是从图 5-2 的结果可以看出，随着 pH 降低，磷酸根与中间价态锰形成的络合物的强化作用增强。

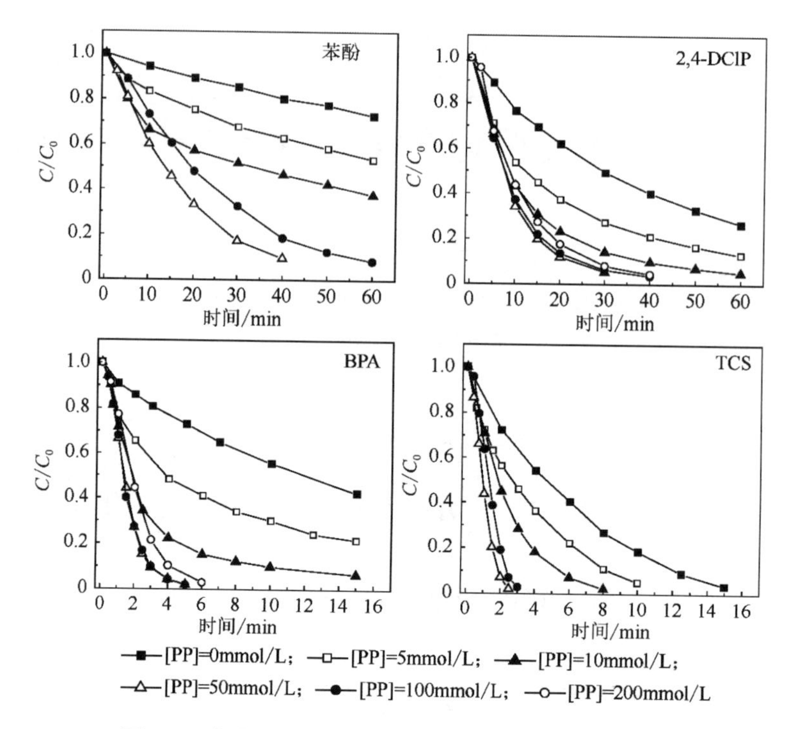


图 5-1 磷酸盐对 $KMnO_4$ 氧化降解酚类有机物的影响

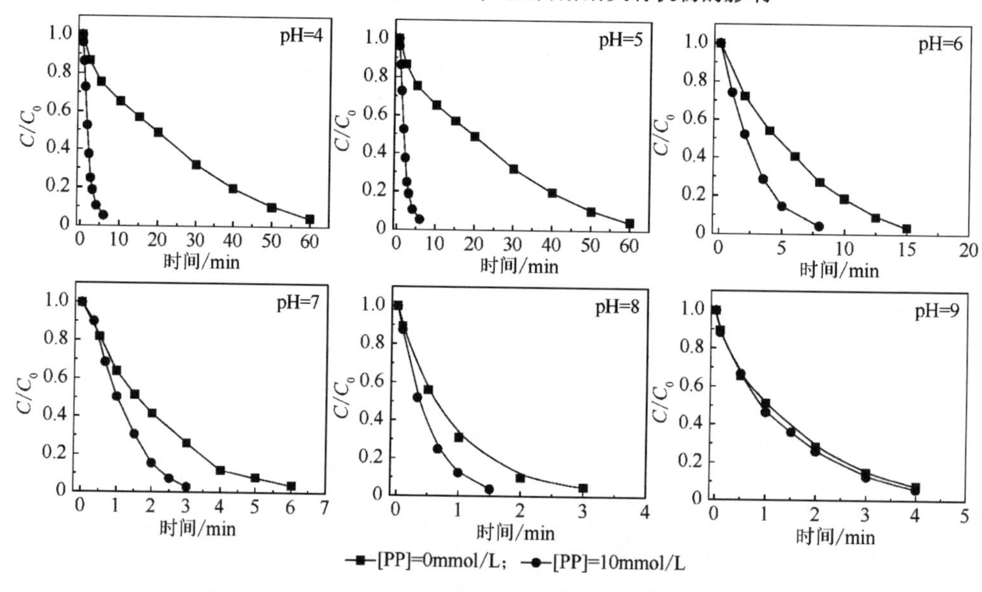


图 5-2 不同 pH 条件下磷酸盐缓冲对 $KMnO_4$ 氧化降解 TCS 的影响

### 5.1.2 焦磷酸盐对 $KMnO_4$ 氧化降解酚类有机物的影响

图 5-3 给出了在 pH=6 条件下不同浓度焦磷酸盐（pyrophosphate，PPP）对 $KMnO_4$ 氧化降解苯酚、2,4-DClP、BPA 和 TCS 的影响。与磷酸盐的实验现象一致，不同浓度焦

磷酸盐的加入对 $KMnO_4$ 氧化降解酚类有机物同样具有促进作用。从图中可以看出，对于苯酚的氧化降解，当向反应中加入 10μmol/L 和 20μmol/L 焦磷酸盐时，苯酚的降解速率加快，而后降解速率减慢，主要是由于此时生成的中间价态锰稳定性低，歧化生成 $MnO_2$；加入 50μmol/L 焦磷酸盐时降解最快，反应 60min 时去除率增加 60%以上；当加入焦磷酸盐的浓度增加到 100μmol/L 和 500μmol/L 时，苯酚的降解速率减慢，主要是由于中间价态锰的氧化活性受络合剂浓度的影响，与络合剂的配比有关。不同浓度焦磷酸盐对 $KMnO_4$ 氧化降解 2,4-DClP、BPA 和 TCS 的影响规律与苯酚相似，苯酚的降解速率随着焦磷酸盐浓度的增加先加快后减慢。

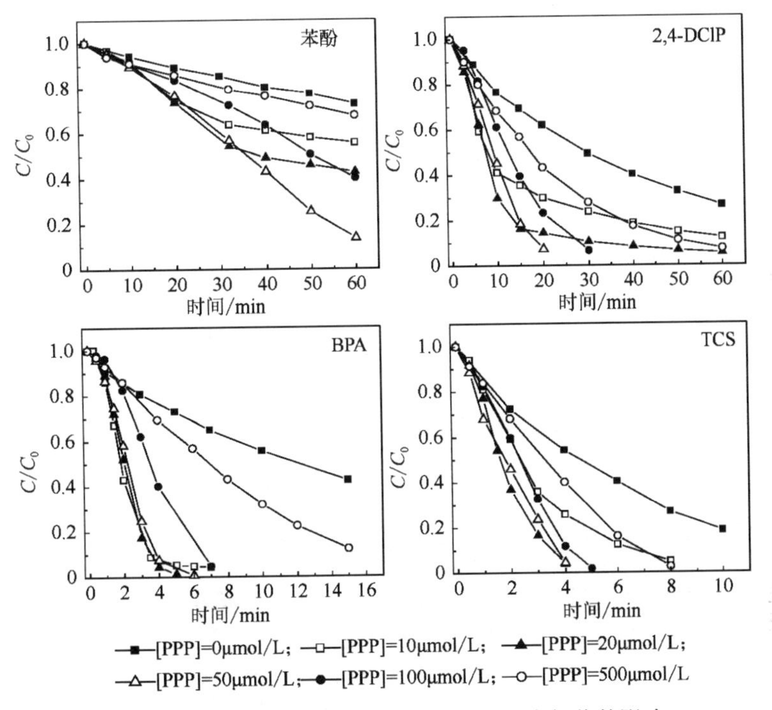


图 5-3 焦磷酸盐对 $KMnO_4$ 氧化降解酚类有机物的影响

通过对比图 5-1 和图 5-3 可以发现，磷酸盐和焦磷酸盐的加入都能够促进 $KMnO_4$ 对酚类有机物的氧化降解，磷酸盐和焦磷酸盐都具有络合强化作用，使得中间态锰的稳定性增强，强化 $KMnO_4$ 对酚类有机物的氧化降解。但是，焦磷酸盐使用的浓度要远低于磷酸盐的浓度，这主要是因为磷酸根和焦磷酸根同金属离子络合能力有差别，一般来说，焦磷酸根与金属离子的络合常数比磷酸根要高几个数量级[10]。

图 5-4 给出了不同 pH（4～9）条件下，10μmol/L 焦磷酸盐对 $KMnO_4$ 氧化降解 TCS 的影响。从图 5-4 中可以看出，在 pH=4 和 pH=5 条件下，10μmol/L 焦磷酸盐的加入对 $KMnO_4$ 氧化降解 TCS 的强化作用最明显，而后随着 pH 的增加这种强化作用逐渐减弱，在 pH=9 时，强化作用几乎消失。焦磷酸盐的强化作用随 pH 的变化规律与磷酸盐非常相似，表明二者与中间价态锰的络合能力虽然有差别，但是形成的络合物的性质很相似。

络合剂对 $KMnO_4$ 氧化降解有机物的影响规律是络合剂与中间价态锰形成络合物的稳定性、氧化性综合作用的结果。从上述实验结果来看，络合物的稳定性和氧化性不仅受溶液 pH 的影响，还与络合剂和中间价态锰之间的摩尔比有关。当摩尔比很大时，虽然中间价态锰的稳定性增强，但它的氧化能力却很弱，因而出现了强化作用随络合剂浓度增大而降低的现象。

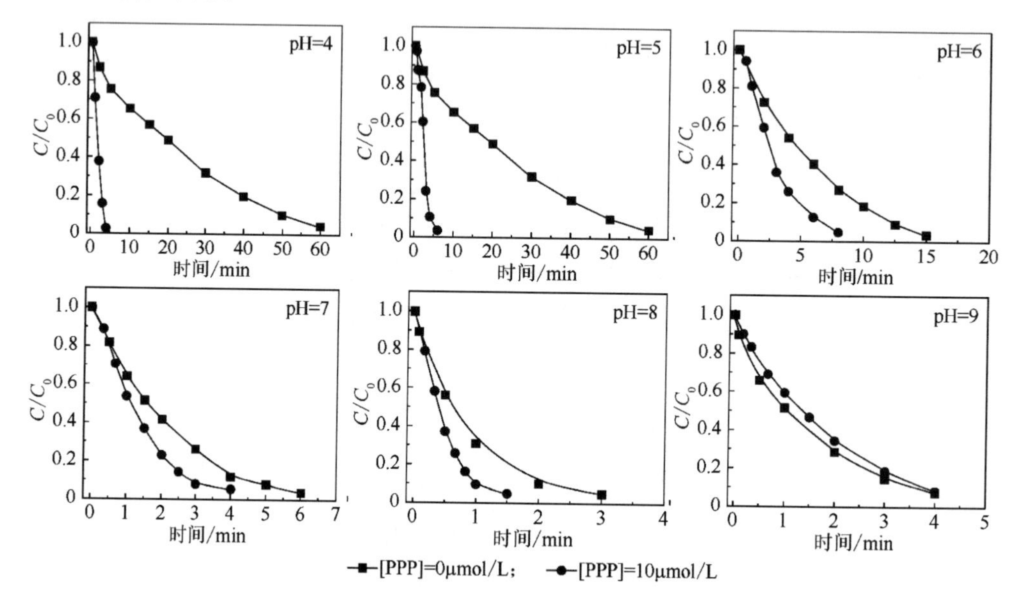


图 5-4 不同 pH 条件下焦磷酸盐对 $KMnO_4$ 氧化降解 TCS 的影响

### 5.1.3 EDTA 对 $KMnO_4$ 氧化降解酚类有机物的影响

EDTA 作为一种常见的有机氨羧络合剂，可以与金属离子络合形成具有稳定环状结构的螯合物。鉴于 EDTA 具有强大螯合能力的特点，在研究中选用其作为 $KMnO_4$ 氧化降解有机物过程中产生的中间价态锰的络合剂，将具有强氧化性但不稳定的中间价态锰络合起来，发挥中间价态锰的氧化能力。

图 5-5 给出了 pH=6 实验条件下，不同浓度 EDTA（0～500μmol/L）对 $KMnO_4$ 氧化降解酚类有机物的影响。从图 5-5 中可以看出，EDTA 的加入可以明显促进 $KMnO_4$ 对酚类有机物的氧化降解，去除率大大提高，进一步证明了前面关于中间价态锰理论的推测。但是从图 5-5 中还可以看到，与磷酸盐和焦磷酸盐不同的是，EDTA 浓度的变化（10～500μmol/L）对 $KMnO_4$ 氧化降解酚类有机物的促进作用没有显著区别。产生这种现象的原因还不清楚，可能是中间价态锰与 EDTA 形成络合物的氧化性、稳定性受 EDTA 浓度的影响较小。

图 5-6 给出了不同 pH（4～9）对 EDTA 强化 $KMnO_4$ 氧化降解 TCS 的影响。从图 5-6 中可以看出，EDTA 的强化作用随 pH 变化呈现出“两头低中间高”的趋势。在 pH=4 时，加入 10μmol/L 的 EDTA 不但没有促进 $KMnO_4$ 氧化降解 TCS，反而使得 TCS 的降解速度减慢，产生这种现象的原因可能是在低 pH 条件下，中间价态锰与 EDTA 形成的络合物氧化能力低，但由于其稳定性增加，减慢了 $KMnO_4$ 氧化降解 TCS 过程中 $MnO_2$

的生成速度，减弱了其自催化能力，因而使得 $KMnO_4$ 氧化降解 TCS 的速度降低。在 pH=6 和 pH=7 条件下，EDTA 的加入对 $KMnO_4$ 氧化降解 TCS 的强化作用最明显。当 pH 继续升高至 8 和 9 时，EDTA 几乎无强化作用。与 EDTA 相比，无机络合剂磷酸盐和焦磷酸盐的强化作用则是“单调递减”，随 pH 的升高而减弱。

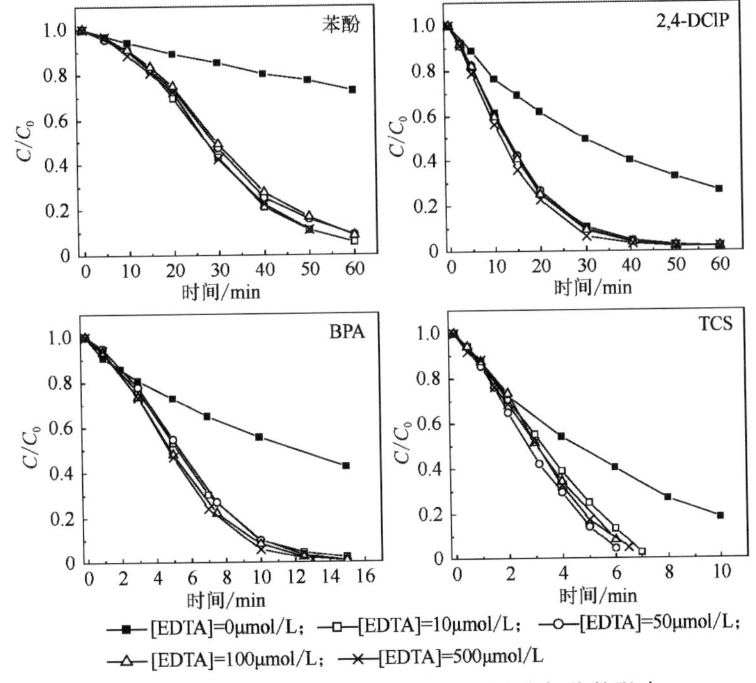


图 5-5 EDTA 对 $KMnO_4$ 氧化降解酚类有机物的影响

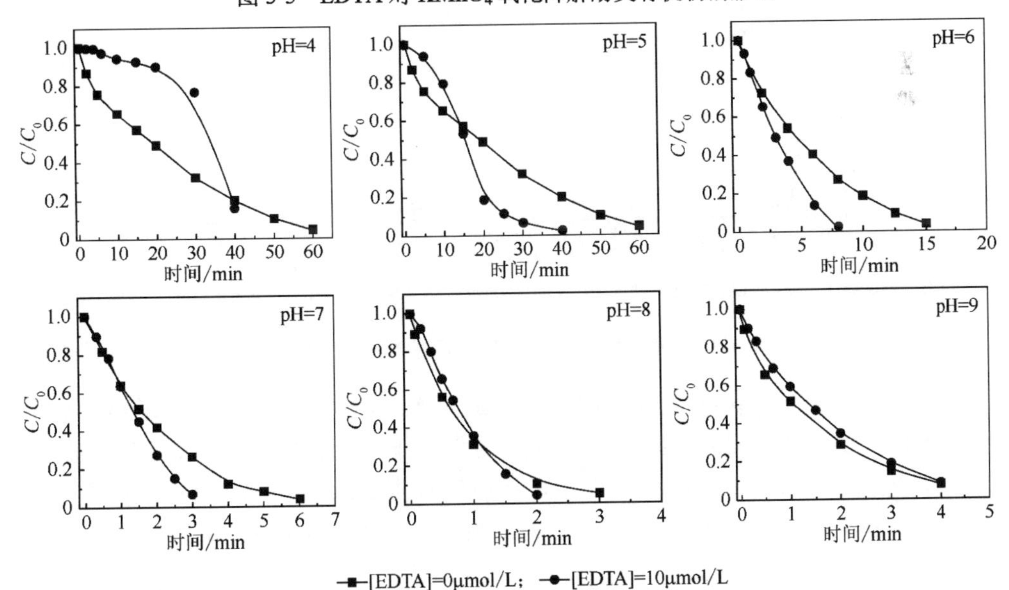


图 5-6 不同 pH 条件下 EDTA 对 $KMnO_4$ 氧化降解 TCS 的影响

### 5.1.4 NTA 对 $KMnO_4$ 氧化降解酚类有机物的影响

氨三乙酸（NTA）作为一种常见的有机氨羧络合剂，能为金属离子提供四个配位键，络合形成具有稳定环状结构的螯合物。鉴于 NTA 具有强大螯合能力的特点，在研究中选用其作为 $KMnO_4$ 氧化降解有机物过程中产生的中间价态锰的络合剂，将具有强氧化性但不稳定的中间价态锰络合起来，发挥中间价态锰的氧化能力。

图 5-7 给出了在 pH=6 实验条件下，不同浓度 NTA（0～500μmol/L）对 $KMnO_4$ 氧化降解酚类有机物的影响。从图中可以看出，NTA 的加入可以明显促进 $KMnO_4$ 对酚类有机物的氧化降解，去除率可以达到 90%以上，进一步证明了前文关于中间价态锰理论的推测。但是与 EDTA 相似，NTA 浓度的变化（10～500μmol/L）对 $KMnO_4$ 氧化降解酚类有机物的促进作用没有显著区别。产生这种现象的原因还不清楚，可能是中间价态锰与 NTA 形成络合物的氧化性、稳定性受 NTA 浓度的影响较小。

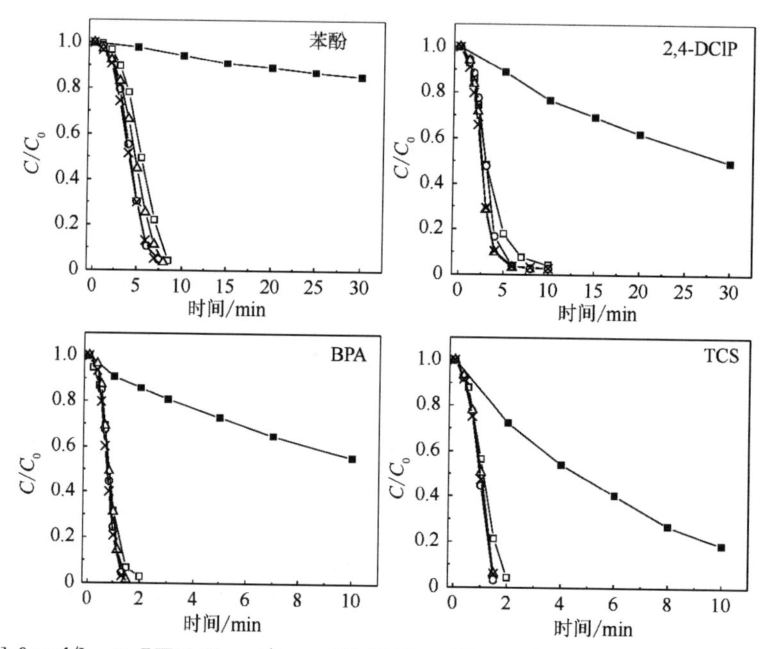


图 5-7 NTA 对 $KMnO_4$ 氧化降解酚类有机物的影响

图 5-8 给出了不同 pH（4～9）对 NTA 强化 $KMnO_4$ 氧化降解 TCS 的影响。从图 5-8 中可以看出，NTA 对 $KMnO_4$ 氧化降解 TCS 的强化作用受 pH 影响较大，最佳 pH 范围为 4～6，尤其在 pH=4 和 pH=5 条件下，反应进行到 5min 时 TCS 可以被完全降解。而当 pH=7～9 时，几乎观察不到 10μmol/L NTA 的加入对 $KMnO_4$ 氧化降解 TCS 有任何影响。

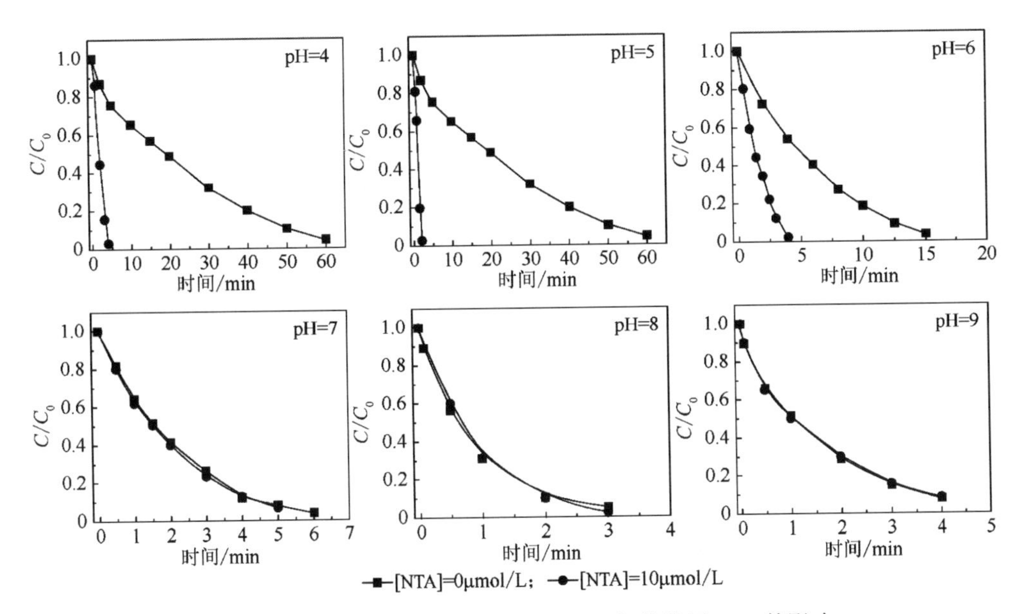


图 5-8 不同 pH 条件下 NTA 对 $KMnO_4$ 氧化降解 TCS 的影响

### 5.1.5 草酸盐对 $KMnO_4$ 氧化降解酚类有机物的影响

草酸盐（oxalate）为最常见小分子有机羧酸络合剂，分子结构中带有两个羧基氧原子，草酸根具有与金属离子形成络合物的能力。一般来说，草酸盐的络合能力要比前面所研究的 EDTA、焦磷酸盐弱很多。

图 5-9 考察了在 pH=6 时，不同浓度草酸盐（0～500μmol/L）对 $KMnO_4$ 氧化降解酚类有机物的影响。从图中可以看出，在所研究的浓度范围（0～500μmol/L）内，草酸盐的强化促进作用随着浓度的增加一直增强，并没有出现降低的现象。同时，将草酸盐中观察到的浓度影响规律与焦磷酸盐、磷酸盐相比，可以发现对于络合能力较低的络合剂（草酸盐和磷酸盐），随着浓度的增加不容易出现强化作用降低的现象，即随着浓度增大，促进作用一直增强；而对于络合能力较强的络合剂（EDTA 和焦磷酸盐），随着浓度的增加则容易出现强化作用降低的现象，即当浓度超过某一临界值时，促进作用反而会减弱。

图 5-10 给出了不同 pH（4～9）条件下，草酸盐对 $KMnO_4$ 氧化降解 TCS 的影响，其中草酸盐浓度固定为 100μmol/L。从图 5-10 中可以看出，草酸盐对 $KMnO_4$ 氧化降解 TCS 的强化作用受 pH 的影响较大，最佳 pH 范围为 4～6，尤其在 pH=4 和 pH=5 条件下，反应进行到 5min 时 TCS 可以被完全降解。而当 pH=7～9 时，几乎观察不到 100μmol/L 草酸盐的加入对 $KMnO_4$ 氧化降解 TCS 有任何影响。草酸盐在不同 pH 条件下对 $KMnO_4$ 氧化降解 TCS 促进作用的顺序为 pH=5>pH=4>pH=6>pH=7≈pH=8≈pH=9。由此可见，$KMnO_4$ 氧化降解 TCS 产生的中间价态锰与草酸盐形成的络合物在酸性 pH（4～6）条件下氧化能力更强，这和磷酸盐、焦磷酸盐与中间价态锰形成的络合物的性质相似。相反，EDTA 与中间价态锰形成的络合物则在中性 pH 条件下氧化能力更强。

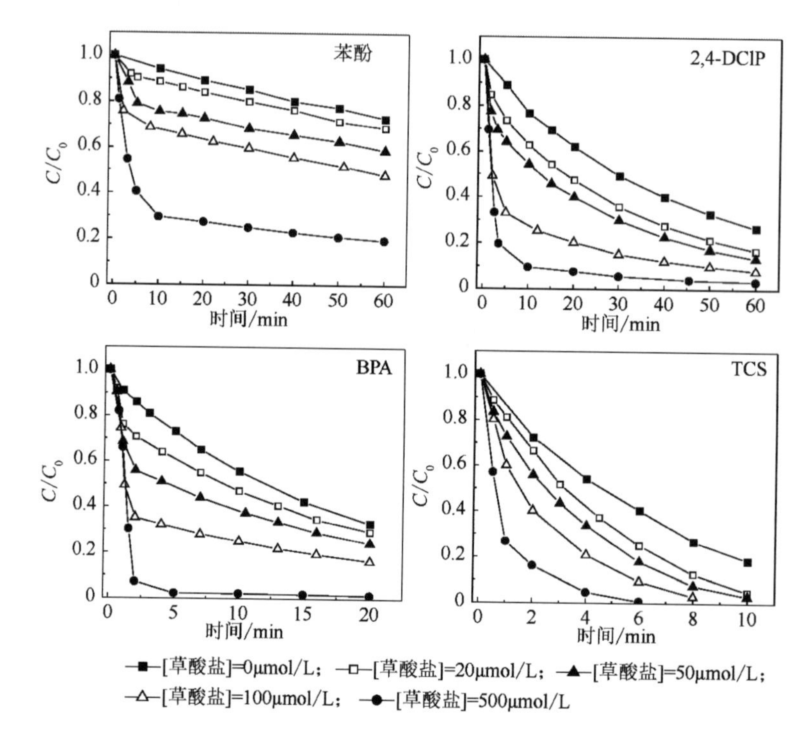


图 5-9　不同浓度草酸盐对 $KMnO_4$ 氧化降解酚类有机物的影响

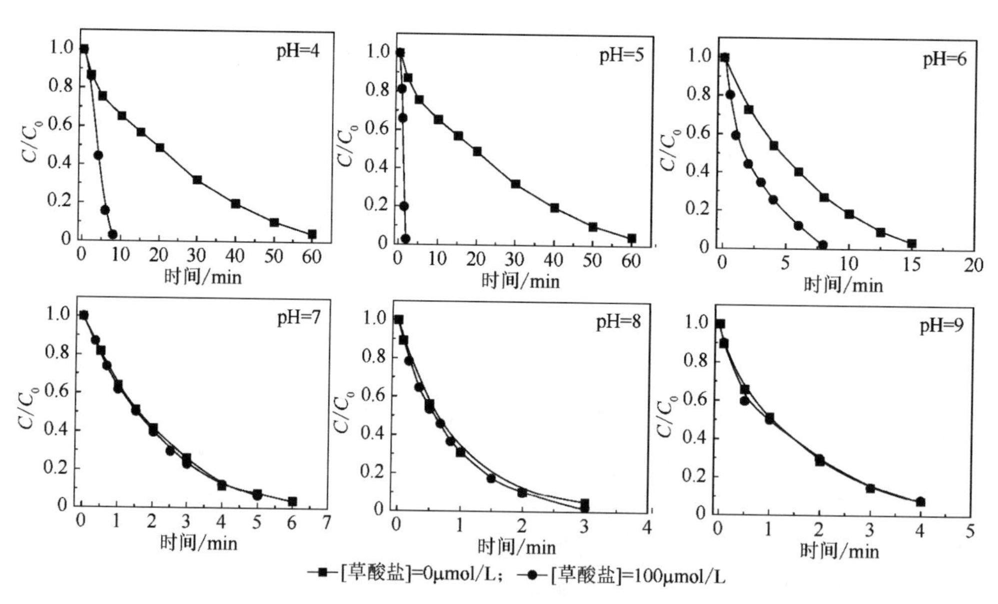


图 5-10　不同 pH 条件下草酸盐对 $KMnO_4$ 氧化降解 TCS 的影响

## 5.2 络合剂对 $KMnO_4$ 氧化降解芳胺类有机物的影响

### 5.2.1 络合剂对 $KMnO_4$ 氧化降解一级芳胺类有机物的影响

图 5-11 给出了几种常见络合剂焦磷酸盐、EDTA、NTA 对 $KMnO_4$ 氧化降解一级芳胺类有机物 SM 的影响。从图 5-11 中可以看出，在 pH=4～6 时，络合剂的加入不但没有强化 $KMnO_4$ 对 SM 的氧化降解，反而抑制了反应的进行，在 pH=7～9 时，几种络合剂的加入对反应没有促进作用，但也没有抑制作用。产生这种现象的可能原因是，低 pH 条件下，络合剂与反应过程中产生的中间价态锰络合形成络合中间价态锰，抑制其歧化生成 $MnO_2$，削减了原位生成 $MnO_2$ 对 $KMnO_4$ 氧化降解 SM 的催化促进作用，并且中间价态锰的氧化选择性不易于氧化降解芳香胺类有机物，最终导致络合剂的加入不但没有促进 $KMnO_4$ 氧化降解 SM，反而起到了抑制作用；而在 pH=7～9 时，形成的络合中间价态锰很难有效地氧化降解 SM，因此对反应起不到强化促进作用。

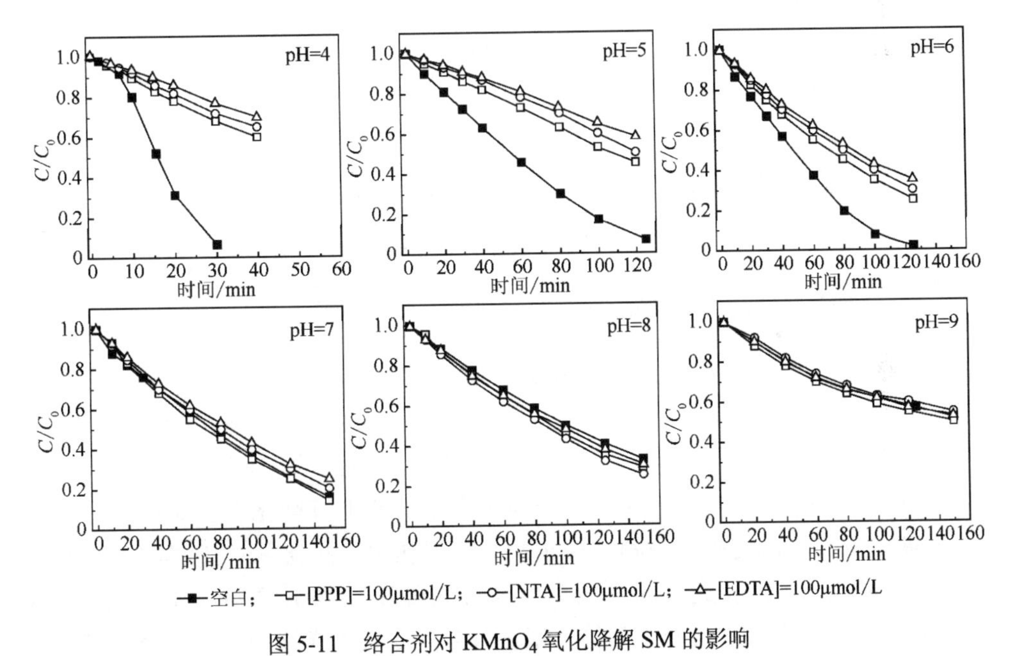


图 5-11 络合剂对 $KMnO_4$ 氧化降解 SM 的影响

### 5.2.2 络合剂对 $KMnO_4$ 氧化降解二级芳胺类有机物的影响

图 5-12 给出了几种常见络合剂（焦磷酸盐、EDTA、NTA）对 $KMnO_4$ 氧化降解二级芳香胺 DCF 的影响。从图 5-12 中可以看出，在 pH=4 和 pH=5 时，络合剂的加入抑制了反应的进行，在 pH=6～9 时，几种络合剂的加入对反应没有影响。产生这种现象的可能原因是，pH=4 和 pH=5 时，络合剂抑制了中间价态锰的歧化，削减了原位生成 $MnO_2$

对 $KMnO_4$ 氧化降解 DCF 的催化促进作用，同时络合中间价态锰的氧化选择性不易于氧化降解 DCF，最终导致络合剂的加入不但没有促进 $KMnO_4$ 氧化降解 DCF，反而起到了抑制作用；而在 pH=6～8 时，形成的络合中间价态锰很难有效地氧化降解 DCF，因此对反应起不到强化促进作用。

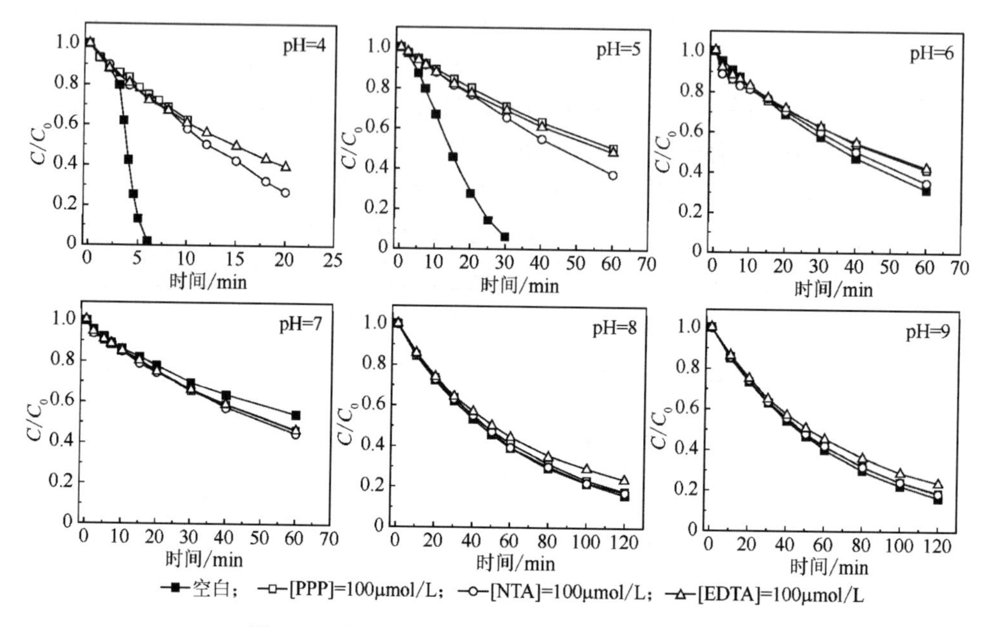


图 5-12　络合剂对 $KMnO_4$ 氧化降解 DCF 的影响

### 5.2.3　络合剂对 $KMnO_4$ 氧化降解三级芳胺类有机物的影响

图 5-13 给出了几种常见络合剂（焦磷酸盐、EDTA、NTA）对 $KMnO_4$ 氧化降解 MG 的影响。从图 5-13 中可以看出，在 pH=4～6 时，络合剂的加入抑制了反应的进行，在 pH=7～9 时，络合剂的加入对反应没有影响。产生这种现象的可能原因是，pH=4～6 时，加入的络合剂与反应过程中产生的中间价态锰络合，抑制其歧化生成 $MnO_2$，削减了原位生成 $MnO_2$ 对 $KMnO_4$ 氧化降解 MG 的催化促进作用，并且由于中间态价锰的氧化选择性不易于氧化降解芳胺类有机物，因此，络合剂的加入抑制了 $KMnO_4$ 氧化降解 MG；而在 pH=7～9 时，形成的络合中间价态锰很难有效地氧化降解 MG，因此对反应起不到强化促进作用。

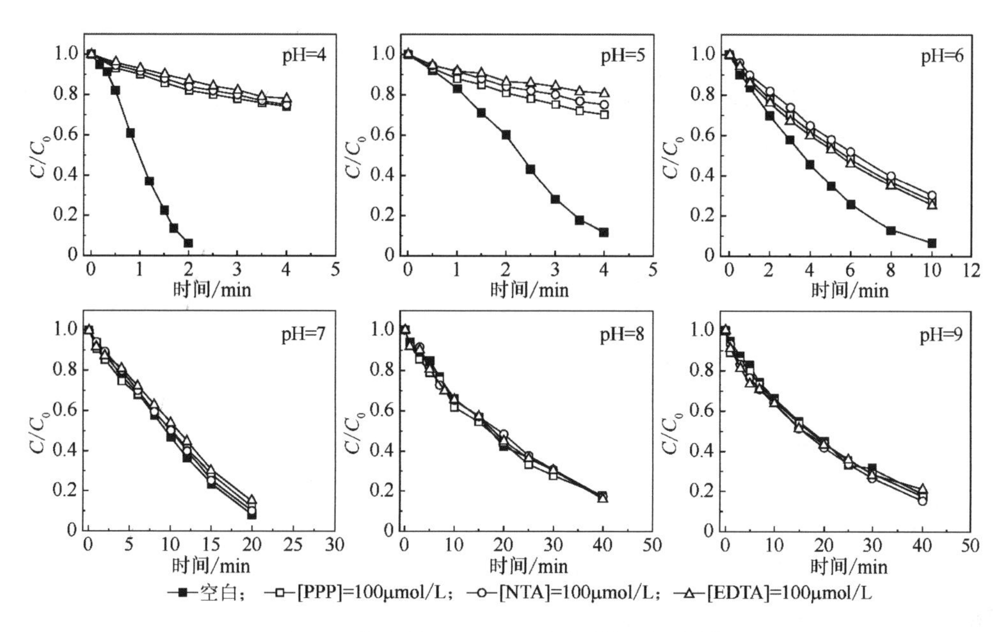


图 5-13　络合剂对 $KMnO_4$ 氧化降解 MG 的影响

## 5.3　络合剂对 $KMnO_4$ 氧化降解酚类和芳胺类有机物影响对比

图 5-14 对比给出了 pH=5 时络合剂对 $KMnO_4$ 氧化降解芳胺类和酚类有机物（4-BrP 和 4-BrAN）的影响。从图 5-14 中可以看出，络合剂对 $KMnO_4$ 氧化降解芳胺类和酚类有机物的影响规律不一样。在 $KMnO_4$ 氧化降解 4-BrP 时，络合剂的加入对反应起到明显的促进作用；而在 $KMnO_4$ 氧化降解 4-BrAN 时，络合剂的加入明显抑制反应的进行。产生这种现象的主要原因是，pH 一方面影响络合中间价态锰的稳定性，另一方面则影响络合中间价态锰的氧化性，二者综合作用的结果决定了 pH 对络合中间价态锰强化作用的影响。

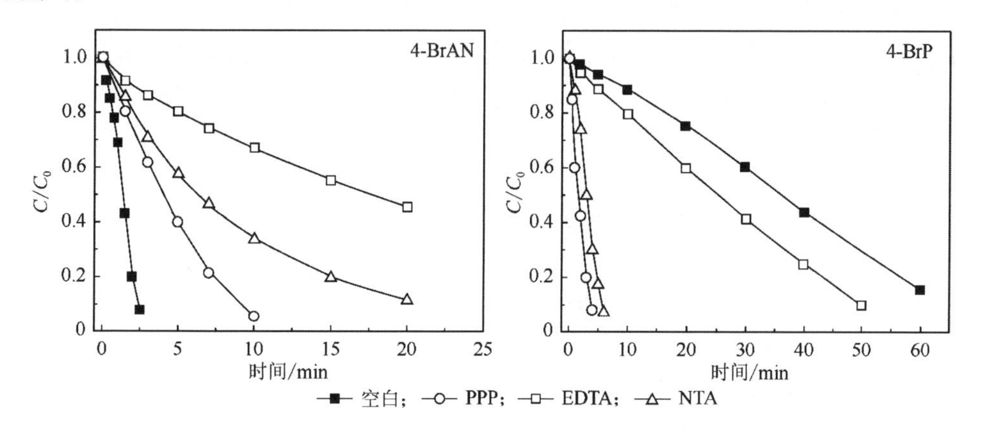


图 5-14　络合剂对 $KMnO_4$ 氧化降解酚类和芳胺类有机物影响对比

从上述中间价态锰理论可以推测，络合剂在一定程度上增强了中间价态锰的稳定性，那么势必会阻碍最终稳定性还原产物 $MnO_2$ 的生成速度。这一推论与反应过程中紫外可见光谱在线扫描的结果相一致，见图 5-15。不存在络合剂时，伴随着 $KMnO_4$ 的消耗，胶体 $MnO_2$ 逐步产生，在 350～500nm 处表现出很强的吸收峰，而加入焦磷酸盐时，$MnO_2$ 的生成则完全被抑制。

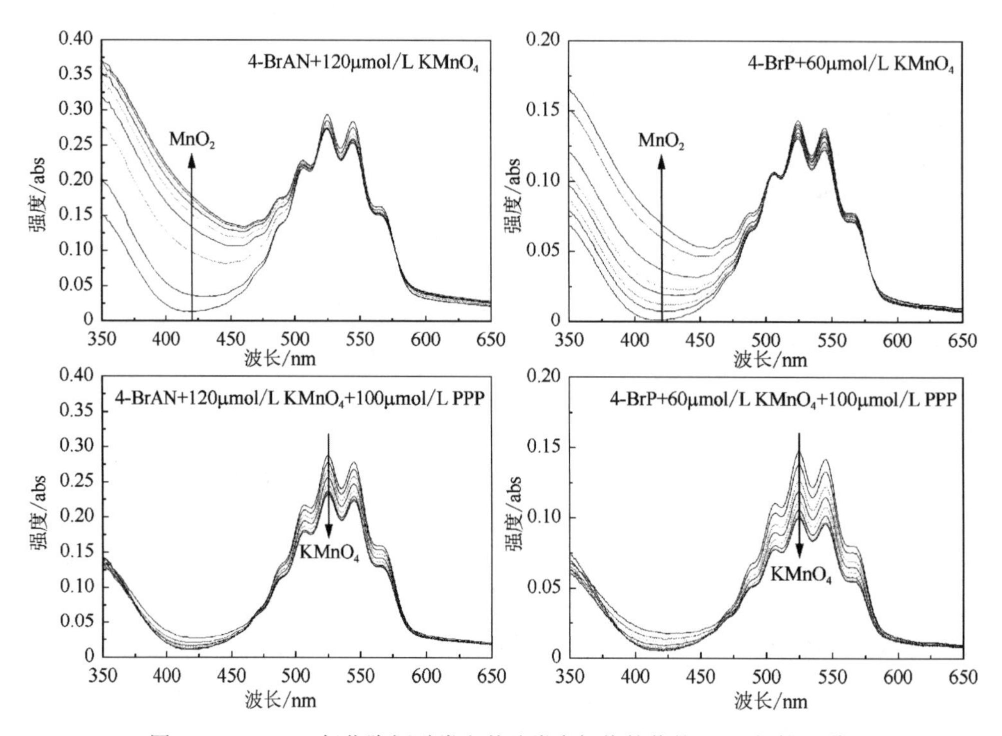


图 5-15　$KMnO_4$ 氧化降解酚类和芳胺类有机物的紫外-可见扫描光谱

综上所述，通过对比研究络合剂对 $KMnO_4$ 氧化降解酚类和芳胺类有机物的影响发现，在氧化降解酚类有机物时，络合剂通过其配位作用将中间价态锰络合，抑制其歧化，有效发挥其氧化性，能够强化 $KMnO_4$ 氧化降解酚类有机物。在氧化降解芳胺类有机物时，络合剂的加入抑制了 $MnO_2$ 的生成，从而降低了 $KMnO_4$ 对芳胺类有机物的氧化降解。

## 5.4　络合剂对 $KMnO_4$ 氧化降解其他类型有机物的影响

络合剂对 $KMnO_4$ 氧化降解有机物的影响规律主要由以下两个关键因素决定：① 络合剂的特性（种类和浓度）；② 中间价态锰的特性（产生速度、与有机物的反应特性），目标有机物与 $KMnO_4$ 的反应特性决定了中间价态锰的特性。因此，又研究了络合剂对 $KMnO_4$ 氧化降解不具有酚羟基和氨基结构的其他类型有机物的影响规律，进一步理解

中间价态锰强化 $KMnO_4$ 氧化降解的机理。选择含有双键的有机物 CBZ 和含有硫基的有机物甲基苯基亚砜（methyl phenyl sulfoxide，RMSO）作为目标有机物（图 5-16），进一步研究络合中间价态锰强化 $KMnO_4$ 氧化降解有机物的反应机理。

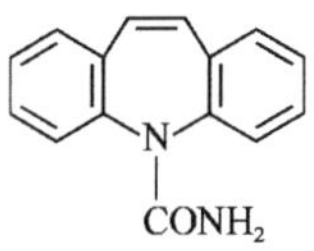

卡马西平（CBZ） 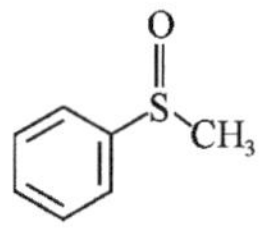　　　　甲基苯基亚砜（RMSO）

图 5-16　CBZ 和 RMSO 的结构式

## 5.4.1　络合剂对 $KMnO_4$ 氧化降解 CBZ 的影响

图 5-17 对比给出了几种常见络合剂[磷酸盐、焦磷酸盐、EDTA、NTA、草酸盐和腐殖酸（HA）]对 $KMnO_4$ 氧化降解 CBZ 的影响。与酚类有机物的氧化降解相比，$KMnO_4$ 与 CBZ 的反应速度很快，与文献[11]所报道的 $KMnO_4$ 易氧化烯烃类有机物相一致。与前面所研究的酚类有机物不同，络合剂的加入对 $KMnO_4$ 氧化降解 CBZ 没有影响。可以从 $KMnO_4$ 氧化烯烃类有机物的反应历程对这一实验现象加以理解[11]，首先，$KMnO_4$ 与 C═C 双键发生亲电加成反应，形成一个具有环状结构的有机金属络合物，其中锰元素以 Mn(Ⅴ)的形式存在；然后，形成的有机金属络合物进一步分解或水解，生成一系列的氧化产物，而锰元素可能在环内继续发生二电子氧转移反应从 Mn(Ⅴ)变为 Mn(Ⅲ)而进入溶液中，或者以 Mn(Ⅴ)形式直接释放到溶液中。当无络合剂存在时，Mn(Ⅲ)或 Mn(Ⅴ)会迅速分解生成稳定的 $MnO_2$；而有络合剂存在时，中间价态锰的稳定性可能会增加，但是却不能强化对 CBZ 的氧化降解。由 $KMnO_4$ 氧化降解双键类有机物的反应机理可以看出，即使没有络合剂存在，生成的中间价态 Mn(Ⅴ)也能够参与到有机物的降解，因此络合剂的存在对 $KMnO_4$ 氧化降解 CBZ 没有影响。

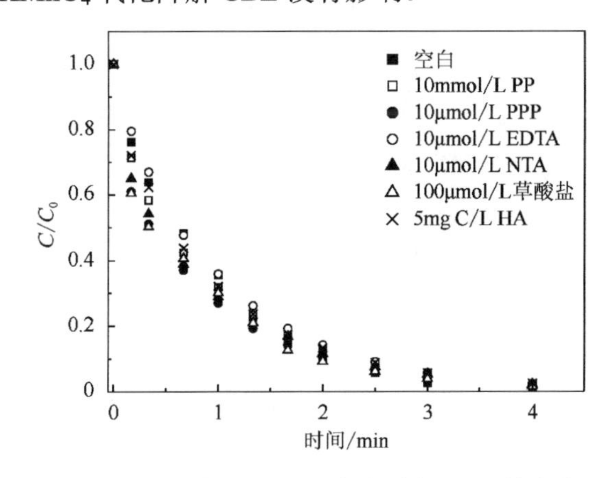


图 5-17　络合剂对 $KMnO_4$ 氧化降解 CBZ 的影响

### 5.4.2 络合剂对 $KMnO_4$ 氧化降解 RMSO 的影响

图 5-18 给出了几种常见络合剂（磷酸盐、焦磷酸盐、EDTA、NTA、草酸盐和腐殖酸）对 $KMnO_4$ 氧化降解 RMSO 的影响，从图中可以看出，与 CBZ 相似，络合剂的加入对 $KMnO_4$ 氧化降解 RMSO 没有影响。

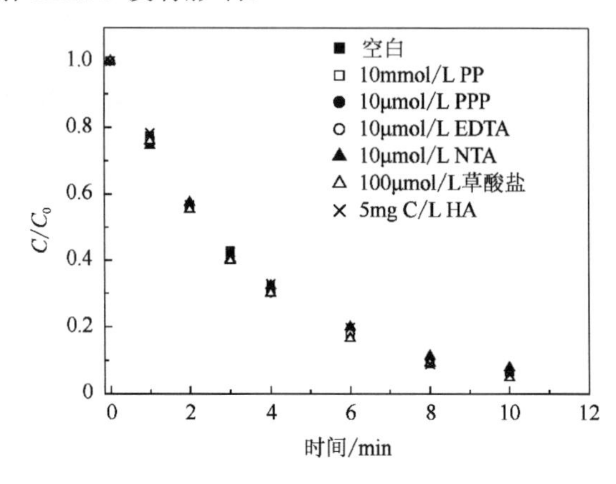


图 5-18 络合剂对 $KMnO_4$ 氧化降解 RMSO 的影响

下面通过 $KMnO_4$ 与 RMSO 的反应机理来探讨络合剂对 $KMnO_4$ 氧化降解 RMSO 影响规律的内在原因。$KMnO_4$ 与 RMSO 反应，锰的价态从 Mn(Ⅶ)变为 Mn(Ⅴ)再变为 Mn(Ⅲ)，而 RMSO 被氧化成唯一的氧化产物 $RMSO_2$，在反应过程中消耗的 RMSO 与生成的 $RMSO_2$ 摩尔比一直保持为 1∶1，整个反应过程如式（5-1）和式（5-2）所示。生成的 Mn(Ⅲ)会迅速歧化生成稳定性的 Mn(Ⅱ)和 Mn(Ⅳ)，见式（5-3）。所以整个反应过程的计量关系应该为 $\Delta(KMnO_4∶RMSO)=\Delta(KMnO_4∶RMSO_2)=1∶2$，与实验值相吻合，见图 5-19。

$$Mn^{(VII)}O_4^- + RMSO \longrightarrow Mn^{(V)}O_3^- + RMSO_2 \quad (5\text{-}1)$$

$$Mn^{(V)}O_3^- + RMSO \longrightarrow Mn^{(III)}O_2^- + RMSO_2 \quad (5\text{-}2)$$

$$2Mn(III) \longrightarrow Mn(II) + Mn(IV) \quad (5\text{-}3)$$

图 5-19 中 $KMnO_4$ 与生成 $RMSO_2$ 之间 1∶2 的计量关系也证明了即使在无络合剂条件下，Mn(Ⅶ)发生一个氧转移反应后生成的 Mn(Ⅴ)完全参与了 RMSO 的氧化反应。因此可以推测，Mn(Ⅴ)与 RMSO 发生氧转移反应的速度非常快，即使无络合剂条件下也能完全竞争过自分解所引起的副反应。虽然络合剂的存在可以增强 Mn(Ⅴ)的稳定性，但是由于 Mn(Ⅴ)在无络合剂时就已经完全参与反应，所以络合剂对 Mn(Ⅴ)的稳定作用并不会强化其对 RMSO 的氧化。虽然 Mn(Ⅲ)由于络合剂的存在稳定性增强，自身的歧化反应被抑制，但是由于 Mn(Ⅲ)只能发生一电子反应被还原生成 Mn(Ⅱ)，而不会发生二电子的氧转移反应，所以即使络合剂的存在使得 Mn(Ⅲ)稳定性提高，但 Mn(Ⅲ)仍不会与 RMSO 发生反应。由此可见，络合剂的存在与否并不会改变 $KMnO_4$ 对 RMSO 的氧化降解。

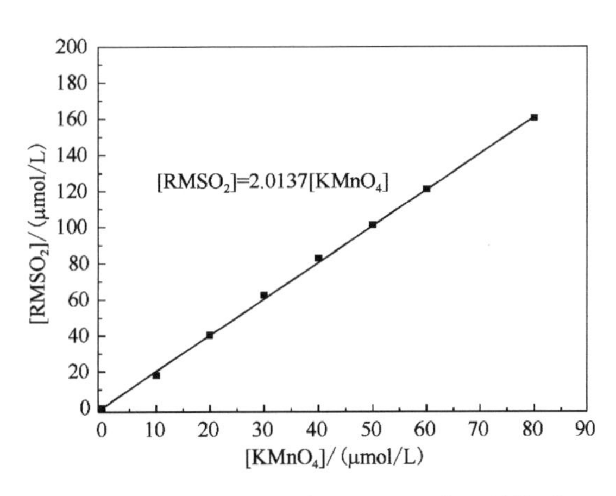


图 5-19 $KMnO_4$ 氧化降解 RMSO 的计量关系

通过研究络合剂对 $KMnO_4$ 氧化降解不同类型有机物（酚类有机物、CBZ 和 RMSO）的影响规律可以得到如下结论，络合剂的存在对 $KMnO_4$ 氧化易发生一电子反应的酚类有机物具有强化作用，而对于易发生二电子氧转移反应的 CBZ 和 RMSO 没有影响。由此可以看出，络合剂对 $KMnO_4$ 氧化降解有机物的影响规律实质是由中间价态锰的性质及它们与有机物的反应特性决定的。

## 5.5 络合剂强化 $KMnO_4$ 氧化降解有机物的机理探讨

下面对 $KMnO_4$ 氧化降解有机物的反应机理进行描述，见图 5-20。Mn(Ⅶ)与有机物反应产生中间价态锰 Mn(Int)，生成的中间价态锰在无络合剂条件下会迅速歧化生成 $MnO_2$，而在有络合剂条件下，络合剂的存在会使得中间价态锰的稳定性增强，对有机物进行氧化降解。

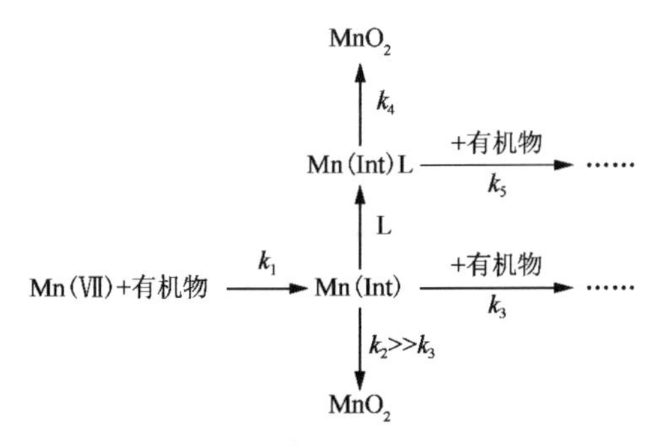


图 5-20 $KMnO_4$ 氧化降解有机物的反应机理

从中间价态锰理论可以推测，络合剂的存在增强了中间价态锰的稳定性，阻碍了最终稳定性还原产物 $MnO_2$ 的生成。这一推论与反应过程中紫外-可见扫描光谱的结果相一致，见图 5-21。图 5-21 给出了 $KMnO_4$ 氧化降解 BPA、CBZ、RMSO 的紫外-可见扫描光谱。从扫描谱图可以看出，在无络合剂条件下，反应过程中伴随 $KMnO_4$ 的消耗，胶体 $MnO_2$ 逐步产生，在 350～500nm 处表现出很强的吸收峰，如图 5-21（a）～图 5-21（c）所示；当加入 100μmol/L 焦磷酸盐时，在 350～500nm 处未观察到 $MnO_2$ 的吸收峰，$MnO_2$ 的生成完全被抑制，如图 5-21（d）～图 5-21（f）所示；同样，加入 100μmol/L EDTA 时，$MnO_2$ 的生成也完全被抑制，见图 5-21（g）～图 5-21（i）。由此可见，在有络合剂存在的条件下，锰还原产物不是胶体 $MnO_2$，而可能是络合态的 Mn(Ⅲ)或络合态的 Mn(Ⅱ)，因为 Mn(Ⅲ)和 Mn(Ⅱ)都能与络合剂形成稳定的络合物。但是由于在图 5-21 实验条件下 $KMnO_4$ 过量，因此具有强还原性的 Mn(Ⅱ)不可能与 $KMnO_4$ 共存，所以在有络合剂存在条件下锰还原产物只可能为络合态的 Mn(Ⅲ)[Mn(Ⅲ)L]。

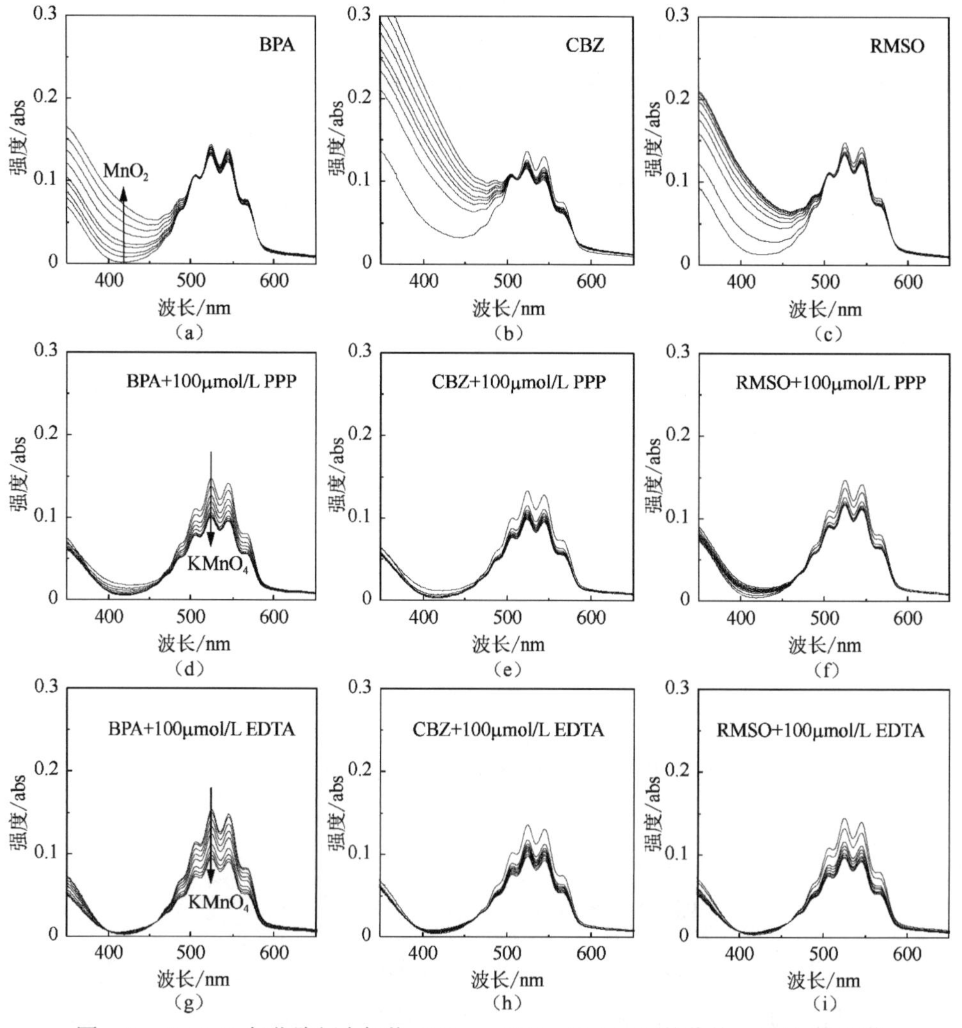


图 5-21 $KMnO_4$ 氧化降解有机物（BPA、CBZ、RMSO）的紫外-可见扫描光谱

上述关于在有络合剂存在条件下，$KMnO_4$ 氧化降解有机物过程中活性物种主要以 Mn(Ⅲ)L 形态存在的结论与毛细管电泳检测的结果相一致，见图 5-22。图 5-22 对比给出了利用配以紫外检测器的毛细管电泳测定的 Mn(Ⅲ)标准品（焦磷酸盐络合物）色谱图与图 5-21（d）（在焦磷酸盐为络合剂条件下 $KMnO_4$ 氧化降解 BPA）中反应混合液色谱图，样品色谱图的保留时间与 Mn(Ⅲ)标准品色谱图的出峰时间相一致。Mn(Ⅲ)-EDTA 络合物不能由毛细管电泳测定。在焦磷酸盐为络合剂条件下 $KMnO_4$ 氧化降解 CBZ 和 RMSO 中同样可以检测出 Mn(Ⅲ)L。由此可以进一步断定，在有络合剂存在条件下 $KMnO_4$ 氧化降解有机物的最终反应产物为 Mn(Ⅲ)，无络合剂存在时，反应产物为 $Mn^{(IV)}O_2$。

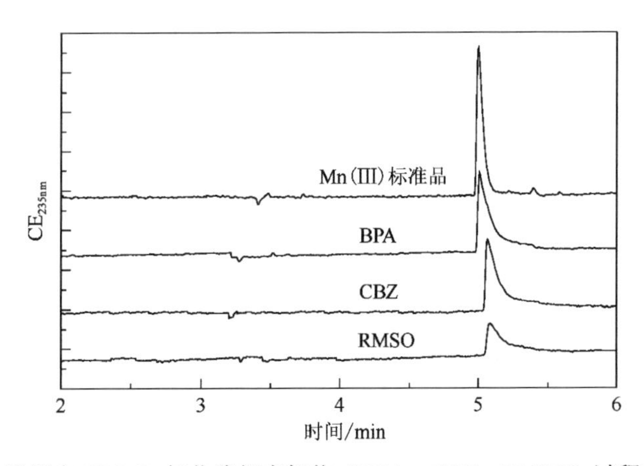


图 5-22 毛细管电泳测定 $KMnO_4$ 氧化降解有机物（BPA、CBZ、RMSO）过程中 Mn(Ⅲ)L 的生成

## 5.6 Mn(Ⅲ)L 氧化降解有机污染物

络合剂对 $KMnO_4$ 氧化降解有机物的影响规律主要由络合中间价态锰的稳定性与氧化特性决定。在 $KMnO_4$ 氧化过程中，锰可能出现的价态众多，如 Mn(Ⅲ)、Mn(Ⅴ)、Mn(Ⅵ)，对它们进行鉴别和定性分析难度很大，目前只能通过毛细管电泳测定最终反应产物为 Mn(Ⅲ)L。因此，研究 Mn(Ⅲ)L 与有机物的反应特性对于理解络合剂强化 $KMnO_4$ 氧化降解有机物的规律非常重要。Mn(Ⅲ)L 除了在 $KMnO_4$ 氧化有机物中原位生成外，还可以通过在有过量络合剂存在条件下 $KMnO_4$ 氧化 Mn(Ⅱ)生成，见反应式（5-4），这是研究 Mn(Ⅲ)特性最常见的制备方法[89]。Mn(Ⅲ)L 具有很强的氧化能力，受溶液 pH、络合剂种类、Mn(Ⅲ)与络合剂之间的配比等因素影响。

$$4Mn^{2+} + MnO_4^- + 8H^+ \xrightarrow{\text{络合剂}} 5Mn(III)L + 4H_2O \tag{5-4}$$

### 5.6.1 pH 对 Mn(III)L 氧化降解酚类有机物的影响

以酚类有机物（苯酚、2,4-DClP、BPA 和 TCS）作为目标有机物，考察 Mn(III)L 的氧化特性，络合剂为焦磷酸盐、EDTA 或 NTA。溶液 pH 一方面会影响有机物的电离，另一方面则会影响 Mn(III)L 的氧化能力，因此，pH 是 Mn(III)L 氧化特性的重要参数。

#### 5.6.1.1 pH 对 Mn(Ⅲ)/焦磷酸盐氧化降解酚类有机物的影响

图 5-23 给出了不同 pH 条件下，60μmol/L Mn(III)/焦磷酸盐对酚类有机物的氧化降解规律，其中生成的 Mn(III)与焦磷酸盐的摩尔比为 1∶8.3。从图中可以看到，在 pH=4 和 pH=5 条件下，Mn(III)/焦磷酸盐对酚类有机物的降解速度最快，几分钟之内，有机物几乎完全降解；而后随着 pH 的升高，Mn(III)/焦磷酸盐对有机物的降解速度减慢，即 Mn(III)/焦磷酸盐的氧化能力随着 pH 的升高而逐渐降低，呈“单调递减”的趋势，这一实验现象与焦磷酸盐对 $KMnO_4$ 氧化降解酚类有机物的强化作用随 pH 升高呈“单调递减”的趋势相一致。

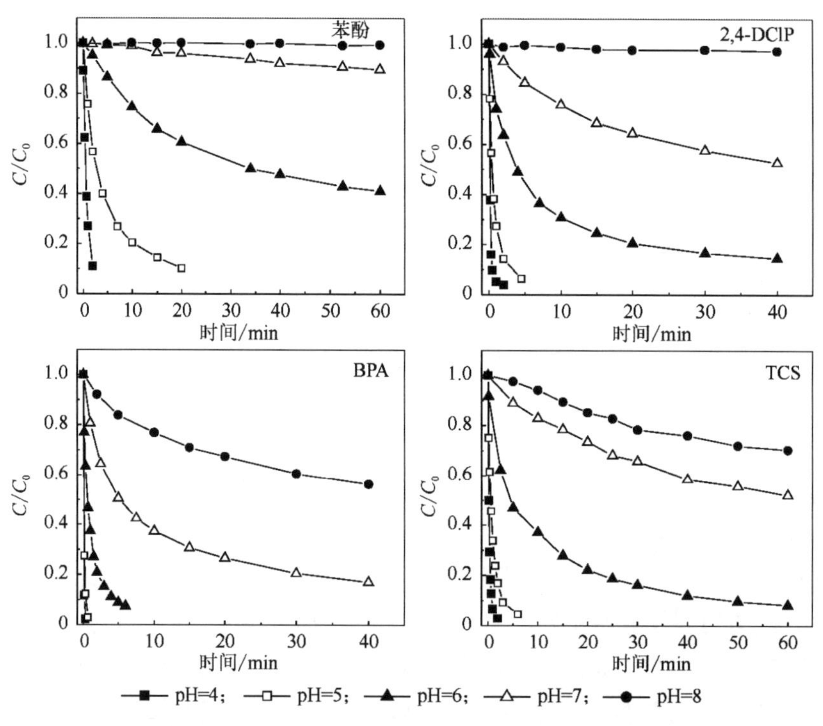


图 5-23　pH 对 Mn(III)/焦磷酸盐氧化降解酚类有机物的影响

#### 5.6.1.2 pH 对 Mn(Ⅲ)/EDTA 氧化降解酚类有机物的影响

图 5-24 给出了不同 pH 条件下，60μmol/L Mn(III)/EDTA 氧化降解酚类有机物的规

律，其中生成的Mn(III)与EDTA的摩尔比为1∶8.3。从图5-24中可以看到，在中性pH条件下，Mn(III)/EDTA对酚类有机物的氧化降解速度最快，与EDTA对 $KMnO_4$ 氧化降解酚类有机物的强化作用随pH升高呈"两头低中间高"的趋势相一致。与Mn(III)/焦磷酸盐的氧化能力相比，Mn(III)/EDTA的氧化能力较弱，这一实验现象也与焦磷酸盐对 $KMnO_4$ 氧化降解酚类有机物的促进作用强于EDTA相一致。

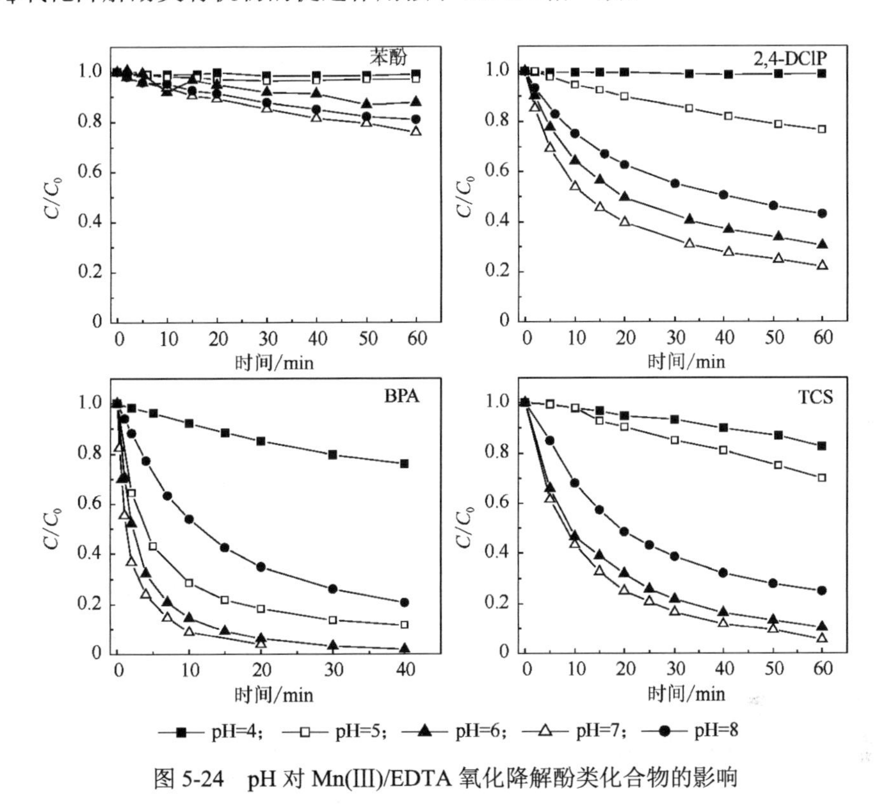


图5-24 pH对Mn(III)/EDTA氧化降解酚类化合物的影响

5.6.1.3 pH对Mn(III)/NTA氧化降解酚类有机物的影响

图5-25给出了不同pH条件下，60μmol/L Mn(III)/NTA对酚类有机物的氧化降解规律，其中生成的Mn(III)与NTA的摩尔比为1∶8.3。从图5-25中可以看到，在pH=4和pH=5条件下，Mn(III)/NTA对酚类有机物的降解速度最快，而后随着pH的升高，Mn(III)/NTA对有机物的降解速度减慢，即Mn(III)/NTA的氧化能力随着pH的升高而逐渐降低，呈"单调递减"的趋势，这一实验现象与NTA对 $KMnO_4$ 氧化降解酚类有机物的强化作用随着pH升高呈"单调递减"的趋势相一致。NTA与EDTA同样作为氨羧络合剂，但是与Mn(III)形成的络合物在不同pH条件下的氧化能力有所不同，Mn(III)/NTA的氧化特性与Mn(III)/焦磷酸盐相似，在酸性条件下氧化能力强。

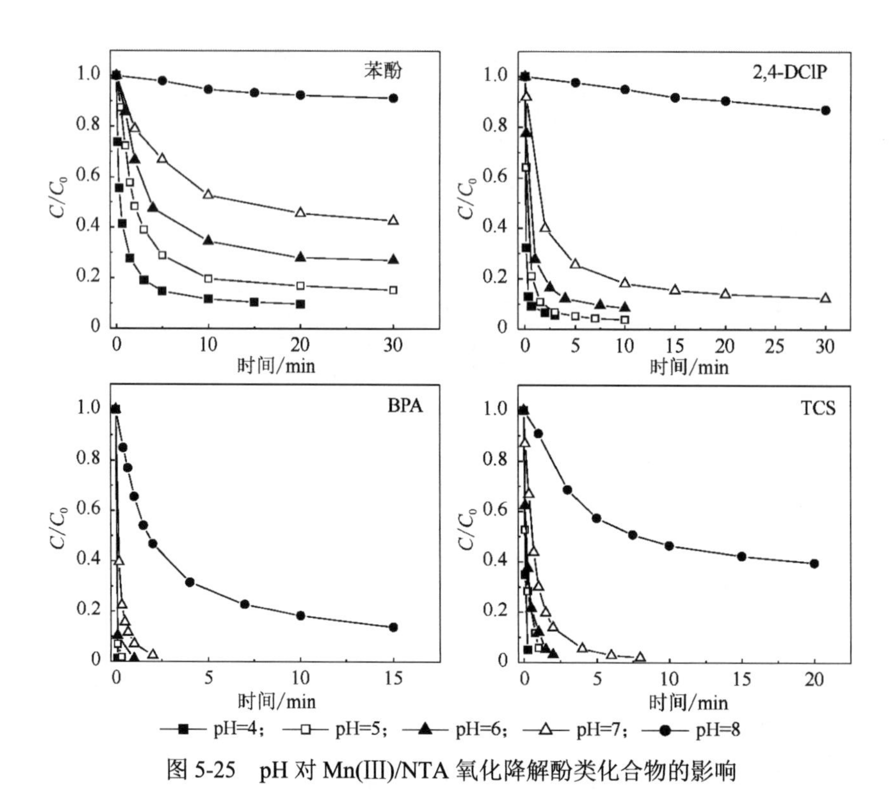


图 5-25　pH 对 Mn(III)/NTA 氧化降解酚类化合物的影响

### 5.6.2　Mn(III)与络合剂配比对 Mn(III)L 氧化降解酚类有机物的影响

从络合剂浓度对 $KMnO_4$ 氧化降解酚类有机物的影响可以推测 Mn(III)与络合剂之间的比例会影响 Mn(III)L 的氧化性与稳定性。

#### 5.6.2.1　Mn(III)与焦磷酸盐配比对 Mn(III)/焦磷酸盐氧化降解酚类化合物的影响

图 5-26 给出了 pH=6 条件下，Mn(III)与焦磷酸盐的摩尔比对 Mn(III)/焦磷酸盐氧化降解酚类有机物的影响。从图 5-26 中可以看出，随着焦磷酸盐与 Mn(III)摩尔比的增加，酚类有机物的降解速度逐渐降低。在焦磷酸盐与 Mn(III)摩尔比为 1∶1 时，酚类有机物的初始降解速度最快，而后降解速度减慢。虽然当焦磷酸盐与 Mn(III)摩尔比为 1∶1 时，酚类有机物的降解速度最快，但是在实验中发现此时络合物的稳定性非常差，在反应进行到几分钟时（<5min）已经明显看到溶液变为黄色，表明 Mn(III)已经歧化分解生成 $MnO_2$，由此可以理解酚类有机物氧化降解先快后慢的原因。相反，在其他几种配比条件下反应过程中没有观察到溶液变为黄色。由此可见，对于焦磷酸盐，络合剂浓度的增大增强了 Mn(III)L 的稳定性，但是却降低了 Mn(III)L 的氧化活性。这一实验现象与不同浓度焦磷酸盐强化 $KMnO_4$ 氧化降解酚类有机物的规律相一致，即当焦磷酸盐浓度增加到一定程度后对 $KMnO_4$ 和 Mn(III)/焦磷酸盐氧化降解酚类有机物起抑制作用。

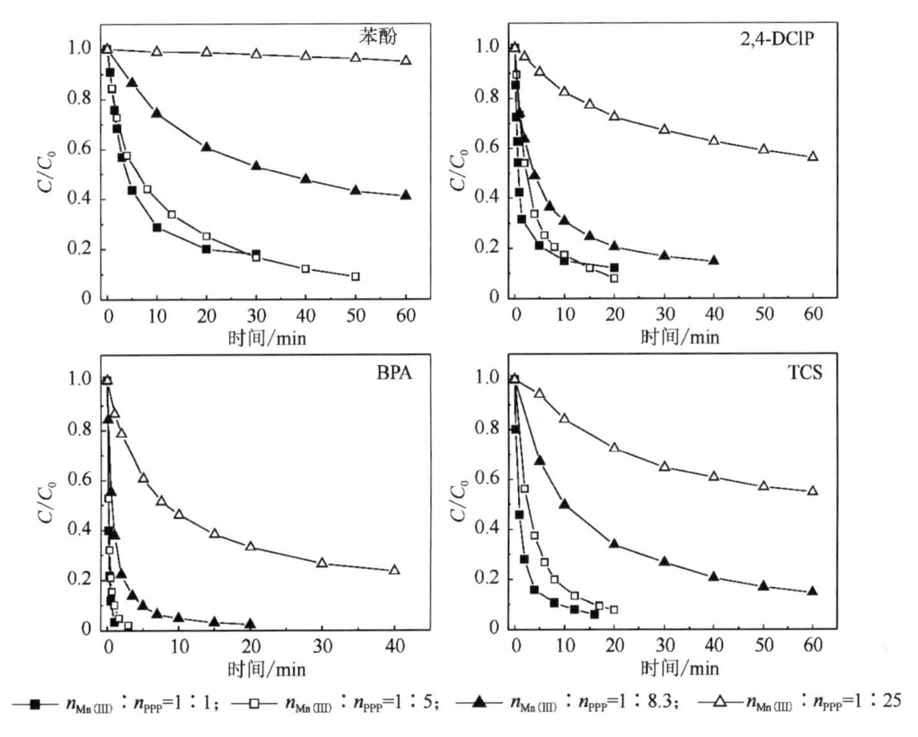


图 5-26　Mn(III)与焦磷酸盐配比对 Mn(III)/焦磷酸盐氧化降解酚类有机物的影响

#### 5.6.2.2　Mn(Ⅲ)与 EDTA 配比对 Mn(Ⅲ)/EDTA 氧化降解酚类有机物的影响

图 5-27 给出了在 pH=6 条件下，Mn(III)与 EDTA 之间的摩尔比对 Mn(III)/EDTA 氧化降解酚类有机物的影响。与焦磷酸盐实验中的现象明显不同，当 EDTA 作为络合剂时，随着 EDTA 与 Mn(III)摩尔比的增加，有机物的降解速率几乎不变，也就是说 EDTA 与 Mn(III)摩尔比的变化对 Mn(III)/EDTA 氧化降解酚类有机物几乎没有影响。这一实验现象与 EDTA 浓度对 $KMnO_4$ 氧化降解酚类有机物的影响规律相一致，即 EDTA 浓度对 $KMnO_4$ 和 Mn(III)/EDTA 氧化降解酚类有机物没有影响。

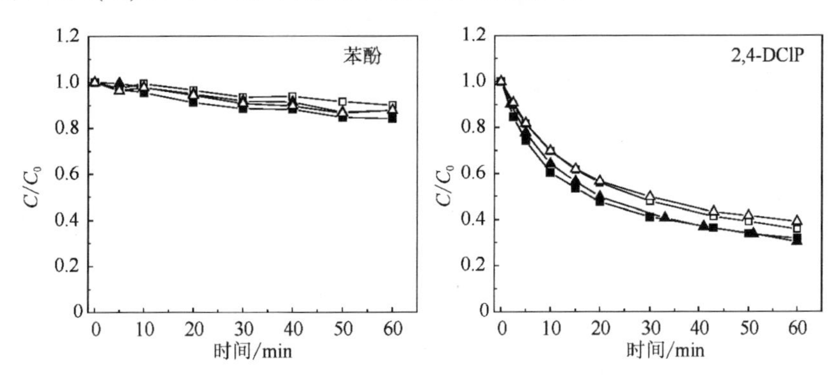

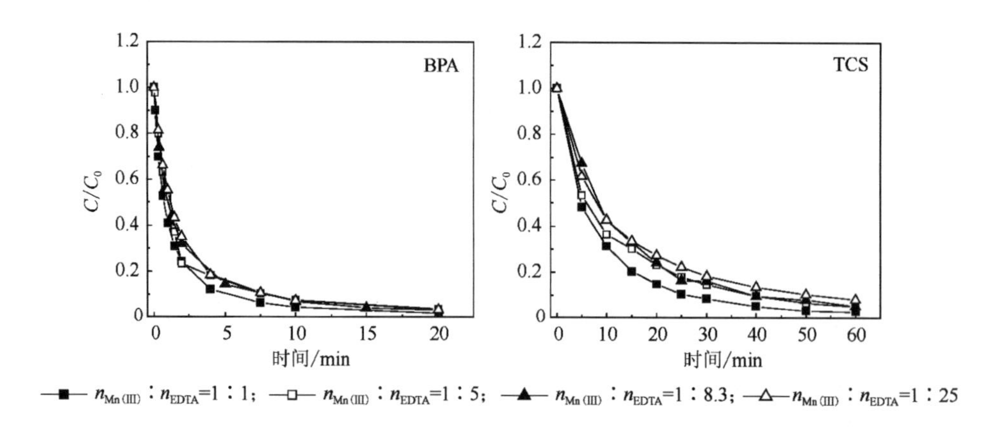


图 5-27　Mn(Ⅲ)与 EDTA 配比对 Mn(Ⅲ)/EDTA 氧化降解酚类有机物的影响

#### 5.6.2.3　Mn(Ⅲ)与 NTA 配比对 Mn(Ⅲ)/NTA 氧化降解酚类有机物的影响

图 5-28 给出了在 pH=6 条件下，Mn(Ⅲ)与 NTA 之间的摩尔比对 Mn(Ⅲ)/NTA 氧化降解酚类有机物的影响。与 EDTA 实验中的现象一致，当 NTA 作为络合剂时，随着 NTA 与 Mn(Ⅲ)摩尔比的增加，有机物的降解速率几乎不变，也就是说 NTA 与 Mn(Ⅲ)摩尔比的变化对 Mn(Ⅲ)/NTA 氧化降解酚类有机物几乎没有影响。这一实验现象与 NTA 浓度对 $KMnO_4$ 氧化降解酚类有机物的影响规律相一致，即 NTA 浓度对 $KMnO_4$ 和 Mn(Ⅲ)/NTA 氧化降解酚类有机物没有影响。

从上述选取的 Mn(Ⅲ)L 的氧化特性研究可以看出，Mn(Ⅲ)L 的氧化能力受多种因素影响，如溶液 pH、络合剂种类和浓度等。Mn(Ⅲ)L 氧化酚类有机物表现出的反应特性与络合剂对 $KMnO_4$ 氧化降解酚类有机物的影响规律相一致，这也再次证明了络合剂强化 $KMnO_4$ 氧化酚类有机物遵循中间价态锰理论。

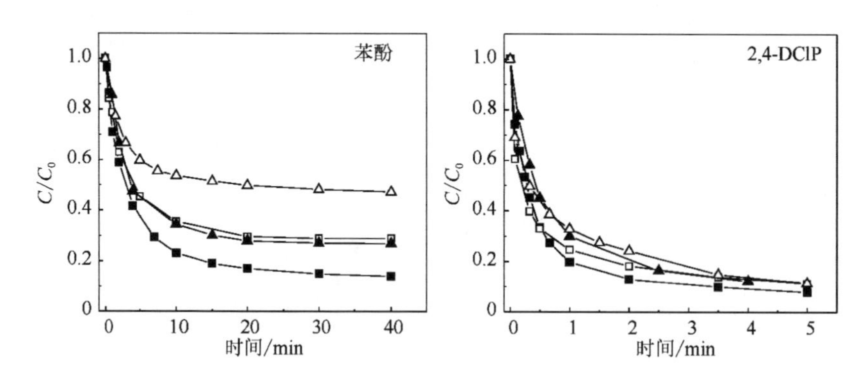

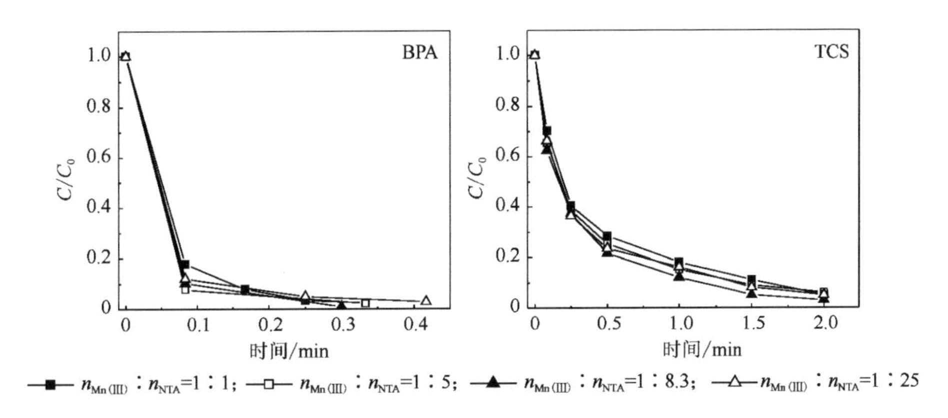


图 5-28 Mn(III)与 NTA 配比对 Mn(III)/NTA 氧化降解酚类有机物的影响

### 5.6.3 Mn(III)L 氧化降解其他类型有机物

Mn(III)L 在氧化降解酚类有机物过程中表现出了很高的氧化活性，这与络合剂强化 $KMnO_4$ 氧化降解酚类有机物的实验现象一致。但是从化学氧化特性上分析，Mn(III)L 只容易发生一电子氧化反应，因此可以推测它的氧化具有选择性。实验中选择了两种易发生二电子氧转移反应的有机物 CBZ 与 RMSO 来验证上述对 Mn(III)L 氧化特性的推测。从图 5-29 中可以看出，Mn(III)L[包括 Mn(III)/焦磷酸、Mn(III)/EDTA]与这两种有机物的反应活性非常低，在 60min 之内，几乎观察不到有机物的降解。相反，其他易发生二电子氧转移反应的氧化剂如 $O_3$、HClO、$KMnO_4$ 等与这两种有机物的反应速度非常快[6,7]。图 5-29 的实验现象也与络合剂对 $KMnO_4$ 氧化降解不同类型有机物的影响规律相吻合。

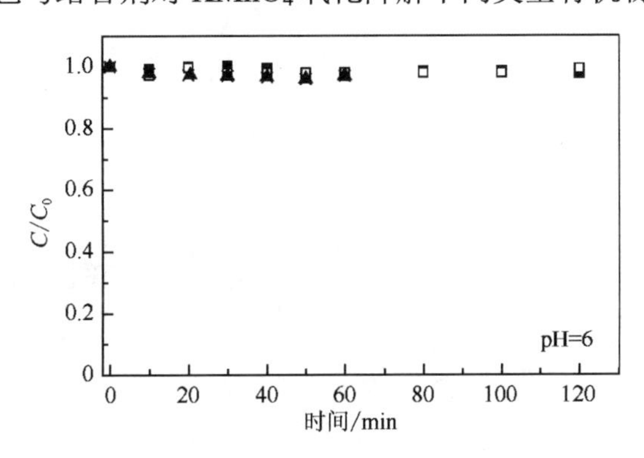


图 5-29 Mn(III)L 氧化降解 CBZ 和 RMSO

### 5.6.4 Mn(III)L 氧化降解酚类和芳胺类有机物的对比

图 5-30 对比给出了 pH=5 时 Mn(III)/焦磷酸盐、Mn(III)/NTA、Mn(III)/EDTA 氧化降解酚类[苯酚、4-甲基苯酚（4-MeP）、2-氯酚（2-ClP）、3-氯酚（3-ClP）、4-氯酚（4-ClP）、2-溴酚（2-BrP）、3-溴酚（3-BrP）、4-溴酚（4-BrP）]和芳胺类[苯胺（AN）、4-甲基苯胺（4-MeAN）、2-氯苯胺（2-ClAN）、3-氯苯胺（3-ClAN）、4-氯苯胺（4-ClAN）、2-溴苯胺

（2-BrAN）、3-溴苯胺（3-BrAN）、4-溴苯胺（4-BrAN）]有机物的动力学曲线。从图 5-30 中可以看出，Mn(Ⅲ)/焦磷酸盐和 Mn(Ⅲ)/NTA 对酚类有机物的氧化能力很强，除 3-ClP 和 3-BrP 外，其他几种有机物在反应 10min 以内就可以去除 95%以上，尤其是氧化降解 4-MeAN，根本无法给出准确数据；Mn(Ⅲ)/EDTA 对酚类有机物的氧化能力较弱。Mn(Ⅲ)/EDTA 对芳胺类有机物的氧化能力很弱，只能氧化 4-MeAN；而 Mn(Ⅲ)/焦磷酸盐、Mn(Ⅲ)/NTA 对芳胺类有机物的氧化能力也没有对酚类有机物的氧化能力强。

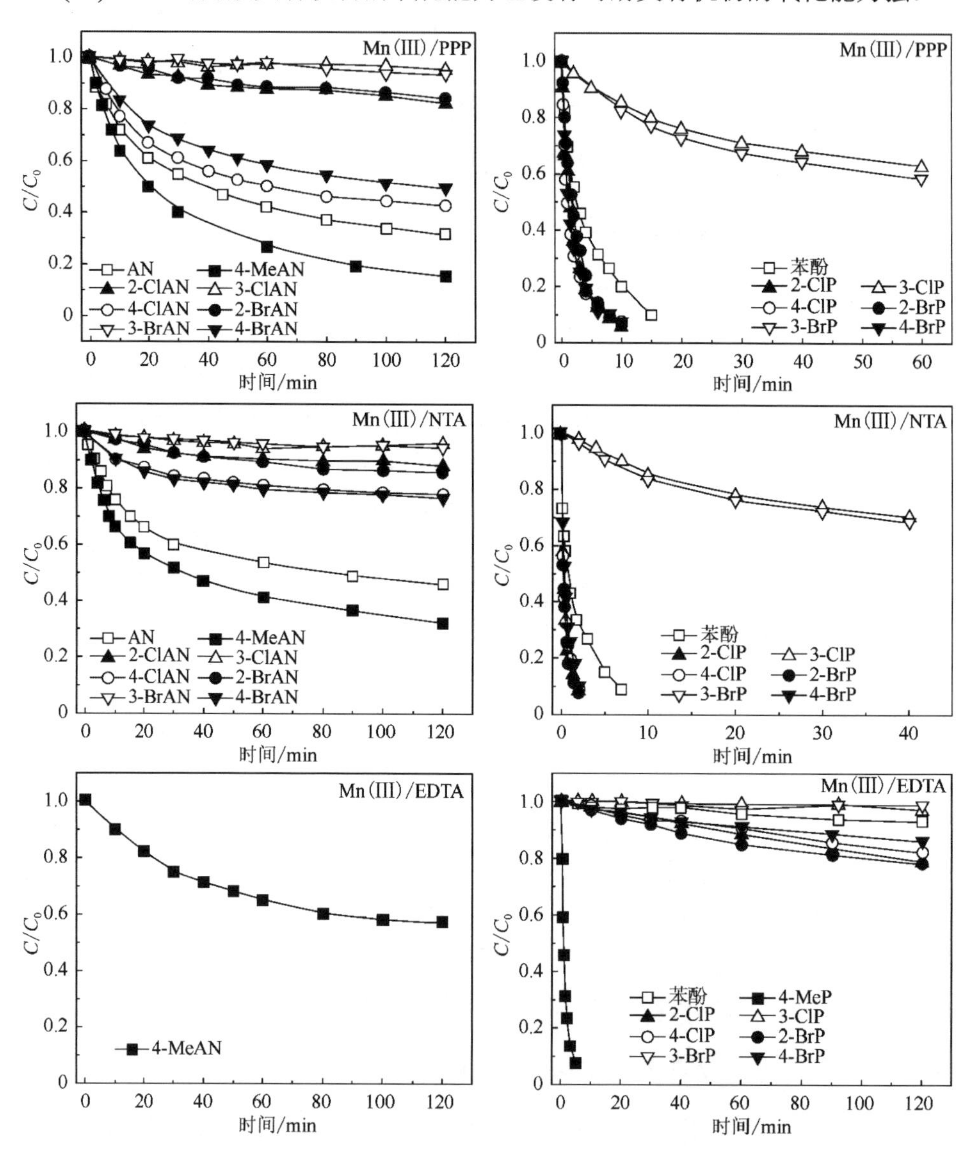


图 5-30 Mn(Ⅲ)L 氧化降解酚类和芳胺类有机物对比

Mn(Ⅲ)L 对芳胺类有机物的氧化速率低，相反对酚类有机物的氧化速率高，表现为络合剂抑制 $KMnO_4$ 氧化降解芳胺类有机物，而强化酚类有机物的氧化降解。

## 5.7 Mn(Ⅱ)L 对 $KMnO_4$ 氧化降解酚类有机物的强化作用

Mn(Ⅲ)L 的产生方式和氧化特性决定了 Mn(Ⅱ)L 在 $KMnO_4$ 氧化过程中会起到催化作用，整个反应过程如图 5-31 所示。首先，Mn(Ⅱ)L 催化 Mn(Ⅶ)反应生成 Mn(Ⅲ)L，当 Mn(Ⅱ)L 与 Mn(Ⅶ)按照 4∶1 摩尔计量关系反应时，溶液由紫色变为无色，说明 Mn(Ⅶ)消失，生成了 Mn(Ⅲ)L；然后，Mn(Ⅲ)L 与有机物发生氧化还原反应，生成 Mn(Ⅱ)L 和产物；生成的 Mn(Ⅱ)L 继续催化 Mn(Ⅶ)生成 Mn(Ⅲ)L，形成循环反应。当然，在 Mn(Ⅱ)L 催化过程中，单独 Mn(Ⅶ)通过氧化降解有机物也可能产生 Mn(Ⅲ)L，从而进入 Mn(Ⅱ)L 的催化循环。对于酚类有机物的氧化降解，Mn(Ⅲ)L 的氧化速度比 Mn(Ⅶ)快，因此可以推测，Mn(Ⅱ)L 具有催化 $KMnO_4$ 氧化的能力。

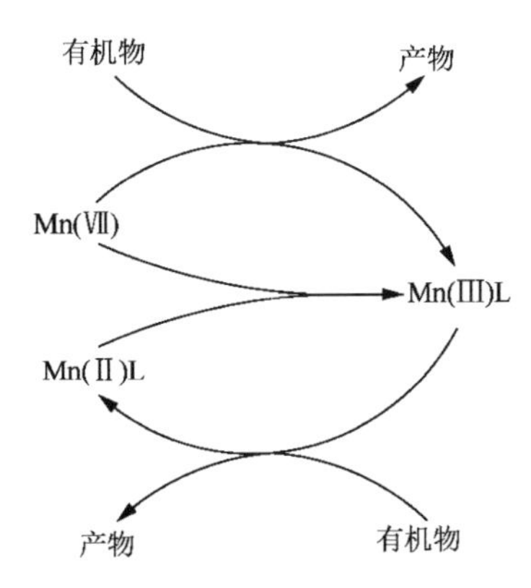


图 5-31 Mn(Ⅱ)L 在 $KMnO_4$ 氧化过程中的催化作用

下面以酚类有机物（苯酚、4-ClP、2,4-DClP、BPA、TCS）作为目标有机物，研究不同 pH（5～8）并以焦磷酸盐和 EDTA 作为络合剂条件下，Mn(Ⅱ)的加入对 $KMnO_4$ 氧化降解酚类有机物的影响。

图 5-32 给出了不同 pH 并以焦磷酸盐作为络合剂条件下，Mn(Ⅱ)的加入对 $KMnO_4$ 氧化降解酚类有机物的影响。从图中可以很清楚地看到，Mn(Ⅱ)的加入使得在焦磷酸盐存在条件下 $KMnO_4$ 氧化降解酚类有机物的速度明显加快，而且在酸性低 pH 条件下的强化作用更为明显。

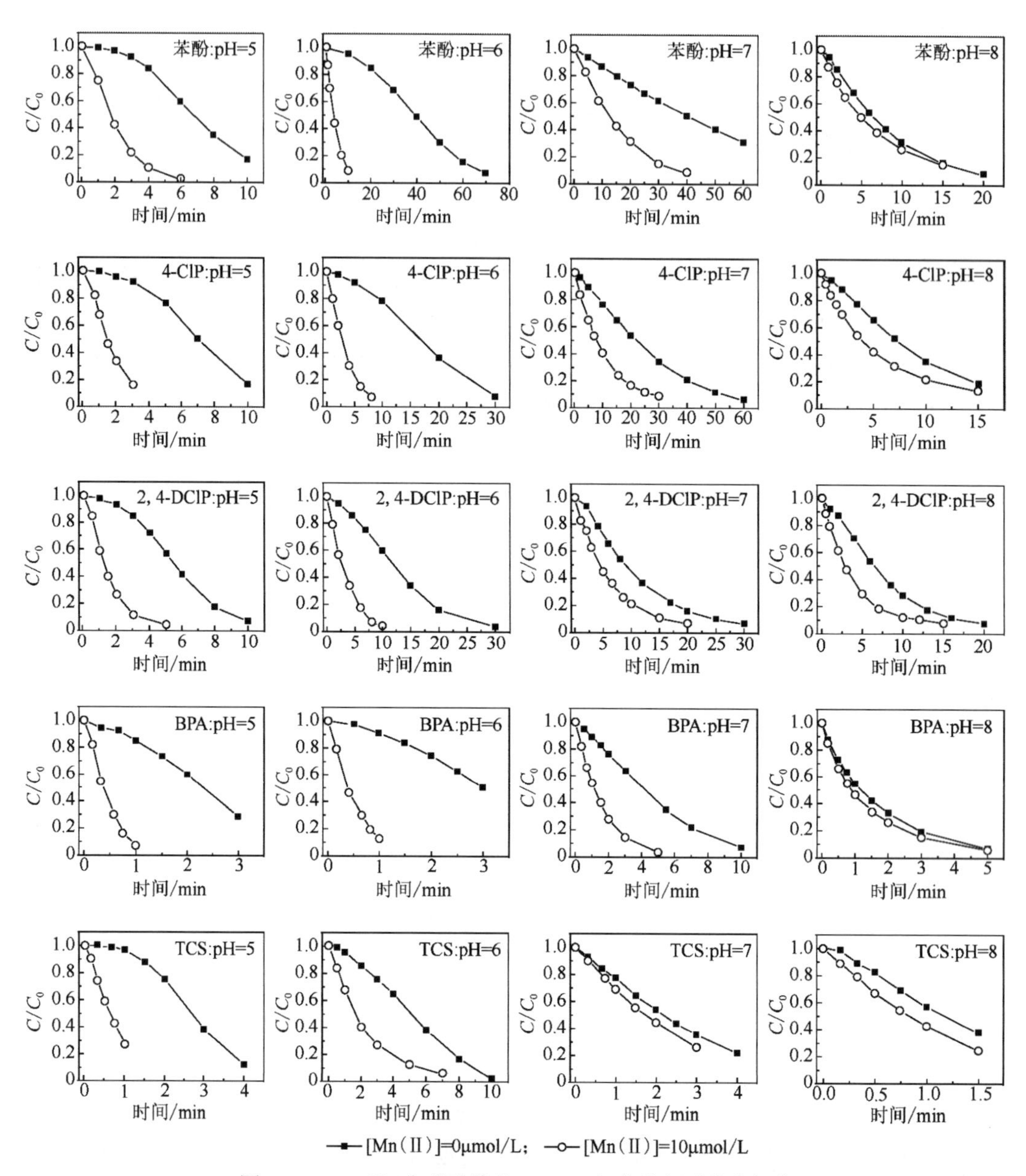


图 5-32　Mn(Ⅱ)/焦磷酸催化 $KMnO_4$ 氧化降解酚类有机物

图 5-33 给出了不同 pH 并以 EDTA 作为络合剂条件下，Mn(Ⅱ)的加入对 $KMnO_4$ 氧化降解酚类有机物的影响。同样在 EDTA 存在条件下，Mn(Ⅱ)的加入可以强化 $KMnO_4$ 对酚类有机物的氧化降解，与焦磷酸盐作为络合剂一样，在酸性低 pH 条件下的强化作用更为明显。

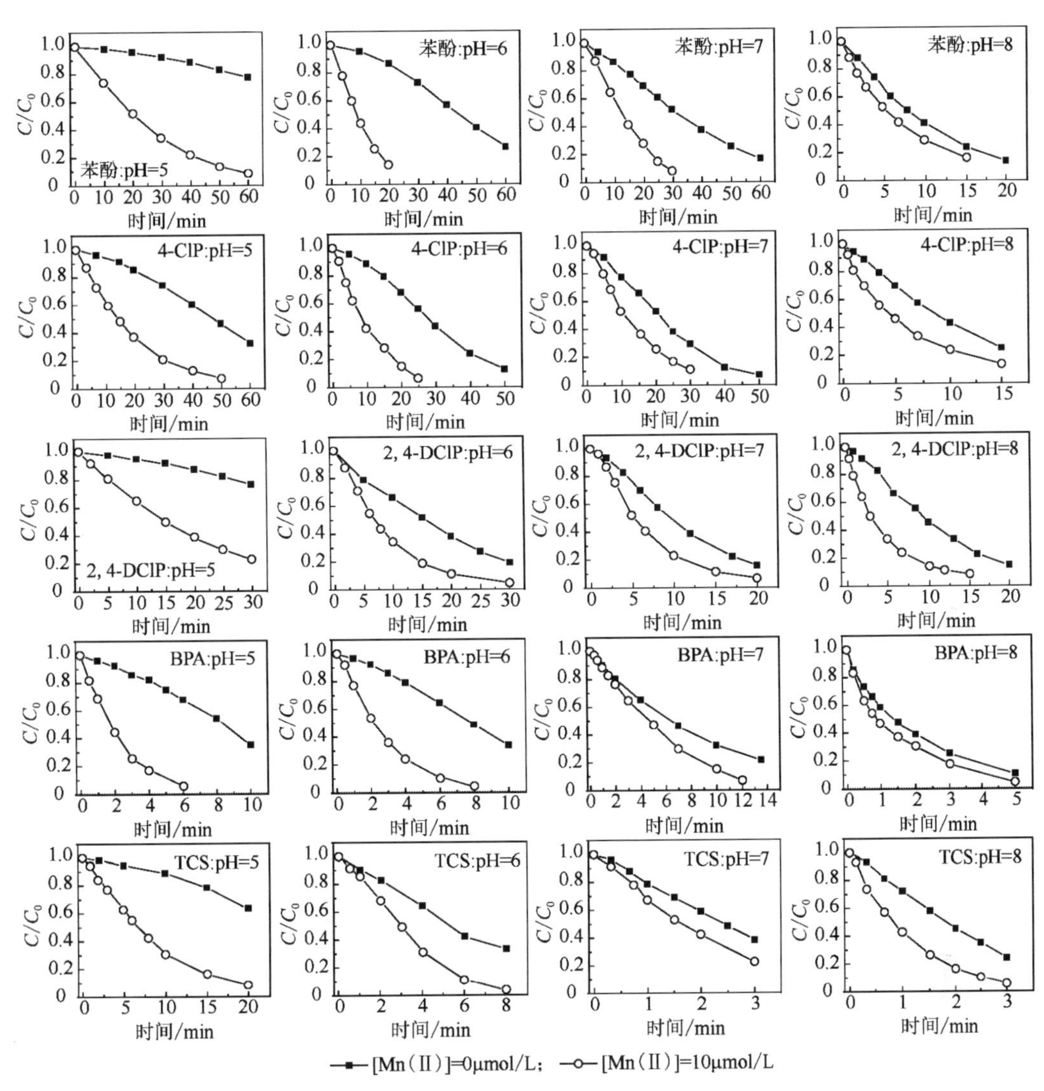


图 5-33 Mn(Ⅱ)/EDTA 催化 $KMnO_4$ 氧化降解酚类有机物

通过图 5-32 和图 5-33 的结果可以进一步证实图 5-31 关于 Mn(Ⅱ)L 在 $KMnO_4$ 氧化过程中的催化作用，即 Mn(Ⅱ)L 催化 Mn(Ⅶ)反应生成 Mn(Ⅲ)L。

在有络合剂存在条件下，除 Mn(Ⅱ)之外，微量还原剂 As(Ⅲ)、邻苯二酚、苯乙烯等也能促进 $KMnO_4$ 对有机物的氧化降解[13]。这可能是由于 $KMnO_4$ 在氧化这些还原剂时原位生成了 Mn(Ⅲ)L，然后进入了 Mn(Ⅱ)L 的催化循环。

## 参 考 文 献

[1] Chang H S, Korshin G V, Ferguson J F. Investigation of mechanisms of oxidation of EDTA and NTA by permanganate at high pH [J]. Environmental Science & Technology, 2006, 40(16): 5089-5094.

[2] Thabaj K A, Kulkarni S D. Oxidative transformation of ciprofloxacin by alkaline permanganate-A kinetic and mechanistic

study [J]. Polyhedron, 2007, 26(17): 4877-4885.

[3] Simandi L I, Zahonyi-Budo E. Relative reactivities of hydroxyl compounds with short-lived manganese(Ⅴ) [J]. Inorganica Chimica Acta, 1998, 281(2): 235-238.

[4] Zahonyi-Budo E, Simandi L I. Oxidations with unstable manganese(Ⅵ) in acidic solution [J]. Inorganica Chimica Acta, 1995, 237(1): 173-175.

[5] Deborde M, von Gunten U. Reactions of chlorine with inoragnic and organic compounds during water treatment-kinetics and mechanisms: A critical review [J]. Water Research, 2008, 42(1-2): 13-51.

[6] Sharma V K. Oxidative transformations of environmental pharmaceuticals by $Cl_2$, $ClO_2$, $O_3$, and Fe(Ⅵ): Kinetics assessment [J]. Chemosphere, 2008, 73(9): 1379-1386.

[7] Hu L, Martin H M, Bulted O A, et al. Oxidation of carbamazepine by Mn(Ⅶ) and Fe(Ⅵ): Reaction kinetics and mechanism [J]. Environmental Science & Technology, 2009, 43(2): 509-515.

[8] Hu L, Martin H M, Strathmann T J. Oxidation kinetics of antibiotics during water treatment with potassium permanganate [J]. Environmental Science & Technology, 2010, 44(16): 6416-6422.

[9] Hu L, Stemig A M, Wammer K H, et al. Oxidation of antibiotics during water treatment with potassium permanganate: Reaction pathways and deactivation [J]. Environmental Science & Technology, 2011, 45(8): 3635-3642.

[10] Stumm W, Morgan J J. Aquatic Chemistry [M]. Third Edition. New Jersey:John Wiley & Sons, 1995.

[11] Yan Y E, Schwartz F W. Kinetics and Mechanism for TCE Oxidation by Permanganate [J]. Environmental Science & Technology, 2000, 34(12): 2535-2541.

[12] Klewicki J K, Morgan J J. Kinetic behavior of Mn(Ⅲ) complexes of pyrophosphate, EDTA, and citrate [J]. Environmental Science & Technology, 1998, 32(19): 2916-2922.

[13] Jiang J, Pang S Y, Ma J. Oxidation of triclosan by permanganate [Mn(Ⅶ)]: Importance of ligands and in situ formed manganese oxides [J]. Environmental Science & Technology, 2009, 43(21): 8326-8331.

# 6　实际水体中低价态锰强化 $KMnO_4$ 氧化除污染

以往的研究发现，$KMnO_4$ 在实际水体中的除微污染效能明显高于纯水体系，推测可能是因为 $KMnO_4$ 的还原产物新生态胶体水合 $MnO_2$ 的吸附、氧化和催化等协同作用，天然水体中某些共存成分会加速 $MnO_2$ 的生成[1]。$KMnO_4$ 在氧化降解有机物过程中会产生中间价态锰，这些活性物种虽然具有很高的氧化能力，但是其存活时间短、极易自分解。而当溶液中存在络合剂时，由于与金属离子的配位作用，络合剂可能使得中间价态锰的稳定性相对增强，继而能够发挥它们的氧化能力，进一步强化 $KMnO_4$ 对有机物的氧化降解[2-5]。实际水体的水质成分虽然很复杂，但一般都含有许多无机和有机配体，如一些天然存在的氨基酸、腐殖酸、富里酸和人为排放的磷酸盐、焦磷酸盐、氨羧络合剂等，从中间价态锰的理论分析，实际水体中这些络合背景成分可能会强化 $KMnO_4$ 的除污染效能[6,7]，这与以前的推论不太一致。因此，很有必要重新认识实际水体中 $KMnO_4$ 的除污染规律。

## 6.1　腐殖酸对 $KMnO_4$ 氧化降解有机物的影响

腐殖酸（HA）广泛存在于天然水体中，往往含量较高。作为自然胶体，它具有大量官能团和吸附位，且具有很强的螯合能力，因而被认为是金属离子最重要的天然螯合剂[8,9]。因此，从中间价态锰的理论分析，腐殖酸可能会强化 $KMnO_4$ 氧化除污染。

### 6.1.1　腐殖酸对 $KMnO_4$ 氧化降解酚类有机物的影响

图 6-1 给出了 pH=5 条件下，5mg C/L 腐殖酸对 $KMnO_4$ 氧化降解酚类有机物的影响。从图 6-1 中可以看出，腐殖酸的加入明显促进了 $KMnO_4$ 对酚类有机物的氧化降解，由此可见，腐殖酸与其他络合剂相似，同样具有强化 $KMnO_4$ 氧化降解的效能，利用其络合配位能力与反应过程中产生的中间价态锰形成稳定的络合物氧化降解有机物。

图 6-2 给出了不同 pH 条件下，腐殖酸对 $KMnO_4$ 氧化降解 TCS 的影响。从图 6-2 中可以看出，在酸性 pH（4～6）条件下，腐殖酸的强化作用最明显，在 5～10min 之内，TCS 的去除率可达 95%以上，而在相同的实验条件下，单独 $KMnO_4$ 氧化时 TCS 的去除率非常低。随着 pH 的升高，腐殖酸的强化作用逐渐减小。

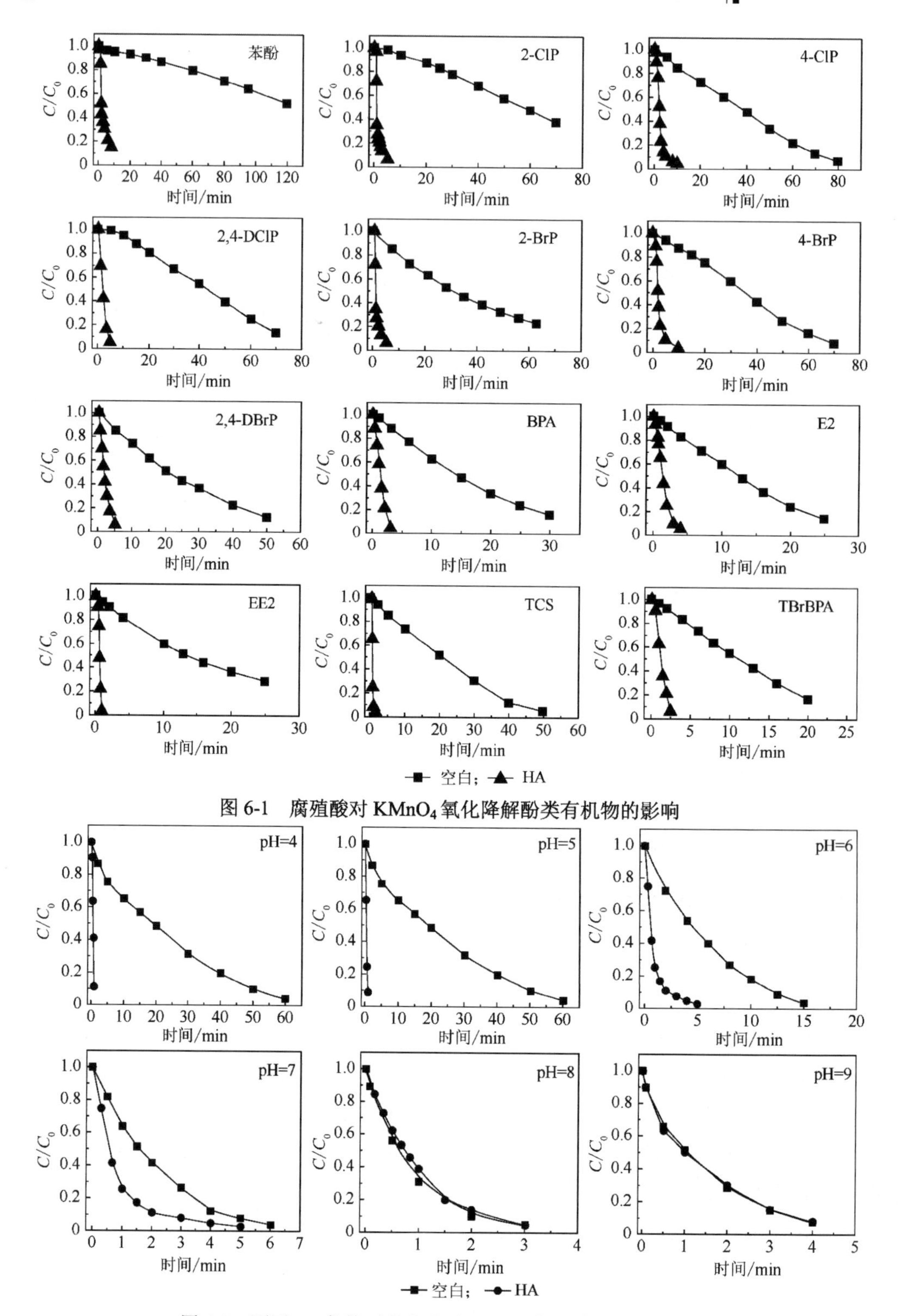


图 6-1　腐殖酸对 $KMnO_4$ 氧化降解酚类有机物的影响

图 6-2　不同 pH 条件下腐殖酸对 $KMnO_4$ 氧化降解 TCS 的影响

图 6-3 给出了在 pH=6 时不同浓度腐殖酸（2.5～10mg C/L）对 $KMnO_4$ 氧化降解酚类有机物的影响。从图 6-3 中可以看出，腐殖酸的存在确实加快了 $KMnO_4$ 对酚类有机物的氧化降解速度，而且随着腐殖酸浓度的增加强化作用增强。因此可以看出，腐殖酸对 $KMnO_4$ 氧化降解酚类有机物的影响遵循中间价态锰的规律，即腐殖酸的络合能力可以起到稳定中间价态锰的作用。

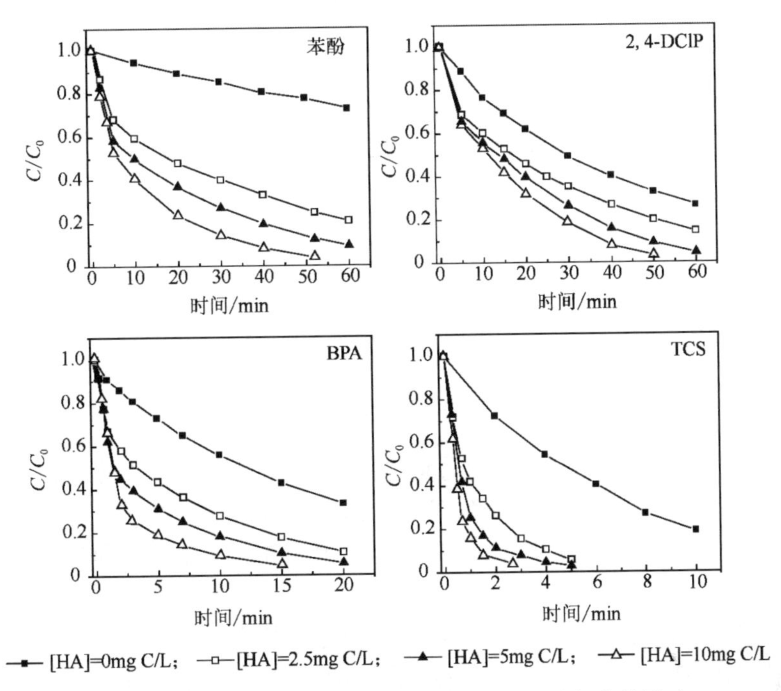


图 6-3　腐殖酸浓度对 $KMnO_4$ 氧化降解酚类有机物的影响

### 6.1.2　腐殖酸对 $KMnO_4$ 氧化降解芳胺类有机物的影响

图 6-4 给出了 pH=5 条件下，5mg C/L 腐殖酸对 $KMnO_4$ 氧化降解芳胺类有机物的影响。从图 6-4 中可以看出，腐殖酸的加入能够促进 $KMnO_4$ 对芳胺类有机物的氧化降解，可见，腐殖酸与其他络合剂（焦磷酸盐、EDTA、NTA）不同，可以强化 $KMnO_4$ 对芳胺类有机物的氧化降解。产生这一实验现象的主要原因是，在反应过程中腐殖酸起到还原剂的作用，促进 $KMnO_4$ 氧化降解芳胺类有机物反应过程中 $MnO_2$ 的生成，因此对反应起到强化作用。

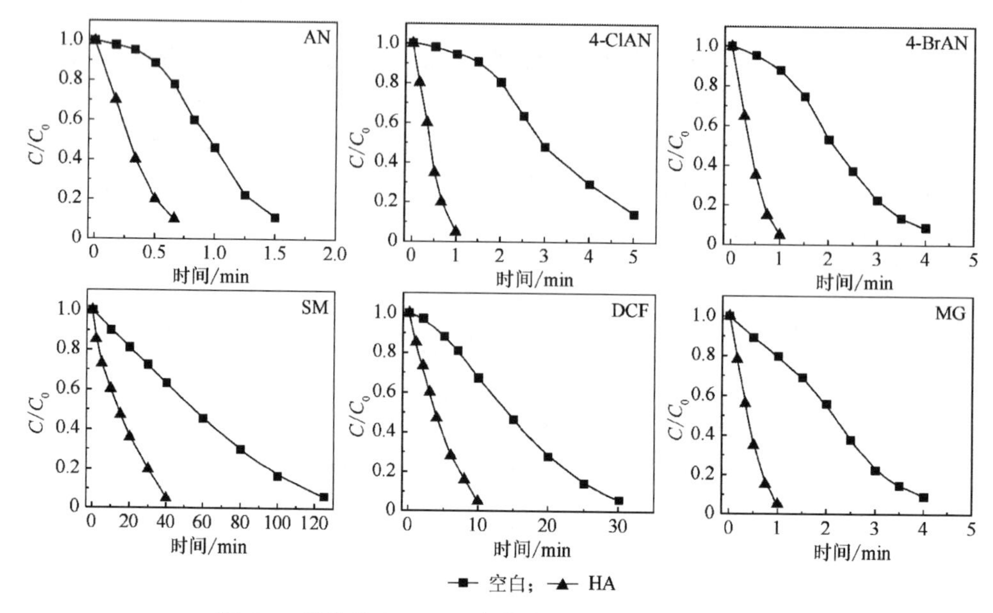


图 6-4 腐殖酸对 $KMnO_4$ 氧化降解芳胺类有机物的影响

### 6.1.3 $O_3$ 处理后的腐殖酸对 $KMnO_4$ 氧化降解酚类和芳胺类有机物的影响

腐殖酸的存在能够促进 $KMnO_4$ 对芳胺类和酚类有机物的氧化降解。为了进一步验证腐殖酸对 $KMnO_4$ 氧化降解芳胺类和酚类有机物的强化作用，研究中利用 $O_3$ 对腐殖酸进行氧化处理，考察氧化处理后的腐殖酸对 $KMnO_4$ 氧化降解酚类和芳胺类有机物的影响，见图6-5。从图 6-5 中可以看出，$O_3$ 处理后的腐殖酸对芳胺类有机物 4-BrAN 的氧化降解起到抑制作用，对酚类有机物 4-BrP 的氧化降解起到促进作用。产生这一实验现象的主要原因是，腐殖酸自身既具有络合作用又具有还原作用，被 $O_3$ 氧化处理后腐殖酸自身的还原性被消耗，但络合能力没有被破坏。因此，$O_3$ 氧化后的腐殖酸对芳胺类有机物表现的是抑制作用，而对酚类有机物表现的是促进作用。也就是说，对芳胺类有机物的强化主要是腐殖酸的还原性起主导作用，而对于酚类有机物的强化主要是腐殖酸的络合能力起主导作用。

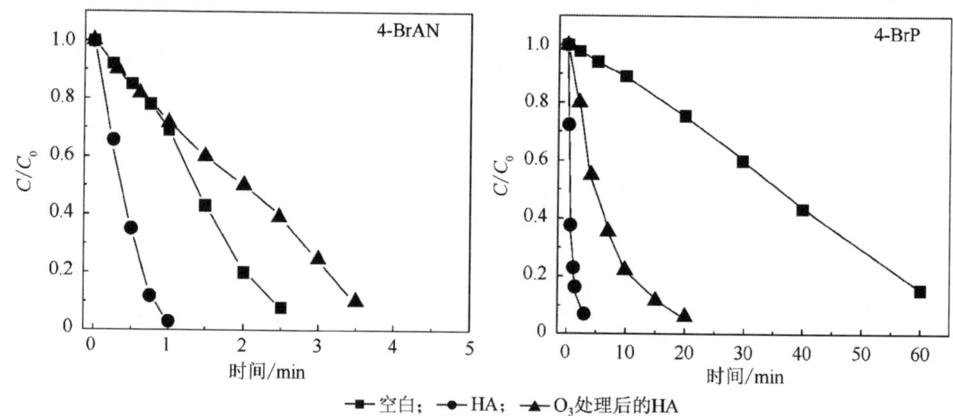


图 6-5 $O_3$ 处理前后的腐殖酸对 $KMnO_4$ 氧化降解有机物的影响

## 6.2 实际水体中 $KMnO_4$ 氧化降解有机物的效能

### 6.2.1 低浓度 $KMnO_4$ 测定方法的建立

目前，测定 $KMnO_4$ 浓度最常用的方法是直接分光光度法，即通过利用分光光度计直接测定 $KMnO_4$ 在 525nm 处的吸光度来测定 $KMnO_4$ 浓度。这种直接分光光度法简单、方便，但 525nm 处 $KMnO_4$ 的摩尔吸光度比较低（摩尔吸光系数为 $2500L^{-1}\cdot mol^{-1}\cdot cm^{-1}$）。

本节建立了一种简单、快速、高灵敏度测定低浓度 $KMnO_4$ 的方法。其原理是 $KMnO_4$ 与过量的 ABTS 定量、快速反应生成绿色自由基（$ABTS^{\cdot+}$），该自由基在各种水体中能够稳定存在，而且具有很高的摩尔吸光系数，在 415nm 处 $ABTS^{\cdot+}$的摩尔吸光系数为 $34000L^{-1}\cdot mol^{-1}\cdot cm^{-1}$，可以通过测量 $ABTS^{\cdot+}$的浓度推算出 $KMnO_4$ 的浓度。该方法比直接分光光度法的灵敏度高出几个数量级[10,11]。

图 6-6 对比给出了利用 ABTS 光度法测定几种氧化剂（$KMnO_4$、$K_2FeO_4$、HClO）浓度的标准曲线，相关系数均大于 0.99，但斜率却不同。由此可以看出，ABTS 与几种氧化剂之间存在着不同的化学计量关系，图中标准曲线的斜率就是 ABTS 与 $K_2FeO_4$、HClO、$KMnO_4$ 间存在的化学计量关系，分别为 1、2、5。ABTS 与 $K_2FeO_4$、HClO 之间的计量关系与文献中报道的相一致[10,11]。$KMnO_4$ 与 ABTS 的计量关系为 1∶5（即 1mol $KMnO_4$ 生成 5mol $ABTS^{\cdot+}$），见公式（6-1），表明 $KMnO_4$ 原位生成的中间价态锰都参与了反应[2,3]。相反，$KMnO_4$ 与 $K_2FeO_4$ 的计量关系为 1∶1，表明 $K_2FeO_4$ 原位生成的中间价态铁没有与 ABTS 反应而损失掉了。

$$Mn(VII) + 5ABTS \longrightarrow Mn(II) + 5ABTS^{\cdot+} \qquad (6\text{-}1)$$

这种 ABTS 光度法可以用来测定实际水体中低浓度 $KMnO_4$ 的消耗动力学，用于指导实际工程应用中 $KMnO_4$ 的投量，也可以快速、广谱式测定 $KMnO_4$ 氧化反应的动力学常数。

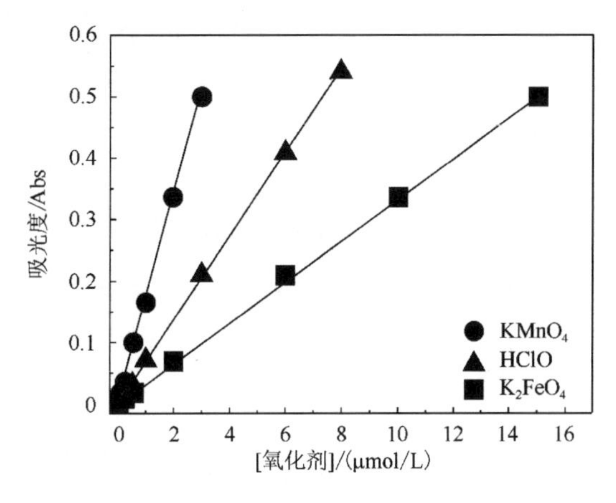


图 6-6　各种氧化剂与 ABTS 的反应计量关系

### 6.2.2 实际水体中不同氧化剂氧化除污染效能对比

图 6-7 给出了实际水体中各种氧化剂氧化降解 E2 的除污染效能以及各氧化剂的分解动力学曲线，实际水体 pH=8，$KMnO_4$浓度为 12μmol/L，E2 浓度为 0.15μmol/L。从第 2 章图 2-5 的研究中可以看出，在水中 $KMnO_4$ 的除污染能力与 $K_2FeO_4$、HClO 相当，但远低于 $O_3$。但在实验中发现，在松花江天然水体[图 6-7（a）]和污水处理厂二级出水[图 6-7（b）]中，$KMnO_4$ 的除污染效能明显高于 $K_2FeO_4$、HClO、$O_3$，同时通过测定实际水体中各氧化剂的剩余浓度发现[图 6-7（c）和图 6-7（d）]，$K_2FeO_4$、HClO、$O_3$ 在实际水体中的消耗速度都比较快，有效剩余浓度比较低，而 $KMnO_4$ 的有效剩余浓度比较高。因此，在实际水体中 $KMnO_4$ 氧化降解雌激素的除污染效能要高于其他几种常见水处理氧化剂（$K_2FeO_4$、HClO、$O_3$）。

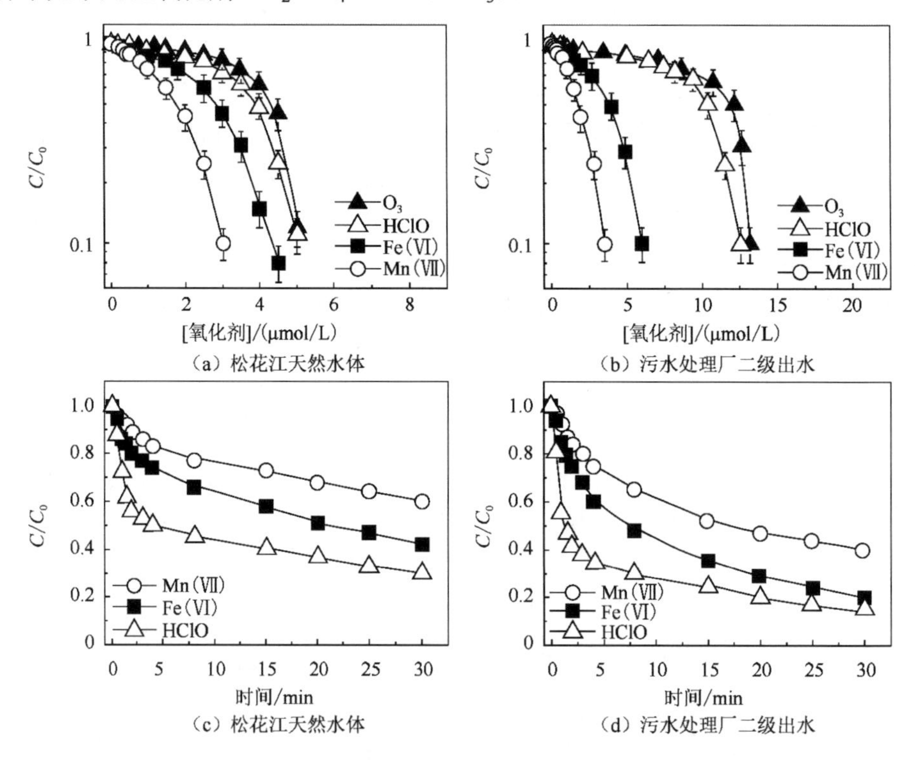


图 6-7　实际水体中各种氧化剂氧化降解 E2 的除污染效能以及各种氧化剂的分解动力学曲线

产生这种现象的主要原因是实际水体的背景成分会消耗氧化剂，尤其对 HClO 和 $O_3$ 的消耗非常明显。虽然 $O_3$ 的反应速率常数远远高于 $KMnO_4$，但它在实际水体中迅速分解，导致 $O_3$ 在整个反应过程中可利用的有效浓度很低。相反，与 $O_3$ 相比，$KMnO_4$ 的氧化速率虽然偏低，但在水中的稳定性很高，因此可利用的有效浓度反而大，除污染能力更强[6,12]。

### 6.2.3 实际水体中 $KMnO_4$ 氧化降解不同类型有机物的效能

图 6-8 给出了实际水体（松花江天然水体和水库水）及纯水体系中 $KMnO_4$ 氧化降解酚类和芳胺类有机物的效能。从图 6-8 中可以看出，在实际水体中 $KMnO_4$ 对芳胺类有机物（AN 和 4-MeAN）的氧化去除效率低于纯水体系，产生这一现象的主要原因是实际水体的背景成分消耗水中的 $KMnO_4$，降低了水中 $KMnO_4$ 的有效浓度。而在实际水体中 $KMnO_4$ 对酚类有机物［苯酚和 4-甲基苯酚(4-MeP)］的氧化降解速度明显高于人工配制的纯水体系。产生这一现象的主要原因是实际水体的水质背景成分虽然很复杂，但一般都含有许多无机和有机配体，如一些天然存在的氨基酸、腐殖酸、富里酸和人为排放的磷酸盐、焦磷酸盐、氨羧络合剂和小分子羧酸等，从中间价态锰的理论分析，实际水体中这些络合背景成分能够强化 $KMnO_4$ 的除污染效能。

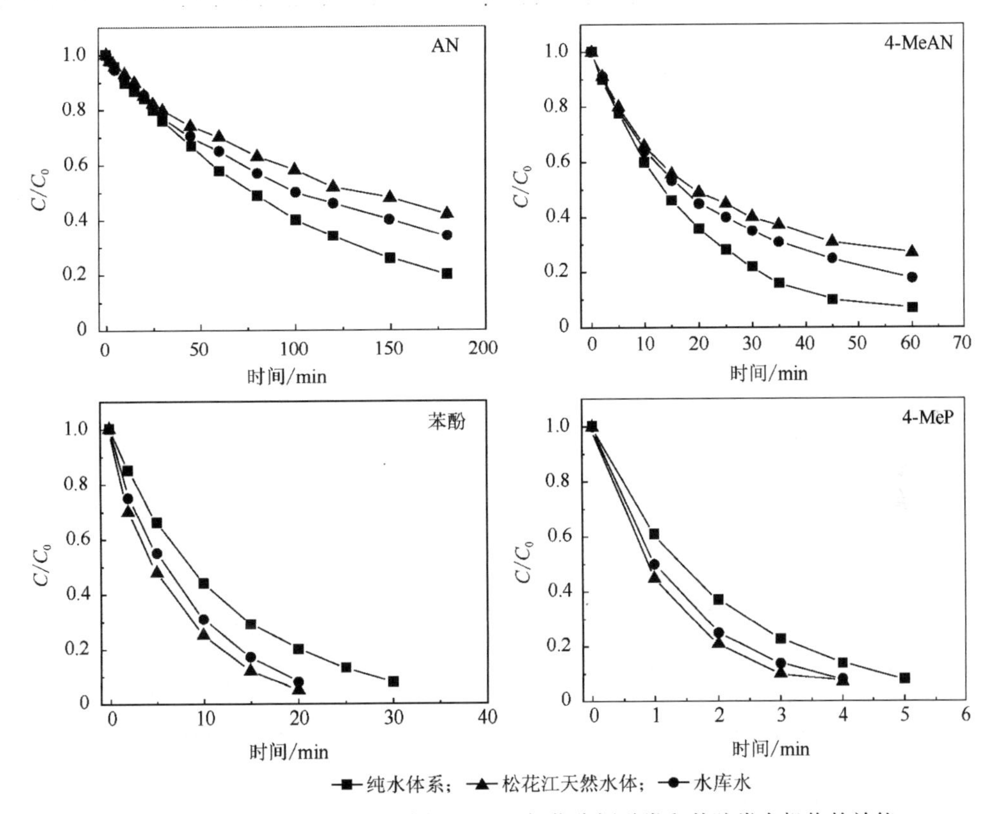


图 6-8 实际水体及纯水体系中 $KMnO_4$ 氧化降解酚类和芳胺类有机物的效能

图 6-9 给出了实际水体（松花江天然水体和水库水）及纯水体系中 $KMnO_4$ 氧化降解 CBZ 和 RMSO 的效能。从图 6-9 中可以看出，在实际水体中 $KMnO_4$ 对 CBZ 和 RMSO 的氧化去除效率与纯水体系相当，没有差别。这一现象与常见络合剂对 $KMnO_4$ 氧化降解 CBZ 和 RMSO 的影响规律相一致，主要是由于络合剂的存在不影响原位生成中间态

Mn(Ⅴ)参与有机物的降解。

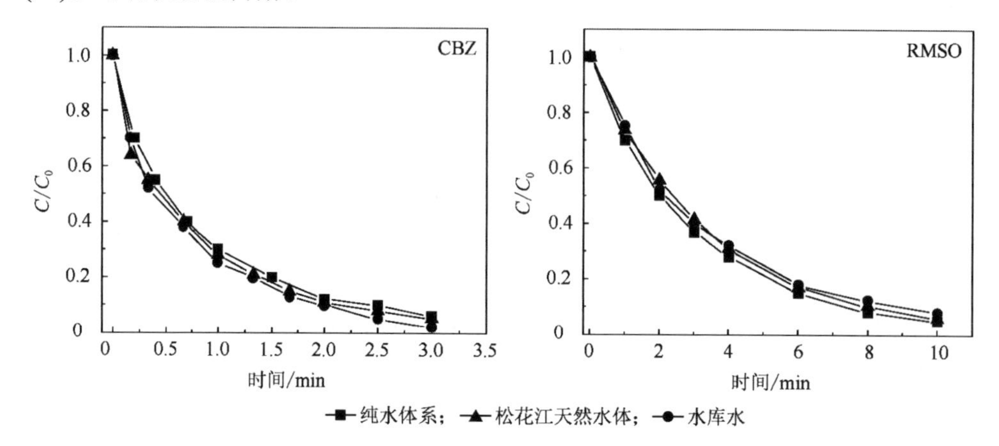


图 6-9　实际水体及纯水体系中 $KMnO_4$ 氧化降解 CBZ 和 RMSO 的效能

## 参 考 文 献


[1] 马军. 高锰酸钾去除与控制饮用水中有机污染物的效能与机理 [D]. 哈尔滨:哈尔滨建筑工程学院, 1990.

[2] Jiang J, Pang S Y, Ma J. Oxidation of triclosan by permanganate [Mn(Ⅶ)]: Importance of ligands and in situ formed manganese oxides [J]. Environmental Science & Technology, 2009, 43(21): 8326-8331.

[3] Jiang J, Pang S Y, Ma J. Role of ligands in permanganate oxidation of organics [J]. Environmental Science & Technology, 2010, 44(11): 4270-4275.

[4] 庞素艳, 王强, 鲁雪婷, 等. 中间价态锰强化 $KMnO_4$ 氧化降解三氯生 [J]. 哈尔滨工业大学学报, 2015, 47(2): 87-91.

[5] 庞素艳, 江进, 马军, 等. 络合剂强化 $KMnO_4$ 氧化降解酚类化合物 [J]. 中国给水排水, 2010, 26(17): 85-88.

[6] Jiang J, Pang S Y, Ma J, et al. Oxidation of phenolic endocrine disrupting chemicals by potassium permanganate in synthetic and real waters [J]. Environmental Science & Technology, 2012, 46(3): 1774-1781.

[7] Lee Y, Yoon J, von Gunten U. Kinetics of the oxidation of phenols and phenolic endocrine disruptors during water treatment with ferrate [Fe(Ⅵ)] [J]. Environmental Science & Technology, 2005, 39(22): 8978-8984.

[8] Stevenson F J. Humus chemistry:Genesis, composition, reactions [C]. New York: Willey Interscience,1982.

[9] Peña-Méndez E M, Havel J, Patočka J. Humic substances—compounds of still unknown structure: Applications in agriculture, industry, environment, and biomedicine [J]. Journal of Applied Biomedicine, 2005, 3: 13-24.

[10] Pinkernell U, Nowack B, Gallard H, et al. Methods for the photometric determination of reactive bromine and chlorine species with ABTS [J]. Water Research, 2000, 34(18): 4343-4350.

[11] Lee Y, Yoon J, von Gunten U. Spectrophotometric determination of ferrate [Fe(Ⅵ)] in water by ABTS [J]. Water Research, 2005, 39(10): 1946-1953.

[12] Lee Y, von Gunten U. Oxidative transformation of micropollutants during municipal wastewater treatment: Comparison of kinetic aspects of selective (chlorine, chlorine dioxide, ferrate$^{Ⅵ}$, and ozone) and non-selective oxidants (hydroxyl radical) [J]. Water Research, 2010, 44(2): 555-566.